本书系国家社科基金青年项目"当代科学哲学中的自然类问题研究"（18CZX011）的结项成果。

光明社科文库
GUANGMING DAILY PRESS:
A SOCIAL SCIENCE SERIES

·政治与哲学书系·

当代科学哲学视域下的
自然类问题研究

陈明益｜著

光明日报出版社

图书在版编目（CIP）数据

当代科学哲学视域下的自然类问题研究 ／ 陈明益著．
北京：光明日报出版社，2025.1. -- ISBN 978 - 7 - 5194 -
8435 - 4

Ⅰ. N02

中国国家版本馆 CIP 数据核字第 2025DB5694 号

当代科学哲学视域下的自然类问题研究

DANGDAI KEXUE ZHEXUE SHIYUXIA DE ZIRANLEI WENTI YANJIU

著　者:陈明益			
责任编辑:宋　悦		责任校对:刘兴华　乔宇佳	
封面设计:中联华文		责任印制:曹　净	

出版发行:光明日报出版社

地　　址:北京市西城区永安路 106 号，100050

电　　话:010-63169890（咨询），010-63131930（邮购）

传　　真:010-63131930

网　　址:http://book.gmw.cn

E - mail:gmrbcbs@ gmw.cn

法律顾问:北京市兰台律师事务所龚柳方律师

印　　刷:三河市华东印刷有限公司

装　　订:三河市华东印刷有限公司

本书如有破损、缺页、装订错误，请与本社联系调换，电话:010-63131930

开　　本:170mm×240mm

字　　数:314 千字　　　　　　　印　　张:17.5

版　　次:2025 年 1 月第 1 版　　　印　　次:2025 年 1 月第 1 次印刷

书　　号:ISBN 978 - 7 - 5194 - 8435 - 4

定　　价:95.00 元

序 言

陈明益博士新近完成了《当代科学哲学视域下的自然类问题研究》的书稿，请我为其写一个序言，我欣然应允。

2013年，陈明益进入中山大学哲学系博士后流动站，由我担任他的合作导师。在与他商议博士后期间的研究课题时，我建议他可以关注自然类问题的研究，之后在他确定了这个选题并开展研究的过程中，我进一步建议可以引入动力学系统理论来探讨自然类问题，作为他自身研究的主要创新点。在站期间，他发表多篇高质量的研究论文，并获得国家博士后科学基金的支持。出站后他前往武汉理工大学任职，继续开展关于自然类的研究，并成功获批国家社科基金青年项目的立项资助，本书便是在该项目结项报告的基础上修改完善而形成的。

十年工夫不寻常，这句话用来形容陈明益的研究可谓恰如其分。关于自然类的问题是科学哲学研究的重点问题之一，对于我们理解自然界的基本结构、思考科学研究的方法论以及探讨自然律、因果性和归纳法等重要哲学观念而言，具有基础性的意义。近半个多世纪以来，关于自然类本质的探究和争鸣一直是国际科学哲学领域的热门话题之一，新见迭出，精彩纷呈。陈明益的新著为我们展现了围绕自然类问题所展开的学术交锋及其演进的思想脉络，并引领读者通往国际学术研究的最前沿。扎实严谨，持之以恒，这是我眼中陈明益治学问道的突出特点。首先，是他对相关文献（主要是英文）几近完备地广泛收集和深入研读，这种皓首穷经的劲头令人叹服。其次，是对各种基本概念的深入辨析，以及对解题思路和论辩策略的清晰梳理，他对自己有严格要求，绝不草率了事、蒙混过关。最后，就是其研究的专注性和持久性，十年的坚持不懈，心无旁骛，甘于坐定冷板凳，专心致志，步步为营，这样做出来的研究成果扎实可靠，具有令人信任的高品质。

"博观而约取，厚积而薄发。"陈明益对于自然类的研究，用时十年打下了宽厚坚实的基础，期待他在接下来的探索中，能够百尺竿头，更进一步，做出具有国际一流水平的成果。

朱菁

2024 年元旦

自然类与科学分类中的哲学问题

陈明益

自然类在近几十年来吸引了形而上学家、语言哲学家和科学哲学家的关注和讨论。形而上学家关注自然类，因为它在某种意义上反映了世界的基本结构特征；语言哲学家关注自然类，因为它提供了日常语言和科学语言中的自然类语词的指称物；而科学哲学家对自然类感兴趣，因为它在科学研究和分类实践中发挥重要的认知作用（例如，有助于归纳、说明和预测）。尽管自然类成为形而上学、语言哲学和科学哲学交叉研究的热点问题，但是形而上学家、语言哲学家和科学哲学家关于什么是自然类并没有达成共识。尽管如此，对自然类的研究仍然有着重要的理论意义与应用价值。对事物和现象做出正确的分类并发现真实的自然类有助于我们获取关于现实世界图景的知识，建构合理的科学理论，解释日常认知和科学认知的成功以及产生日常活动和科学实践中的实际效用。

自然类的研究有很长的历史，最早可以追溯到柏拉图（Plato）和亚里士多德（Aristotle）的著作，特别是亚里士多德关于实体、本质和形式的论述。按照亚里士多德的观点，自然类实体是由本质或形式所决定的，并且本质所决定的类是客观存在的。亚里士多德由此开启了自然类的本质主义和实在论传统。洛克（John Locke）则区分了类的名义本质与实在本质。名义本质是与类语词相联系的抽象观念，它决定某事物属于一个类以及类的存在，因此类是人类心灵的产物。实在本质是事物的客观内在结构，但并不被人类所知，所以它在决定事物类过程中没有发挥任何作用。洛克的观点被视作自然类的反本质主义和反实在论。密尔（John Stuart Mill）最早发明"类"这个词，并引入自然类概念来试图解决归纳问题。虽然密尔没有根据本质来定义自然类，但他强调类的客观实在性，特别是类之间存在明显的界线并且彼此不同。蒯因（W. V. O. Quine）同样从归纳推理的有效性问题入手来讨论自然类。但不同于密尔关于类的实在论观点，蒯因根据相似性来定义自然类，而且他认为随着自然科学的发展自然类概念最终将会消解，因此他持有自然类的反实在论观点。

从自然类的历史讨论中我们可以提炼出自然类的哲学问题。关于什么是自然类，通常包含两个方面的问题：一是类的本性问题，它是殊相、共相还是其他实体，从而反映世界的基本结构特征；二是哪些类是自然的，区分自然类与非自然类的标准是什么。前一个问题也被称作类身份问题或本体论问题，后一个问题也被称作自然性问题、分类学问题或认识论问题。自然类问题还不可避免地涉及本质主义与反本质主义、实在论与反实在论的争论。本质主义主张自然类必须通过本质属性来定义，本质是一种内在属性或属性集合，对于某事物属于类的一员是充分必要的；反本质主义则拒绝通过本质属性来定义自然类，并且否认本质属性与非本质属性之间的区分。实在论主张自然类拥有心灵独立性，客观存在于世界当中；而反实在论则认为自然类拥有心灵依赖性，是人类思想或社会建构的结果。此外，自然类还具有支持归纳推理、自然律和因果说明等重要的认知价值，这也是任何的自然类哲学理论需要提供这种认知有效性的一种合理解释。

自然类的语义学借助指称理论来探讨自然类语词与世界之间的关系，进而给出自然类问题的某种回答。根据指称的描述理论，自然类语词是通过与其相联系的描述语为中介来指称自然类，所以自然类就是符合与类语词相联系的描述语的任何事物，自然类语词与其指称物之间没有直接的、固定的关系。关于自然类语词的指称的描述理论尤其遭到克里普克（Saul A. Kripke）和普特南（Hilary W. Putnam）的批评。克里普克和普特南提出指称的因果理论，按照这种理论，自然类语词是直接指称自然类，无需借助与类语词相联系的描述语作为中介。相反，自然类是被某种共同的潜在本质属性所决定的事物。自然类语词的描述理论支持自然类的一种反本质主义和反实在论立场，而自然类语词的因果理论则支持和巩固了自然类的本质主义和实在论立场。但是，自然类语词的因果理论同样遭到许多批评。这些批评一方面源于这种理论本身的困难，另一方面来自外部的科学分类实践的挑战。

克里普克和普特南的自然类词项语义学确立了自然类本质主义的正统观点。按照这种观点，类本质（区别于个体本质）是内在的、充分必要的、模态必然的、微观结构的且能够被自然科学所发现的属性，由类本质所定义的自然类具有客观实在性、清晰边界和层次结构，并且能够发挥一系列重要的哲学功能。但是，自然类本质主义被批评不能完全匹配实际的科学分类实践。例如，生物物种在传统上一直被当作自然类的范例，但是物种的可变性、历史性、无定律和无本质被认为对自然类本质主义造成了严重困难。一些哲学家主张放弃物种作为传统自然类的本体论地位，而将物种视作无本质的个体。另外一些哲学家则提出各种形式的新生物本质主义（关系的、历史的、多元的等）来挽救物种作为自然类的地位。然而，这些方案并没有很好地解决物种问题。此外，社会类的形而上学地位问题同样对传统的自然类本质主义带来挑战。

自然类本质主义的困境激发了许多哲学家提出自然类的替代理论。一些哲学家基于生物分类实践的多样性和物种概念的多元性提出物种多元论，同时将这种多元论扩展到自然类，主张分类的兴趣相对性。自然类多元论反对存在唯一正确或合理的分类模式（例如，本质优先的分类标准），而赞成我们可以采取许多同等合法的方式来划分世界。大多数多元论者都同意自然类和物种的多元论可以与实在论相结合，并且多元论也确实可以适应科学当中多样化的分类实践，并赋予其他科学（包括社会科学）中的自然类与物理、化学或生物类同等的地位以及给予科学类与常识类同等的对待。然而，另一些多元论者则认为多元论与实在论不能相容，他们建议物种和自然类的消除论，主张放弃统一的自然类和物种观念而代之以不同的具体的自然类和物种概念。

经验科学的分类实践还揭示出自然类并没有本质主义所要求的清晰边界，由此一些哲学家倡导自然类的属性簇理论，也即自然类是通过稳定共现的属性簇集来定义的，没有哪种属性对于自然类的成员身份是充分必要的，进而也没有哪种属性是本质的。自然类最受欢迎且广为接受的属性簇理论是自我平衡属性簇理论，它主张自然类是由潜在自我平衡机制所决定的一簇稳定出现的属性集合。由于自我平衡机制集合和属性集合都是开放的，并且没有机制或属性对于类的成员身份是充分必要的，所以自我平衡属性簇理论能够很好地适应生物物种、社会类和其他科学类。同时，由于自我平衡机制所导致的属性簇集具有稳定性，所以它能够解释为何自然类支持归纳和说明。但是，自我平衡属性簇理论被认为不能提供自然类的一种完备定义，因为自然类并不等同于自我平衡属性簇，一些自然类不能通过自我平衡机制和属性簇来定义，而且由于自我平衡机制和属性集合的开放性，它不能固定自然类的成员身份，此外它主张属性相似性的分类还与强调历史性的生物学理论不一致。面对自我平衡属性簇理论的困难，稳定属性簇理论主张放弃自我平衡机制，而仅集中于属性的稳定簇集并以此给出自然类性的一种解释。

自然类的稳定属性簇理论代表了自然类的一种认知解释进路。越来越多的哲学家不满于自然类的形而上学理论转而支持自然类的认识论唯一的理论，也即将自然类在支持归纳、说明和预测等方面的认知效用作为类的自然性标准，而对类的形而上学本性保持中立。自然类的成功和限制条件解释主张自然类在科学中支持归纳和说明的认知成功，分类纲领解释主张自然类有利于一种进步的分类研究纲领，范畴瓶颈解释主张自然类服务于一种共同的认知目的。这些认知理论都没有详述类的形而上学本性。自然类的因果网络节点理论将因果性当作自然类的认知价值的本体论基础，自然类被定义为由核心属性簇所因果决定的派生属性簇。尽管因果网络节点理论注意到自然类认知价值的本体论基础，但仍然忽视了非认知价值在分类实践中的作用。自然类的认知理论的共同困境在于它们需要提供类的形而上学本性的一种解释，否则自然类的解释就是不完整的。

本书试图提出自然类的一种综合性解释框架来整合现存的各种自然类理论。自然类的本质主义、多元论、属性簇理论、认知理论对类的自然性问题和类的身份问题分别给出不同的答案：本质主义将本质（或微观结构）作为区分自然类与非自然类的标准以及类的形而上学本性，并以此解释自然类的认知价值；多元论将满足某种实用目的或兴趣作为自然类的区分标准并主张满足不同兴趣的自然类仍然对应世界的因果结构，进而辩护了有限程度的归纳成功；属性簇理论将因果机制所决定的稳定属性簇集作为自然类的区分标准和类的形而上学本性，并以此解释自然类的认知效用；认知理论将支持归纳、说明和预测等认知价值作为自然类的区分标准，而对类的身份问题没有给出明确回答。这些不同的自然类哲学理论都提供了自然类本性的某种洞察力，因而可以被整合进一种综合性解释框架当中。本书通过借鉴动力学系统理论的思维和方法来提供这样一种综合性解释框架。自然类的动力学系统理论将自然类视作由某种稳定性所统一的事物群体或属性集合，这种稳定性是动态平衡和多重实现的，它能够适应变化和灵活性，进而可以作为科学中多样化的自然类范畴的共同本体论基础。具体说，这种稳定性是区分自然类与非自然类的标准并能够解释自然类所具备的认知价值，而且本质和自我平衡机制等都可视作稳定性的不同形式的实现，由此还可以解释本质类、属性簇类、历史类和功能类等不同本体论类型的自然类的本性。自然类的动力学系统理论所提供的综合性解释框架是自然主义的、非本质主义的和非还原论的，并且是本体论唯一的，同时具有开放性和更大的包容性。

前　言

　　在日常活动和科学研究中，我们经常需要将个体事物和现象划分成相应的类（kind）或范畴（category），以便更好地认识事物的性质、结构以及我们所处的世界。人类本身就是一个被划分的物种，即智人（homo sapiens），同时我们每个人又总是归属于某一社会范畴，例如，婚姻、种族和职业群体，所以我们不仅要认识个体事物，更要认识事物的类。随着科学技术的进步，人类不断发现许多新的事物和新的现象，例如，在自然界中探测到的新生物物种，在太空深处捕获的新的星系和星云，在人体内显现的新的生理和精神疾病。为了获取这些新事物的知识，我们就需要对它们进行分类研究，进而建立关于它们的科学理论。类通常是指事物在某种共同特征的基础上聚集形成的范畴。在现实存在的事物当中，一些事物是人工物，它们是由人类制造的，例如，工具、装饰品、家具、汽车；其他事物则是自然物，也即它们不是由人类制造的，而是自然存在的，例如，动植物、水、黄金、沙子、空间。无论是自然物，还是人工物，它们都处在不同的范畴当中，也即它们是基于不同的划分而属于相互排斥的类。比方说，同为有机体，人和树木就属于不同的类。显然，一些类是自然的，也就是说它们不是由人类制造的，这些类的形成不可追溯到人类；其他的类则是非自然的，也即人工的、约定的（conventional）或名义的（nominal），它们的形成是人类制造或划分的结果。在所有这些类当中，哲学家们更关心自然类（natural kinds）。

　　那么，什么是自然类呢？自然界中的事物是自然地以类的方式存在，还是被人的心灵或思想整理成类？换言之，自然类是不是人类行为的结果？事物聚集在一起形成一个类，这是它们的本性使然，还是由于人类的约定？一种好的自然类哲学理论应该能够回答这个根本问题。不仅如此，一种好的自然类哲学理论应该提供自然类与非自然类的区分标准，这些标准可以告诉我们哪些类是自然类，同时提供决定类的成员身份标准，根据这个标准某个实体才算作自然类的成员。除此之外，一种好的自然类哲学理论还应当能够识别更多学科领域

（包括自然科学、社会科学和人文学科）中的自然类范畴，而不仅仅是传统物理学、化学和生物学中的自然类。此外，一种好的自然类哲学理论还必须能够解释自然类范畴所具备的重要认知价值，例如，支持归纳推理、科学定律、因果说明和预测。自然类的传统解释是本质主义。按照自然类的本质主义解释，自然类有本质，并支持归纳推理、自然律和因果说明，这是区分自然类与非自然类的基本特征。自然类是不依赖于人的、非任意的和同质的真实范畴，对应自然界的真实划分。自然类体现了世界的内在结构特征，符合自然界的真实划分的分类系统才是正确的分类系统，而这种正确的分类系统唯有科学提供给我们。然而，自然类的传统本质主义理论不能用来解释生物物种，其原因在于生物学中的本质主义与达尔文（C. R. Darwin）进化论不相容。但是，自亚里士多德以来，生物物种在历史上一直被视作自然类的范例。因此，既然自然类的传统本质主义不能解释生物物种，而生物物种在传统上又是典型的自然类，那么本质主义就不能算作一种好的自然类理论。由于生物分类学中的物种问题以及其他科学中的分类问题的挑战，我们就需要一种更好的自然类哲学理论来替代自然类的传统本质主义解释。

对自然类问题的研究有着重要的理论意义与现实价值。首先，分类对人类的生存（例如，区分可食用与不可食用的东西）、概念形成（例如，猫、狗）和确立不同概念之间的关系至关重要。概念或范畴是我们人类认知的基础，我们的日常认知和科学认知都离不开自然类或自然范畴，那些客观且真实存在的事物类辩护了我们的日常推理与科学实践。其次，对自然类的研究还将进一步有助于我们理解人脑如何学会将感觉刺激物进行不同的归类。对自然事物和现象做合理分类是科学研究的目的和宗旨之一，同时，说明有何类事物存在也是科学提供给我们的世界真实图景的重要部分。自然类的存在使我们能够从不断变化的世界中把握其中不变的规律性，从而理解世界的根本结构。更进一步说，发现新的自然类也是科学家提出和改进科学理论的前提。由于自然类对于理解科学实体非常关键，并且是我们进行归纳推理、建立科学定律和做出因果说明的基础，所以对自然类的研究不仅可以推进我们对科学理论的结构、功能和演化的认识，而且可以深化我们对科学实在论的理解。最后，就人类作为一个物种来说，物种是不是自然类以及物种是否有本质的争论将关系到我们如何看待传统的"人性"（即人的本质）观念。从理论上看，人性是区分人与动物、人与机器或超人（例如，神）的标志；从实践上看，人性涉及人是什么，人应该怎样生活以及人能够并且应该希求什么，这进一步涉及人的命运和价值。① 由于许多的哲学理论和伦理学说都是建立在人性观念的基础上，一旦人性观念被放弃，更严重的问题就会引发出来。如果生物学意义上的"人性"不存在，那么人性观念似乎应该从人的社会属性寻找答案，在这种意义上我们也许可以理解马克思所说的"人是社会关系的总和"。

关于自然类问题的研究不仅有很长的历史，而且涉及相当多的重要哲学领域。更具体说，自然类已经成为当代形而上学、语言哲学和科学哲学交叉研究的一个热点议题。例如，亚历山大·伯德（Alexander Bird）和埃玛·图宾（Emma Tobin）就将自然类的哲学讨论分为三个领域：形而上学、科学哲学和语言哲学②。自然类的形而上学追问我们是否应该将我们假定的自然类视作真正自然的；如果是，那么什么是自然类？自然类有本质吗？科学哲学关注自然类，因为正是各门特殊科学对自然类的使用导致我们对它们的兴趣。我们可能会问出现在我们最好的科学理论中的类是否满足形而上学家所提出的自然类理论。语言哲学对自然类感兴趣，因为基本的问题是被自然类词项的语义学所提出的，比如，我们是否应该将自然类词项看作像名称或描述语那样发挥作用。最近，自然类的这三个方面的研究得到了更清楚的阐述。③ 在语言哲学中，这涉及自然类语词的意义是什么，它们的指称如何被决定，自然类语词的语义学与其他的类语词的语义学之间是否存在差异和相似性。在科学哲学中，自然类是科学分类的基础并且在科学理论中发挥一种解释作用，所以科学的目的之一就是发现自然类并将其理论化。在形而上学中，当我们使用自然类语词时就涉及我们所指称的那种实体是什么，也即自然类的本体论地位，在这个方面存在实在论、约定论和本质主义等不同观点。此外，自然类的形而上学问题还涉及描述类划分的自然性的东西是什么。因此，我们可以将国外关于自然类问题的研究大致分为这样三个方面：（1）什么是自然类；（2）自然类语词如何指称；（3）现代

① KRONFELDNER M, ROUGHLEY N, TOEPFER G. Recent Work on Human Nature：Beyond Traditional Essences［J］. Philosophy Compass, 2014, 9（9）：642-652.

② BIRD A, TOBIN E. Natural Kinds［EB/OL］. Stanford Encyclopedia of Philosophy, 2008-09-17.

③ MORENO L F. Reflection on Natural Kinds：Introduction to the Special Issue on Natural Kinds：Language, Science, and Metaphysics［J］. Synthese, 2021, 198（Suppl 12）：2853-2862.

科学中的自然类问题。[①]

　　首先，关于什么是自然类，哲学家们通常列举许多典型例子（例如，黄金、水、老虎、柠檬、电子、夸克）来说明。但是，大量范畴（例如，燃素、以太）是否该算作自然类仍然存在很大的争议，因为它们不像人工类（例如，桌子、汽车和垃圾）那样明显地不是自然类。大多数哲学家都承认既有实体或对象的自然类，也有事件、状态和过程的自然类，自然类本身还形成等级或层次结构。对于这些情形，我们需要一种关于自然类的解释理论来帮助我们挑选出哪些类是自然的。自然类的传统解释是本质主义。这种理论可以追溯到亚里士多德，并在当代通过克里普克和普特南的自然类词项语义学得到复兴。本质主义主张自然类是根据事物的真实本质或本质属性来定义，本质是一种内在属性或属性集合，对于某事物成为自然类的成员是充分必要的。本质属性不仅是内在的、充分必要的、模态必然的（即类的成员在其存在的所有可能世界上都占有它），而且潜在于事物的微观结构，能够通过科学研究来发现。本质主义者还认为自然类对应自然界中的真实划分，世界由不同的自然类构成，自然类独立于我们和我们的分类系统而存在，这是一种关于自然类的实在论观点。本质主义者还进一步宣称我们可以达到关于事物或对象的唯一正确分类，人类的谓述和分类系统必须符合事物之间先行存在的自然划分，确切符合自然界做出的事物划分的分类系统优于所有其他分类系统。与此相对的解释是约定论（conventionalism），也称唯名论、建构论或工具论。按照约定论，自然类不是独立我们而存在，自然类的划分是基于我们的目的或兴趣，我们任何一种分类模式（包括科学分类）都没有特权地位，分类系统仅仅是约定的结果，对象是被划分成类或被范畴化，分类所依据的原则是服务于一些目的，没有先行正确或不正确的方式来将对象范畴化或划分为类。所以，不存在客观意义上的自然类，所有的类都是非自然的，并且人为地服务于某个目的，被称为"类"的东西仅仅是人类的建构。约定论不仅反对自然类的本质主义，而且反对自然类的实在论。

---

① 参见陈明益. 自然类研究进展 [J]. 哲学动态, 2016 (4)：99-104. 克雷恩（Judith K. Crane）则认为关于自然类的哲学研究体现在两个不同的方面：科学哲学进路与语言哲学进路。这两个方面被其各自的哲学问题、关注点和假定所描述。科学哲学进路所研究的类是可以为归纳推理和科学说明奠基的可投射范畴，而语言哲学进路研究的类是一种特殊的语言范畴（即自然类词项）的指称对象（被认为直接地指称）。虽然哲学家们希望构建一种统一的理论进路来解决这两组关注点，但是并没有成功，因为没有一种理论可以既满足语言哲学进路的语义学目标又满足科学哲学进路的解释目标。参见 CRANE J K. Two Approaches to Natural Kinds [J]. Synthese，2021，199 (5-6)：12177-12198.

自然类的多元论则选择放弃任何形式的本质主义，它提出实在可以被归赋给自然界的客观模式，这种模式仅仅需要满足差异性（distinctness）的要求。多元论认为本质上存在许多交叉的方式来切割世界，这是由理论、概念框架或人们处理他们的日常生活所识别的相似性和差异所决定的。对于类群重要的东西是看起来对于各种文化、制度、研究群体和个体有明显相似性的东西。自然类的另一条思想路线来自波依德（Richard Boyd）在20世纪90年代的工作，他从一种以认识论和实践为导向的方向而不是形而上学或语义学的方向来看待自然类。波依德假定自然类概念应该更适合于科学实践而不是关于类群的形而上学、语义学和逻辑结构的思辨，并指出关于自然类的讨论应该采取一种研究纲领的形式来理解科学家如何将他们的语言适应世界的因果结构。波依德关于自然类的自我平衡属性簇（HPC）理论已经在当今专门科学的哲学中变得特别有影响力。波依德在新近的文章中提到识别一种统一的自然类形而上学和语义学计划的一些挑战以及非传统理论的各个方面的其他挑战。为了应对这些挑战，他提出一种新的综合，即一种产生于自然类的形而上学、语义学和认识论的彻底的自然主义（但非还原论的）进路。波依德不仅强调自然类理论是自然主义科学认识论的一个构成成分，而且对他的HPC观点进行最全面的辩护。① 最近，不断有更多的理论被提出来解释什么是自然类，这些理论可以归在自然类的认知解释框架之下，即认识论唯一（epistemology-only），因为它们仅仅强调自然类的认知价值而对类的形而上学本性保持中立。自然类的认知解释坚持一种自然主义进路，它力求从科学实践中获得线索，而不是指定自然类基于先天理由或概念分析应该满足的条件。

其次，关于自然类语词的意义问题，传统理论认为一个自然类语词的意义是由描述这个类的成员的宏观属性的一些词项的合取（或簇）来定义使得这样的合取与这个语词分析相联系，并且它提供了类成员身份的必要和充分条件。意义的传统理论被视作一种描述主义理论，它也是普特南和克里普克批评的目标。不过，现在存在更精致版本的描述主义理论。克里普克和普特南在批评意义的传统理论基础上提出指称的因果—历史理论。根据他们的理论，一个自然类的成员占有某种内在的、非历史的属性构成它们的本质属性，并且自然类根据这种本质属性来定义。这种本质属性是可以通过科学研究来发现的，它提供了类成员身份的必要和充分条件，并参与定律。这种自然类观点已经发展成为

---

① BOYD R. Rethinking Natural Kinds, Reference and Truth: Towards More Correspondence with Reality, not Less [J]. Synthese, 2021, 198 (Suppl 12): 2863-2903.

自然类的"传统"概念。关于自然类语词的克里普克—普特南论点的最大争论之一是它们是严格指示词，虽然克里普克仅仅明确地描述了单称词项的严格性。斯蒂芬·施瓦茨（Stephen Schwartz）反对自然类词项的严格性，他认为克里普克—普特南的自然类词项观点去掉严格性主张就是正确的，但传统的描述主义理论对于名义类词项是合适的。① 其他哲学家以此拒斥克里普克—普特南的自然类词项解释并支持描述主义理论。维克法斯（Åsa Wikforss）就认为，自然类词项的意义是通过属性集合来给出，包括描述类的类律行为的属性。② 哈格韦斯特（Sören Häggqvist）等学者也认为，克里普克和普特南关于自然类词项的解释依赖于一种微观本质主义的形而上学，但这种微观本质主义是有问题的，所以我们应该放弃克里普克—普特南论点，自然类词项的外延不是被潜在的本质属性所决定。在他们看来，一种科学上合理的形而上学蕴含某种版本的描述主义的复兴，也即自然类最好被理解为属性簇，自然类词项的外延是被描述语的簇所决定，这些描述语不限于可观察属性并且所有描述语没有赋予同等的重要性。③

还有一些学者基于说话者的意图与指称的相关性原则来辩护指称的描述主义。④ 他们认为这些原则也被包括克里普克在内的许多描述主义的反对者所分享：第一个原则是当某些种类的说话者意图出现时，它们足够决定和解释指称；第二个原则是某些说话者意图必须出现，无论何时某东西决定或解释指称。但是，卡尔·赫福尔（Carl Hoefer）批评哈格韦斯特等人关于自然类词项的基于簇的描述主义语义学。他认为他们的反本质主义论证不是有吸引力的，并且不清楚这种基于簇的描述主义理论确切地是什么，描述主义进路仍然是不成功的。⑤ 另外的学者进一步辩护克里普克—普特南关于自然类语词的新指称理论。⑥ 最近一些哲学家从实验哲学出发借助认知心理学的一些思想实验指出，自然类语词的传统内在主义（即描述主义理论）和外在主义（即因果—历史理论）都是有

① SCHWARTZ S P. Against Rigidity for Natural Kind Terms［J］. Synthese，2021，198（Suppl 12）：2957-2971.
② WIKFORSS A. Are Natural Kind Terms Special?［M］// BEEBEE H，SABBARTON-LEARY N. The Semantics and Metaphysics of Natural Kinds. New York：Routledge，2010：64-83.
③ HAGGQVIST S，WIKFORSS A. Natural Kinds and Natural Kind Terms：Myth and Reality ［J］. The British Journal for the Philosophy of Science，2018，69（4）：911-933.
④ KIPPER J，SOYSAL Z. A Kripkean Argument for Descriptivism［J］. Nous，2022，56（3）：654-669.
⑤ HOEFER C，MARTI G. Water Has A Microstructural Essence After All［J］. European Journal for Philosophy of Science，2019，9（1）：1-15.
⑥ RAATIKAINEN P. Natural Kind Terms Again［J］. European Journal for Philosophy of Science，2021，11（1）：1-17.

问题的，深层次结构和外表属性都决定自然类语词的指称。① 关于自然类语词的描述主义理论与因果—历史理论的争论也波及人工类词项的语义学。关于人工类词项（例如，"铅笔""椅子"和"电视"）是否有一种直接指称的或描述主义的语义学，普特南认为人工类词项像自然类词项一样直接地指称，也即在这些词项与世界之间存在一种直接的、外在的关系来决定它们的外延。但是，人工类词项看起来更可能从属于一种描述主义观点，也即根据属性的合取（或簇）来定义。②

最后，现代科学中的自然类问题越来越受到哲学家们的关注。首要问题是自然科学之外的其他科学中的自然类的合法地位。由于自然类的本质主要由自然科学提供，并且本质存在于事物的微观结构，所以典型的自然类似乎只可以在物理学、化学和生物学中找到，物理—化学结构和基因结构分别是物理—化学类和生物类的本质。然而，心理学中的类（信念、欲望、情绪）、医学中的类（病毒、疾病）和社会科学中的类（公民、种族、企业、经济制度）等在什么意义上算作拥有本质的自然类，毕竟这些科学中的自然类不是像物理、化学和生物学中的自然类那样包含实体或对象作为成员。约旦·巴托尔（Jordan Bartol）探讨了生物化学类的问题，他认为生物化学分子是成簇的化学类，而其中一些（即演化保守单元）也是生物类。③ 基于最近化学家试图修改元素周期表，埃里克·斯瑟里（Eric Scerri）重新讨论了元素是不是自然类的问题。他通过诉诸化学哲学中所争论的元素的双重本性，主张元素的抽象观念与克里普克—普特南的自然类进路相关，并且这种观点避免了自然类的传统微观结构主义进路。④ 在生物类的讨论中，物种的本性与本体论地位问题是哲学家们争论的焦点。自亚里士多德以来，物种一直被当作拥有本质的自然类，但是这种观点与进化论不相容，许多生物学哲学家都否认物种是自然类，其理由是物种具有完全不同于自然类的特征，物种也因此成为自然类本质主义解释的一个主要困难。有关物种的本体论地位，一种流行观点是主张物种是个体，但是物种作为

① HAUKIOJA J, NYQUIST M, JYLKKA J. Reports from Twin Earth: Both Deep Structure and Appearance Determine the Reference of Natural Kind Terms [J]. Mind & Language, 2021, 36 (3): 377-403.
② OLIVERO I, CARRARA M. On the Semantics of Artifactual Kind Terms [J]. Philosophy Compass, 2021, 16 (11): 1-13.
③ BARTOL J. Biochemical Kinds [J]. The British Journal for the Phlosohy of Science, 2016, 67 (2): 531-551.
④ SCERRI E. On Chemical Natural Kinds [J]. Journal for General Philosophy of Science, 2020, 51 (3): 427-445.

个体的论题受到许多质疑。当代大多数自然类解释理论仍然把生物物种视作自然类。还有一些哲学家积极辩护物种是拥有本质的自然类，但也有哲学家坚持自然类本质主义而否认物种是自然类。

最近，一些学者从基于经验进路的因果论证出发认为物种既是类（也即其成员分享一些包括在一个簇中的属性的类）也是个体（也即由部分构成的整体）。① 卡雷布·哈泽尔伍德（Caleb C. Hazelwood）则提出物种范畴的实在论进路，这种进路依赖于从关注理论到以实践为中心的科学哲学的转换。② 他认为，物种实在论者的一个有前途的策略是在实践转向之后将物种重新塑造为自然类。他把物种范畴置于科学类的概念当中，而科学类反映了本体论的边界（言说有关世界被划分的方式的某种东西），也即从实验室和田野中提取的边界，而不仅仅是来自扶手椅。换言之，卡雷布·哈泽尔伍德将物种范畴置入自然类的一种解释当中，这种自然类解释在很大程度上对科学实践（即分类学实践）很敏感，但是他认为这对于拯救物种范畴是必要的。马里翁·戈德曼（Marion Godman）试图辩护物种的本质主义和实在论。③ 马里瓮·戈德曼认为本质不必对于类的成员是内在的，而可能是历史的。物种缺乏本质，但这不一定反驳物种本质主义，因为物种可能有历史的而不是内在的本质。马里瓮·戈德曼反驳了物种的历史本质主义的悲观论和怀疑论，她声称在物种情形中历史本质的确可以产生出强劲的个体化和成员身份标准以及多重可投射特征的因果解释。另外，知识是不是自然类的问题也受到关注，这被认为是认知行为学（cognitive ethology）这门特殊科学的独特责任。④ 心理学和认知科学中的情绪范畴是不是自然类也成为关注的热点。亨利·泰勒（Henry Taylor）认为概念或情绪是不是自然类是不确定的，它们既非确定地是自然类，也非确定地不是自然类。⑤ 在科学的形而上学中，除了自然类与自然律、归纳推理的关系受到关注之外，因果性与自然类的

---

① CASETTA E, VECCHI D. Species Are, at the Same Time, Kinds and Individuals：A Causal Argument Based on an Empirical Approach to Species Identity ［J］. Synthese, 2021, 198（Suppl 12）：3007-3025.

② HAZELWOOD C C. The Species Category as A Scientific Kind ［J］. Synthese, 2021, 198（Suppl 12）：3027-3040.

③ GODMAN M. Scientific Realism with Historical Essences：The Case of Species ［J］. Synthese, 2021, 198（Suppl 12）：3041-3057.

④ STEPHENS A. A Pluralist Account of Knowledge as A Natural Kind ［J］. Philosophia, 2016, 44（3）：885-903.

⑤ TAYLOR H. Emotions, Concepts and the Indeterminacy of Natural Kinds ［J］. Synthese, 2020, 197（5）：2073-2093.

关系也吸引了形而上学家和科学哲学家的注意力。①

国内学者比较多地关注自然类的语义学问题。例如，易江、张存建、张力锋、刘叶涛、余军成、朱建平、文贵全等学者对克里普克和普特南的自然类词项语义学的专门比较研究。董国安教授从生物分类学实践来考察自然类语词两种用法的区别以解决某些语义学问题。张华夏、郑喜恒、张存建、沈旭明、张建琴、刘辰等学者分别探讨了自然类与自然律、自然类与归纳以及自然类与本质主义和实在论之间的关系等问题。此外，物种问题和生物分类中的本质主义也受到一些学者的关注。例如，李胜辉的博士学位论文《物种的本体论地位与新生物学本质主义》以及肖显静教授的论文都对生物学中的本质主义和反本质主义做了详细分析并对物种是否算作自然类给出某种解答。不过，自然类问题仍然需要引起国内学者更多的关注和重视。本书研究的最终目的是试图提出一种恰当的自然类哲学理论，并以此来解答什么是自然类这个根本问题。传统的形而上学家通过规定某种先天标准（例如，本质、因果结构）来指出自然类应该满足的条件，而语言哲学家则通过探讨自然类语词的意义和指称来说明自然类是一种什么样的实体。但是，从纯粹形而上学和语言哲学所建构的自然类理论与科学分类实践的实际经验不一致，因为这些自然类理论所确立的形而上学标准似乎过严，它们将许多专门科学中的合法的自然类范畴排除在自然类概念之外。因此，本书的思路是立足于科学分类实践，从经验科学出发来分析传统的自然类理论和各种新兴的自然类替代理论的优缺点，并在此基础上尝试构建一种更合理的、综合性的和统一的自然类解释理论。

本书的结构如下：第一章梳理自然类概念的历史，特别是从亚里士多德、洛克到近代以来的自然类传统；第二章勾勒自然类的主要哲学问题，包括什么是自然类、自然类与本质主义、自然类与实在论、自然类与认知价值等；第三章从语义学视角分析自然类语词的意义与指称，通过比较两种典型的指称理论（描述理论和因果—历史理论）来说明什么是自然类；第四章总结自然类本质主义的主要观点，并指出本质主义理论在科学分类实践中所面临的困挫，尤其是来自生物学分类和社会科学分类的挑战；第五章概述自然类的多元论以及这种理论可能导致的自然类消除主义后果；第六章介绍自然类的属性簇理论及其在不同科学分类实践中的应用；第七章剖析自然类的认知理论及其困境；第八章运用动力学系统理论来提出自然类的一种综合性解释框架。本书在研究方法上，

---

① MCFARLAND A. Introduction for Synthese Special Issue Causation in the Metaphysics of Science: Natural Kinds [J]. Synthese, 2018, 195 (4): 1375-1378.

一方面注重传统的历史方法，即问题的学术史梳理和理论进路的比较分析；另一方面强调学科的交叉研究和方法论创新，即借助其他学科领域的方法来解决本领域的问题。

自然类问题吸引了许多哲学家的关注，相关的自然类哲学理论也不断被提出、改进和辩护，所以关于什么是自然类存在不同的解释观点而且很难达成一致。本书的重点将关注各门科学中的自然类范畴，通过分析具体经验科学中的典型自然类范畴的特征来反思自然类的传统理论和各种替代理论，并构建一种更为合理的自然类哲学理论。难点是由于自然类涉及各门不同科学中的类范畴，并关联相应的不同学科的知识，所以本书将无法做到面面俱到，仅选择生物科学中的物种范畴和社会科学中的社会范畴进行专门分析，自下而上地构建一种统一的自然类哲学框架，再将其应用于解释具体科学中的类范畴。因此，一种更为合理的自然类哲学理论需要在传统的自然类形而上学与基于科学的自然主义进路之间保持一种必要的张力。本书的特色和创新点将体现在两个方面：一是对自然类的历史、哲学问题和各种解释理论及其优缺点进行较为全面、系统和细致的梳理与分析；二是在立足自然类的传统解释和各种替代解释的基础上，借鉴动力学系统理论来提出自然类的一种新的综合，它可以整合当前各种不同的自然类理论，并为自然类问题提供一种更优的解答。

目　录
CONTENTS

第一章　自然类的历史传统 ………………………………… 1

一、亚里士多德论自然类 ………………………… 1

二、洛克论自然类 ……………………………… 5

三、密尔论自然类 ……………………………… 10

四、蒯因论自然类 ……………………………… 15

第二章　自然类的哲学问题 ………………………………… 22

一、什么是自然类 ……………………………… 22

二、自然类与本质主义 ………………………… 27

三、自然类与实在论 …………………………… 31

四、自然类与认知价值 ………………………… 35

第三章　自然类的语义学 …………………………………… 40

一、指称的描述理论与自然类问题 …………… 40

二、指称的描述理论的批评 …………………… 47

三、指称的因果理论与自然类问题 …………… 53

四、指称的因果理论的困境 …………………… 62

第四章　自然类本质主义及其挑战 ………………………… 77

一、自然类的本质主义观点 …………………… 78

二、生物物种的本体论地位问题 ……………… 83

三、物种问题的主要回应 ……………………… 87

四、社会类的形而上学问题 ……………………………………… 101

第五章　自然类的多元论 ……………………………………… 106
　　一、兴趣相对性的分类学 ……………………………………… 107
　　二、物种多元论 ……………………………………… 113
　　三、混杂实在论 ……………………………………… 122
　　四、自然类的消除主义 ……………………………………… 132

第六章　自然类的属性簇理论 ……………………………………… 151
　　一、家族相似性与属性簇 ……………………………………… 152
　　二、自我平衡属性簇理论 ……………………………………… 157
　　三、自我平衡属性簇理论的困难 ……………………………………… 163
　　四、稳定属性簇理论 ……………………………………… 170

第七章　自然类的认知理论 ……………………………………… 179
　　一、自然类的成功与限制条件解释 ……………………………………… 180
　　二、自然类的分类纲领解释 ……………………………………… 182
　　三、自然类的范畴瓶颈解释 ……………………………………… 185
　　四、自然类的因果网络节点解释 ……………………………………… 189

第八章　自然类：一种新的综合 ……………………………………… 201
　　一、动力学系统理论概述 ……………………………………… 202
　　二、动力学系统理论的相关应用 ……………………………………… 207
　　三、自然类的动力学系统理论 ……………………………………… 213
　　四、自然类的综合性解释框架 ……………………………………… 223

结　语 ……………………………………… 231
参考文献 ……………………………………… 233
后　记 ……………………………………… 257

第一章

自然类的历史传统

哲学家们为什么将一些种类的事物划分为"自然类"？也许我们可以通过分析"自然类"的概念来回答这个问题。为了理解"自然类"概念的重要性，我们有必要回顾历史上的哲学家们为何将自然类概念引入其哲学体系当中并发挥关键作用。特别是"自然类"这个哲学术语的创立者通过它所意指的东西对于自然类能够被用来意指什么有重要的约束。自然类概念的历史可以追溯到亚里士多德，并在后来的哲学家那里得到大量的关注和讨论。自然类的这些早期讨论蕴藏着重要的洞察力并且提出了大量的哲学问题，而这些问题继续包含在关于自然类的当代争论中。本章主要梳理亚里士多德、洛克、密尔和蒯因四位哲学家的自然类观点。①

一、亚里士多德论自然类

（一）实体与属性

自然类概念要追溯到亚里士多德关于实体的论述。亚里士多德说："我们可以在很多意义上说一个东西存在，但一切存在都与一个中心点有关系，这个中心点是确定的东西，它毫无歧义地被说成为实体。"② 他进一步区分实体与属

---

① 自然类概念的历史可以更早追溯到柏拉图的著作。柏拉图在《斐德罗篇》和《政治家篇》中提到，当划分我们所言说的事物时，我们必须"沿着自然的关节点切割自然"（carving nature at its joints），就像一位好的屠夫根据动物的肌理来切割动物。这个隐喻可类比为中国古代的"庖丁解牛"，一些哲学家将其作为讨论自然类的发源地。参见 SLATER M H, BORGHINI A. Introduction: Lessons from the Scientific Butchery [M] // CAMPBELL J K, O'ROURKE M, SLATER M H. Carving Nature at Its Joints: Natural Kinds in Metaphysics and Science. Cambridge: The MIT Press, 2011: 1-32. 其他一些哲学家不赞成将自然类的历史追溯到古代，例如，波依德认为自然类的讨论起源于 17 世纪洛克的著作《人类理解论》，哈金（Ian Hacking）则将自然类的讨论定位在 19 世纪的英国经验论，特别是惠威尔（William Whewell）和密尔的著作。

② 亚里士多德. 形而上学 [M]. 吴寿彭, 译. 北京: 商务印书馆, 1995: 56-57.

性。"某些东西，我们说它们存在，因为它们是实体，另一些东西则因为它们是实体的属性，还有一些东西则因为它们是趋于实体的过程，实体的毁灭、缺乏、性质，或者是实体的产生、生成，或者是实体的相关者，或者是所有这些东西以及实体自身的否定。"①　因此，实体与属性虽然都被陈述为存在，但实体是独立的、不依赖任何其他东西而存在，而属性则必须依附于实体而存在。"只是由于实体这个范畴，其他任何范畴才能存在；实体必定是首要的，即非限定意义上的、无条件的存在。"②　亚里士多德在《范畴篇》中进一步区分存在的十个范畴：实体、数量、性质、关系、地点、时间、姿态、状况、活动、遭受。③　亚里士多德认为，首要存在的东西是实体，其他九个范畴在本体论上依赖于实体范畴。实体是所有特征都存在于其中的某事物，但本身不存在于任何事物当中。例如，颜色、大小等性质的存在，是因为有某事物首要地存在。所以，亚里士多德认为，实体在定义上、认识顺序上和时间上都在先。"定义上优先"意指实体是本质，属性是特性和偶性；"认识顺序上优先"意指首先认识存在是一个实体，然后认识这个实体有什么属性；"时间上优先"意指实体首先存在，其次才有依赖于实体的属性。

（二）第一实体与第二实体

亚里士多德认为，言说或断言一个事物的东西是实体，而被某事物言说或断言的东西也是实体。所以，存在两种意义上的"实体"：第一性的实体与第二性的实体。

> 实体，就其最真正的、第一性的、最确切的意义而言，乃是那既不可以用来述说一个主体又不存在于一个主体里面的东西，例如某一个个别的人或某匹马。但是在第二性的意义之下作为属而包含着第一性实体的那些东西也被称为实体；还有那些作为种而包含着属的东西也被称为实体。例如，个别的人是被包含在"人"这个属里面的，而"动物"又是这个属所隶属的种；因此这些东西——就是说"人"这个属和"动物"这个种——就被称为第二性实体。④

具体说，在实体范畴中，诸如一个人、一匹马、一棵树等殊相或个体被称

---

① 亚里士多德. 形而上学 [M]. 吴寿彭，译. 北京：商务印书馆，1995：56-57.
② 亚里士多德. 形而上学 [M]. 吴寿彭，译. 北京：商务印书馆，1995：125-126.
③ 亚里士多德. 范畴篇 解释篇 [M]. 方书春，译. 北京：商务印书馆，1986：11.
④ 亚里士多德. 范畴篇 解释篇 [M]. 方书春，译. 北京：商务印书馆，1986：12.

作第一实体，它们是存在的终极实体，没有它们，就没有事物存在。除此之外，一些实体范畴的存在依赖于第一实体，它们被称作第二实体。第二实体断言或言说第一实体。如果没有第一实体，就没有第二实体。例如，"人"被用来述说个别的人，但"动物"又被用来述说"人"。两者都言说"人"，"人"是"种"的实例，"动物"是"属"的实例。种和属存在，是因为它们所指称的个体事物存在。种和属都是第二实体，而它们所言说的东西是第一实体。

> "动物"被用来述说"人"这个属，因之就被用来述说个别的人，因为如果没有任何可以用它来述说的个别的人的存在，那它根本就不能被用来述说"人"这个属了。再者，颜色存在于物体里面，因此是存在于个别的物体里面的，因为如果没有任何它得以存在于其中的个别的物体存在，那它根本就不能存在于物体里面。①

在亚里士多德看来，只有种和属才是第二性意义上的实体，它们是第一实体的偶然属性。既然关于个体事物所言说的一切东西都依赖于第一实体，那么事物属于什么类以及这些类如何被决定，都依赖于第一实体。因此，决定一个个体事物属于类的东西是第一实体，但类是由内在于它们的第二实体（种和属）来指示。

（三）第一实体与本质

关于什么是实体，亚里士多德的另一种回答：实体是本质。亚里士多德区分了事物的本然性质与偶然性质。例如，一个人的红色头发就是一种偶然性质，因为这个人并不必然或本然地有红色或任何颜色的头发。当我们知道一个东西是什么时，我们不仅仅知道它的颜色、大小等偶然性质。我们将一个东西与它的所有性质区分开，只专注于它实际上是什么，也即它的本然性质。所以，对实体的研究是对一个事物本然性质的研究。亚里士多德认为，定义告诉我们本质和实体，定义表述的本质与主词指称的实体相等同，本质就是实体本身。"定义是本质的表达，本质在完全的、首要的和无条件的意义上被归诸实体。"② 例如，狗的定义是"狗是什么"（what it is to be a dog），而不是语词"狗"意指什么。本质是个体事物所是的东西，这不同于断言它的东西。一个事物的本质是这个事物的首要属性，这个事物的其他属性则是其偶然特征，并且不同于它的

---

① 亚里士多德. 范畴篇 解释篇 [M]. 方书春，译. 北京：商务印书馆，1986：13.

② 亚里士多德. 形而上学 [M]. 吴寿彭，译. 北京：商务印书馆，1995：133.

本质。事物的偶然特征没有指定它是什么，它们是与本质没有联系的属性，实体原则上可以没有它们。

那么，什么是本质，或者说使一个实体成为实体的东西是什么？亚里士多德认为，一个个体实体，无论是人造的还是自然的，都是由质料和形式组成，也即一个个体实体是形式和质料构成的复合物。质料和形式是预先存在的，将两者结合在一起的东西是形式。在事物的自然产生过程中，例如动物，形式在父母那里被找到，父母与后代不是在量的方面相同而是在形式方面相同。在事物的人工产生过程中，例如桌子，形式在工匠的灵魂中找到。形式不是被制造的，而是预先存在的。由质料和形式的结合所形成的东西都是通过它的形式的名称来描述，而不是通过它的质料的名称来描述。所以，形式是使一个事物成为其所是的东西，也即形式是本质。"本质和形式是等同的"① "形式和本质是第一实体"②。既然形式意指每个事物的本质和第一实体，所以正是实体的形式使它成为它所是的事物类。对于亚里士多德而言，一个事物的类就是它的本质的一部分，而不是偶然特征的一部分，这些偶然特征的移除或附加不会影响到事物成为其所是。

因此，亚里士多德关于事物的类的立场是，实体是首要存在的东西。如果实体是本质，本质是形式，那么决定一个事物是什么以及它属于什么类的东西就是形式。形式不是被制造的，它就是事物的一部分。如果形式决定类，那么类就是自然的。自然类对于亚里士多德来说必定是实在的（real），并且必须至少拥有实例，这是因为自然类依赖于这些实例来获得它们的存在。③ "凡事物之成为一者，便不能同时存在于多处，共通性事物则可以同时存在于各处；所以，普遍性显然不能离其个体而自存。"④ 在这个方面，亚里士多德不同于柏拉图，因为柏拉图认为类可以独立于它们的实例而存在。按照亚里士多德的观点，非存在的事物没有本质，人们可能知道"山羊—雄鹿"（goat-stag）的意义，但是没有本质可以知道。如果"山羊—雄鹿"没有本质，它就很难形成一个自然类，因为不存在山羊—雄鹿。既然一个类必须有实例才能成为一个自然类，因此对于亚里士多德来说，不可能存在诸如潜在的或者可能的自然类这样的事物。从亚里士多德评论"山羊—雄鹿"的例子可以看出，虽然他承认"山羊—雄鹿"

① 亚里士多德.形而上学［M］.吴寿彭，译.北京：商务印书馆，1995：136.
② 亚里士多德.形而上学［M］.吴寿彭，译.北京：商务印书馆，1995：131.
③ GRANGER H. Aristotle and the Finitude of Natural Kinds［J］. Philosophy，1987，62（242）：523-526.
④ 亚里士多德.形而上学［M］.吴寿彭，译.北京：商务印书馆，1995：157.

是有意义的并且表示一个可能的类，但他否认山羊—雄鹿有本质，因为不存在山羊—雄鹿。如果山羊—雄鹿没有本质，它就不可能是一个自然类。亚里士多德拒斥潜在的类作为自然类也符合我们的直觉和实践，因为我们经常认为一个类必须至少在过去有一些实例才可以算作自然类，否则的话它仅仅是一个虚构类（fictional kind）。① 例如，虽然再也没有恐龙，但我们仍然认为恐龙是一个自然类，因为过去有恐龙，贾巴沃克（Jabberwocky）② 虽然是可能的，却是一个虚构类。总之，如果个体分享某个必然属性集合，那么这个属性集合构成自然类的本质，亚里士多德式的科学的目的就是发现自然类的本质。根据亚里士多德的观点，类是独立于人的目的或分类技巧而存在，这是与实在论相结合的本质主义。③

二、洛克论自然类

亚里士多德的自然类学说被洛克所复兴。虽然像亚里士多德一样，洛克从来没有使用"自然类"这个表达式，但他在《人类理解论》中对自然类展开了有意义的论述。当代许多哲学家也试图从洛克关于自然类问题的讨论中去理解自然类的本性并解决与其相关的复杂哲学问题。④ 不同于亚里士多德的自然类立场，洛克声称没有自然类，事物的类是依赖于心灵设计的抽象观念。

（一）类语词与抽象观念

洛克在《人类理解论》中关心的问题是人类知识的起源、范围和确定性。洛克认为，观念是构成知识的重要材料，但是心灵所拥有的观念都是通过经验获得的。根据洛克的经验论，存在的所有事物都是殊相，也即现实中存在的东西都是由没有被范畴化或划分为类的个体事物组成，世界中的每个实体都独立于任何其他事物而存在。在洛克看来，语词是清楚发出的声音，被人类用作内在观念的符号以及他自己心灵之内的观念的标记，由此，这些观念才可以被其他人知道，人类心灵的知识也就可以从一个人传达给另一个人。"声音必须成为观念的标志——因此，人不仅要有音节分明的声音，而且他还必须能把这些声音作为内在观念的标记，还必须使它们代表他心中的观念。只有这样，他的观

---

① GRANGER H. Aristotle's Natural Kinds [J]. Philosophy, 1989, 64 (248): 245-247.

② 即《爱丽丝梦游仙境》中的恶龙。

③ FASIKU G. The Metaphysics of Natural Kinds: An Essentialist Approach [M]. Dudweiler Landstr, Germany: LAP LAMBERT Academic Publishing. 2010: 41-42.

④ 陈明益. 洛克是自然类的实在论者吗？[J]. 中南大学学报（社会科学版），2020, 26 (4): 50-57.

念才能表示于人，人心中的思想才可以互相传达。"① 因此，语词最初代表观念，当世界中的个体或特殊实体被心灵中的观念所表征，它们就被语词所表示。心灵通过语词来呈现它的经验，即关于世界的感觉与反省。

洛克进一步认为，每个特殊事物都有各自不同的名称是不可能的，因为设计并保留我们遇到的所有特殊事物的不同观念超出了人类能力的范围。即使给每个事物不同的名称是可能的，但仍然是无用的，"因为每一个特殊的事物如果都需要一个特殊的名称来标记它，则字眼繁杂，将失其功用"②。换句话说，人类堆积特殊事物的名称是徒劳的，这些名称不会帮助他们交流思想，因而对于达到语言的主要目的没有任何优势。所以，"为了避免此种不利起见，语言中恰好又有进一层的好处。就是，我们可以应用概括的字眼，使每一个字来标记无数特殊的存在"③。这里所说的"概括的字眼"即一般语词或通称词（general words/terms）。既然语词表示观念，那么一般语词表示的是一般观念（general idea）。洛克认为，知识的基础在于对世界做出的特殊观察，这样的知识被一般观念所扩大，而一般观念是通过将世界中观察到的个体事物还原为一个名称下的某个群体、种或类而形成的。"每一个特殊的事物有了一个特殊的名称之后，亦不能在推进知识方面有多大进步。因为知识虽然建立在特殊的事物上，可是只有借概括的观察，才能有所扩大。既然要有概括的观察，则各种事物必然要分为种类，并且有概括的名称才行。"④ 洛克断言我们语言的大部分语词都是一般语词，这些一般语词指称殊相的聚合或类，所以一般语词也可以称作类语词。

洛克对一般观念和一般语词的形成进行了详细说明。在洛克看来，我们关于世界的观念首先是特殊的，我们给予这些观念的名称只局限于个体或特殊事物并且只指称它们。例如，一个儿童有一个人的观念，他观察到这个人是他的母亲，另一个人是他的父亲。当时间发生变化并有了更大的熟悉程度后，他观察到世界上存在许多其他的事物，在形相和许多其他属性的共同一致性方面类似于他的父亲和母亲以及他所熟悉的那些人。由此，他形成一种观念，哪些殊相部分有这种观念，他就将"人"这个名称赋予它，并得到一般名称和一般观念。洛克认为，在塑造一般观念和一般名称过程中，没有新的东西被产生或创造，而是仅仅忽略每个殊相中的特殊成分，只把它们共同的成分保留下来。正

① 洛克. 人类理解论：第三卷［M］. 关文运，译. 北京：商务印书馆，1983：383.
② 洛克. 人类理解论：第三卷［M］. 关文运，译. 北京：商务印书馆，1983：383.
③ 洛克. 人类理解论：第三卷［M］. 关文运，译. 北京：商务印书馆，1983：383.
④ 洛克. 人类理解论：第三卷［M］. 关文运，译. 北京：商务印书馆，1983：391.

是所有属性都共有的观念，我们才形成一般观念并给予它一般名称。按照洛克的观点，一般观念是从特殊存在中构建出来的抽象观念，抽象观念是我们心灵的产物。"一般和共相不属于事物的实在存在，而只是理解所做的一些发明和产物。"① 语词是一般的，只是因为它们是一般观念的标记，而且可以无分别地应用在许多特殊的事物上。观念之所以是一般的，只是因为它们能表征许多特殊的事物。语词和观念本身不是普遍的，也不是自然地表示一般事物。它们拥有的意义不过是一种关系，是通过人的心灵附加给它们的。换言之，一般语词和一般观念缺少客观的实在性。依附于一般名称的一般观念必须被理解为相对于言说者或语词的使用者。

（二）名义本质与实在本质

洛克认为，一般语词表示的东西是类或事物的种类，并且它通过表征心灵中的观念而做到这点，所以，类的本质不过是抽象观念。通过本质，洛克意指使任何事物成为有那个种或类的东西。

> 概括性的名称所表示的，只是一类的事物，而它们之所以能够如此表示却是因为它们个个是人心中抽象观念的标记。许多事物如果都同这个观念互相符合，则它们便归类在那个名称以下，或者也可以说是属于那一类的。因此，我们看到，所谓种差的本质，并不是别的，只是一些抽象的观念。任何事物之所以属于某一种只是因为它有那一个种的本质，而它之所以配得到那个名称，亦只是因为它能同那个名称所表示的观念互相契合，因此，具有那种本质，和具有那种契合，就是一回事。②

洛克断言，虽然事物由于本性而变得相似，但它们还原成类以及类词项对它们的应用都是心灵作用的产物。心灵通过观察自然的相似性而制造抽象的一般观念并赋予名称来表示一般观念。自然界没有将事物划分成类，类是人的心灵抽象的结果。

> 任何事物如果不与人字所表示的那个抽象观念互相契合，则它不能成为一个人，亦不配有人的名称。同样，任何事物如果不具有人种的本质，则它亦不能成为人，亦不配有人的名称。因此，我们就可以断言，那个名

① 洛克. 人类理解论：第三卷 [M]. 关文运，译. 北京：商务印书馆，1983：395.
② 洛克. 人类理解论：第三卷 [M]. 关文运，译. 北京：商务印书馆，1983：396.

称所表示的那个抽象观念，和那个种的本质是一致的。因此，我们就可以说，物种的本质，和事物的分类，都只是理解的产品，因为只有它能抽象，能形成那些概括的观念。①

洛克意识到，语词"本质"除了用于表征心灵中产生的一般抽象观念之外，还有其他含义。他区分了本质的两种含义：实在本质与名义本质。

第一点，所谓本质可以当作是任何事物的存在看，而且物之所以为物，亦就全凭于它。因此，事物的内在组织（这在实体方面往往是不能被人认识的），就是可感性质所依托的，因此，它就可以称为本质。本质一词的原义亦正是如此，这由其字源就可以推知。因为本质（essentia）一词原义就是存在，我们在谈说特殊事物的本质，而不给它们以任何名称时，则我们所用的本质一词还是指的这种含义。第二点，经院中因为忙于探究并辩论事类和物种的缘故，本质一词几乎失其原义。因此，"本质"一词就不用于事物的实在的组织，而几乎完全用于类和种的这种人为的组织。自然，人们往常也假设物种有其实在的组织，而且我们亦分明知道，一定有一种实在的组织，然后共存的简单观念的集合体才有所依托。不过我们分明看到，各种事物之所以归在某某"种名"下边，只是因为它们同那些种名所表示的抽象观念相契合，因此，事类或物种的本质，并不是别的，只是那些类名和种名所表示的那些抽象观念。普通所用的本质一词，多半指这种含义而言。这两种本质，我想一种正可以叫作实在的本质，另一种正可以叫作名义的本质。②

因此，根据洛克的观点，实在本质是一个事物的内在属性，并使它成为它所是的那类事物，而名义本质是相同类的事物典型的属性或属性集合，参与到一般词项的词典定义中，并且是在我们的日常分类中方便依赖的属性或属性集合。例如，黄金的实在本质是拥有原子数79，名义本质是重的、黄色、可溶解、可延展、可溶于王水等；狼的实在本质是拥有某种基因结构（接近于狐狸和家犬的基因结构），名义本质则是凶猛、灰色皮毛的四足动物，有灵敏的鼻子，倾向于以群体方式漫游和嚎叫。简言之，实在本质是事物的真正内在的但一般未

---

① 洛克. 人类理解论：第三卷［M］. 关文运，译. 北京：商务印书馆，1983：396.
② 洛克. 人类理解论：第三卷［M］. 关文运，译. 北京：商务印书馆，1983：398-399.

知的构成，可观察和可发现的性质依赖于这种构成，而名义本质是一般语词或类语词所指称的抽象观念，实在本质直接决定至少名义本质的一部分。洛克不仅在名义本质与实在本质之间做出区分，而且他意识到这种区分对于科学哲学的重要后果。科学开始寻求实在本质，而科学定律被理解为从物的必然真理。然而，由于实在本质是不可通达的和不可理解的，洛克最终放弃了这个计划。

> 除了简单的观念而外，我们概无所知——这是我们所不必惊异的，因为我们的少些虚浮的事物观念，只是由感官从外面得来的，或是由人心反省它自身中的经验得来的，而且我们除了这些虚浮的观念而外，再没有其他观念，因此，再超过这个界限，则我们便一无所知，至于事物的内在组织和真正本质，则我们更是不知道的，因为我们根本没有达到这种知识的官能。①

洛克声称我们必须满足于名义本质。"我们知道，只有人可以造成事物的种类。……只有能造作抽象观念的人们，才能形成所谓物种，因为抽象的观念正是名义的本质。"②

（三）名义类与实在类

基于名义本质与实在本质的区分，我们看到洛克实际上在谈论两种意义上的自然类：名义类（nominal kinds）与实在类（real kinds）。科恩布利斯（Hilary Kornblith）就认为，洛克的著作中至少包含关于自然类的双重观点：一种观点是约定论，即自然界中不存在真实的类；另一种观点是实在论，即自然界中很可能存在真实的类，虽然它们完全不被我们所知，这种不可知论源于洛克的经验论，"既然我们关于对象的特征的仅有知识是通过观察或感觉而达到，那么当涉及真实的类时我们必须顺从完全的无知"③。按照亚里士多德的观点，本质属性的集合构成一个自然类的本质，事物划分成类依赖于一个个体与其他个体所分享的本质属性。但是，洛克反对亚里士多德式的本质主义观点。对于洛克而言，类的本质是心灵归给它的名义本质，一个个体在这种程度上有名义本质，即心灵允许并且类的本质被我们所区分和命名，除了在心灵中我们拥有的那些清晰的抽象观念之外它不可能是任何事物。挑选一个类的一般观念是那

---

① 洛克. 人类理解论：第二卷 [M]. 关文运，译. 北京：商务印书馆，1983：286.
② 洛克. 人类理解论：第三卷 [M]. 关文运，译. 北京：商务印书馆，1983：446.
③ KORNBLITH H. Inductive Inference and Its Natural Ground：An Essay in Naturalistic Epistemology [M]. Cambridge：The MIT Press，1993：25.

个类的名义本质。一个类的名称不能被归赋给任何特殊的存在物，除非它有名义本质。洛克把名义本质看作是我们所能知道的全部本质，事物都是在名义本质的基础上被划分为类。因此，洛克只承诺"名义类"的存在，并且既然名义本质是人类心灵的产物，也就不存在独立于心灵的自然类。

虽然洛克的实在本质观念接近于亚里士多德的观点，但洛克认为实在本质是无用的，因为它不可能被知道。洛克承认，实在本质是事物的原子结构并且它是事物的所有可观察性质的因果基础，构成事物的本质属性。因此，我们可以合理地认为名义本质依赖于实在本质。既然名义本质指称决定事物的类的抽象观念，那么事物的类的最终决定要素就是实在本质。但是，既然实在本质是不可知的，那么就可以得出：第一，如果实在本质不可能知道，那么就很难说它们决定事物的可感性质。如果关于实在本质没有东西是已知的，我们就不能正当地分配功能给它，类就不可能通过人类心灵知道。第二，心灵就其有限的能力来说只能观察名义本质，而不能发现事物的类的真实原因，因此我们不知道超出依赖人的分类的任何东西。洛克通过经验证据来反驳自然界在实在本质的基础上将事物划分为类。在他看来，如果自然界中存在真实的类并且这些类是被实在本质所决定的，那么不同的类之间应该存在清晰的边界将它们相互分离开来，否则事物就不是由于所属的类而彼此不同，而只是程度的不同。但是，洛克说，当我们审视自然界时，我们发现事物的类或物种之间不存在这样的边界。① 因此，洛克拒斥自然界中存在自然的分类系统已被自然哲学家所发现，而且不存在自然界所设置的类的固定边界已被发现，边界是在人类心灵中形成的。根据洛克的观点，实在本质的不可知论构成不存在实在类的决定性理由。因此，对于洛克而言，不存在自然类，这是因为事物作为特殊个体而存在，划分成类是人类心灵通过事物共同分享的可观察属性来做到的。类的演绎是后天的，它是建立于心灵在世界中经验到的东西的基础上。类的产生过程中唯一的"本质"工具是心灵，它产生名义本质并设计抽象语词来表示它们。决定语词指称的东西是人类心灵，语词不是自然地指称事物，自然类语词指称心灵以特殊的方式所划分的东西。

三、密尔论自然类

在洛克之后，"类"的观念在19世纪中期被惠威尔所阐述，不过"类"这

---

① 陈明益. 洛克是自然类的实在论者吗？［J］. 中南大学学报（社会科学版），2020，26（4）：50-57.

个词却是密尔发明的，他用大写的字母 K 来表示。① 密尔在《逻辑体系》（1843）中使用"真实类"（real kind）和"真正类"（true kind）这些表达式，以指称"自然范畴"和"自然群体"。虽然密尔发明了"类"这个词，但是他从来没有谈到自然类。② 密尔认为，类在自然界中有一种真实的存在，这种观点实际上吹响了自然主义的号角，意味着科学决定哪些类是真实的或自然的，而不是形而上学或逻辑。

（一）自然类的引入

密尔在《逻辑体系》中试图阐述科学方法的规则。在他看来，演绎逻辑不能产生知识，因为在结论中证明的任何事实已经包含在前提之中。但是，科学的确产生知识，所以密尔认为归纳推理而不是演绎推理必须处于科学方法的中心，将归纳描述为科学方法是密尔的《逻辑体系》的核心。密尔认为，既然存在科学的方法，就存在科学的统一性。他将物理学和生物学当作归纳成功的范例，同时认为如果社会科学应用科学方法，那么也可以获得"科学"的地位。"科学"是每个知识分支都渴望获得的一种特权地位。密尔在后期将自然类概念引入他的《逻辑体系》中。他在 1832 年完成《逻辑体系》的第二卷之后写道：

> 我现在写的东西成为随后的论文的那个部分的基础，除了它没有包含类的理论，这是后来添加的，它是被我在第一次试图计算出第三卷的一些结尾章节的主题过程中所遇到的不可分开的困难所建议的。③

因此，密尔通过引入自然类概念来尝试解决他所关注的问题。他希望将归纳完全根植于普遍因果律（the law of universal causation），这个定律认为每个事件都有一个无条件的、不变的前件并假定自然界是合律的（lawful），也即发生

---

① HACKING I. Natural Kinds: Rosy Dawn, Scholastic Twilight [J]. Royal Institute of Philosophy Supplement, 2007, 61: 203-239.

② 按照马古纳斯（P. D. Magnus）的观点，密尔实际上使用了两种不同的观念：类（kind）与自然群体（natural groups）。自然群体是针对分类学而言的，而类是针对本体论来说的。马古纳斯认为，当代自然类争论忽视了这种区分，并且标准的叙事通常将自然类视作密尔的类的发展。参见 MAGNUS P D. John Stuart Mill on Taxonomy and Natural Kinds [J]. HOPOS: The Journal of the International Society for the History of Philosophy of Science, 2015, 5（2）: 269-280.

③ SHAIN R. Mill, Quine and Natural Kinds [J]. Metaphilosophy, 1993, 24（3）: 275-292.

过一次的东西将在相似条件下再次发生。① 正是这种试图巩固"相似条件"（similar circumstances）的观念要求自然类观念。密尔没有诉诸类似性（resemblance）观念，因为他在第一卷中已经将相似性和差异分析为观察者身上的感觉或意识状态。密尔相信对象的所有知识都源于意识的状态，但是，当我们被日常分类的用法所约束时，一种错误的知识会降临到我们身上：一个名称可能无意中被用来指称若干现象，而不止一个名称可能无意中被用来指称相同事物。

密尔认为，科学目的是证明基本的、普遍的陈述，也即自然律或自然齐一性（uniformities of nature）。密尔将这些齐一性划分为时间齐一性或连续齐一性（uniformities of succession）与空间齐一性或共存齐一性（uniformities of coexistence）。连续齐一性是通过普遍因果律来解释的，但只有一些共存齐一性是如此解释的：如果一个事件导致不止一个结果，并且这些结果同时存在，那么这些结果就是共存齐一性。例如，潮汐的最高点既是离地球最近的点也是离月球最远的点。然而，还存在其他的共存齐一性，即事物的类型或类的相似性，密尔使用"所有乌鸦都是黑色的"作为这种齐一性的例子。② 断言某东西属于一个自然类就是陈述一种共存齐一性，即自然律。按照密尔的观点，科学具有特权地位，而普遍因果律具有中心地位。如果自然界的根本原则是普遍因果律，那么仅仅在这个定律中发挥作用的那些种类的事物是"自然的"，而其他种类的事物被降级到一种明显更低的地位。因此，只有自然类而不是其他的事物类是共存齐一性。

（二）自然类的定义

当密尔阐述他的自然类理论时，他面临的一个问题是如何区分自然类与其他的类。同时，密尔还面临确立类的客观实在性问题，因为他用完全主观的词项来定义我们的经验。"这是逻辑中的一个根本原则，即塑造类的力量是无限的，只要存在任何的（甚至最小的）差异来找到一种区分。"③ 因此，基本问题是决定哪些类在共存齐一性中发挥作用，因为一个类可以对每种差异都成立，但并非每个类都是自然类。一些类在填充普遍的因果律过程中是完全无助的。密尔在描述自然类过程中抓住的关键方面是分类的工具价值：根据一些属性

① MILL J S. A System of Logic, Ratiocinative and Inductive ［M］. Book Ⅲ. New York：Harper & Brothers Publishers，1882/2009：377.

② MILL J S. A System of Logic, Ratiocinative and Inductive ［M］. Book Ⅲ. New York：Harper & Brothers Publishers，1882/2009：377.

③ MILL J S. A System of Logic, Ratiocinative and Inductive ［M］. Book Ⅰ. New York：Harper & Brothers Publishers，1882/2009：150.

（例如，颜色）的分类完全耗尽了如此划分的对象之间的相似性，而根据其他属性的分类允许我们发现许多（也许无限数量的）其他相似性。后一种分类是一种自然分类。密尔将类等同于大量共同例示的属性，由此可以做出有关它们的一般断言，并且用作归纳推理的基础，因为我们可以从那些属性中的一些属性的出现推论出其他属性的出现。密尔认为，与类相联系的属性在数量上是不可穷尽的或无限的，而且它们不能通过一组可确定定律（ascertainable law）彼此得来或演绎出来。① 密尔暗示类的属性被共存齐一性所联结，同时他也允许与类相联系的属性是因果联结。他认为，共存齐一性，不像因果齐一性，只能解释自然界中最终属性的例示，相反它是所有现象的原因的那些属性，但本身不是由任何现象所导致。② 这意味着共存对于类的大多数基础属性成立，而因果性可能在类的其他属性中成立。

密尔还把类等同于参与科学分类模式中的自然群体，不过他认为真实的类是这样的群体的一个子集，例如，虽然所有的植物物种都是真实类，但是很少的更高分类单元（例如，属和科）可以被说成是类。③ 相对于自然分类模式中的群体，密尔给类增加了一个附加条件，即在它们之间存在一种无法逾越的障碍，并且它们彼此完全不同。④ 在密尔看来，在真实类之间不可能有中间成员，"这些类，被未知的大量属性并且不仅仅是一些确定的属性所区分——它们是被深不可测的裂口而不是仅仅普通可见底的沟渠彼此分开——是唯一被亚里士多德式的逻辑学家视作属或种的类。"⑤ 在前达尔文主义生物学中，物种而不是更高的分类单元通常被认为满足这个条件。密尔否认自然群体可以通过典型的成员来划定界限，并认为定义对于自然群体的划界很重要。密尔还肯定不同的科学学科可能以不同的方式划分相同的个体，因为这些分类可能服务于不同目的，例如，一位地质学家不同于一位动物学家将化石范畴化。⑥

---

① MILL J S. A System of Logic, Ratiocinative and Inductive ［M］. Book Ⅰ. New York：Harper & Brothers Publishers, 1882/2009：154-155.

② MILL J S. A System of Logic, Ratiocinative and Inductive ［M］. Book Ⅲ. New York：Harper & Brothers Publishers, 1882/2009：709.

③ MILL J S. A System of Logic, Ratiocinative and Inductive ［M］. Book Ⅳ. New York：Harper & Brothers Publishers, 1882/2009：881.

④ MILL J S. A System of Logic, Ratiocinative and Inductive ［M］. Book Ⅳ. New York：Harper & Brothers Publishers, 1882/2009：880.

⑤ MILL J S. A System of Logic, Ratiocinative and Inductive ［M］. Book Ⅰ. New York：Harper & Brothers Publishers, 1882/2009：152.

⑥ MILL J S. A System of Logic, Ratiocinative and Inductive ［M］. Book Ⅳ. New York：Harper & Brothers Publishers, 1882/2009：874-875.

（三）自然类的描述

密尔提供了自然类的一种定义，即构成这个类的个体所分享的大量属性，但是密尔从来没有非常精确地应用这个定义。密尔对自然类的描述包含以下五个要素，其中每个要素对于自然类概念都不是基本的或必不可少的。① 第一，根据自然类的分类是划分对象最有用的方式，分类的目的是使"我们最大地掌控我们已经获取的知识，并且最直接地导致更多知识的获取。"② 密尔将这个事实当成是根据自然类的分类最独特的方面，这个事实即这样的分类允许我们发现如此划分的对象当中大量的、也许不可穷尽的相似性。第二，自然类出现在许多不同的层次。密尔区分了共存的派生和终极齐一性。派生的齐一性是指一些自然类的对象的属性可消解为对象的要素的属性，由此派生的类仍然保持为自然类。第三，自然类的分类是独立于目的而存在的。自然类的工具有用性不够将它们与其他的类分开，虽然这些可能也是有用的。密尔认为，自然类是"当我们不是为了任何专门的、实践的目的而研究对象，而是为了扩展我们关于它们的属性和关系的整体知识"被发现的那些类。③ 第四，自然类代表一种价值判断。密尔认为，"对象的分类应该是跟随它们的属性的那些分类，这表明不仅最众多的而且最重要的独特性"④。第五，根据自然类的分类依赖于自然界的一种人格化。自然类是那些种类的对象，它们根据这样的属性被归类，"这些属性，正如其所是，填补了它们的存在中的最大空间并且将使一位旁观者的注意力印象最深刻，他知道它们的所有属性但不是专门对任何一种属性感兴趣。"⑤ 上述五个要素涉及不同的原则：前两个要素诉诸科学的工具成功，而后三个要素描述一种有特权的认识论立场。"自然类"作为一种有特权的本体论范畴来协调这两个原则。密尔诉诸科学的工具成功作为赋予科学分类特权地位的一种论证。他把物理学和化学的分类当作科学成功的范例，虽然生物学分类更值得尊重。

---

① 蒯因的自然类描述也包含这五个方面的要素，虽然他在这些方面稍微有所不同。参见 SHAIN R. Mill, Quine and Natural Kinds [J]. Metaphilosophy, 1993, 24 (3): 275-292.

② MILL J S. A System of Logic, Ratiocinative and Inductive [M]. Book Ⅳ. New York: Harper & Brothers Publishers, 1882/2009: 870.

③ MILL J S. A System of Logic, Ratiocinative and Inductive [M]. Book Ⅳ. New York: Harper & Brothers Publishers, 1882/2009: 875.

④ MILL J S. A System of Logic, Ratiocinative and Inductive [M]. Book Ⅳ. New York: Harper & Brothers Publishers, 1882/2009: 875.

⑤ MILL J S. A System of Logic, Ratiocinative and Inductive [M]. Book Ⅳ. New York: Harper & Brothers Publishers, 1882/2009: 875.

四、蒯因论自然类

"自然类"这个术语是由约翰·文恩（John Venn）在其 1866 年的著作《机遇的逻辑》（*The Logic of Chance*）中构造的，它的现代复兴则归功于罗素（Bertrand Russell）1948 年论归纳的著作《人类的知识：其范围与限度》，归纳也是蒯因的《自然类》一文的中心论题。① 蒯因和罗素都同意，虽然自然类可能在理解我们做出适度归纳的能力过程中有一些用处，但当它涉及更具反思性的科学时是无用的。按照蒯因的观点，"这是科学的一个分支成熟的特殊标记，即它不再需要一种不可还原的相似性和类的观念"②。罗素和蒯因都坚持类的观念随着自然科学的进步让位于一种结构。蒯因对于现代科学中的自然类观念的效用有两个主要反对意见：第一，他认为这个观念陷入相似性的模糊观念的泥淖中，因此不能用作科学理论化的可靠基础。更糟糕的是，由于各种逻辑的复杂因素，人们甚至不能根据相似性来精确定义"类"。第二，蒯因认为，在某些领域，相似性可以避开以支持构成要素的匹配或属性的符合。蒯因的要点是没有必要假定类，一旦人们有直接联结属性的定律。他认为在不同科学分支中使用的相似性标准没有任何共同的有趣的东西，所以不存在自然类的一般观念，仅仅有在每门具体科学中所假定的类。③

（一）可投射性与自然类

在《自然类》一文中，蒯因认为可投射性（projectibility）观念以及科学哲学中某些其他观念都可以根据"自然类"的基础观念来定义。所以，如果自然类的一个基本定义可以给出，那么确证理论的许多问题（例如，决定哪些谓词是可投射的）就可以一下子得到解决。蒯因从"什么倾向于确证一个归纳"的

---

① HACKING I. A Tradition of Natural Kinds [J]. Philosophical Studies，1991，61（1-2）：109-126.

② QUINE W V. Natural Kinds [M] // QUINE W V. Ontological Relativity and Other Essays. New York：Columbia University Press，1969：138.

③ 蒯因使用自然类来试图解决已经出现在《语词与对象》中的一个问题，即翻译的完全不确定性（the radical indeterminacy of translation），因为这个问题威胁到他的哲学核心。参见 SHAIN R. Mill，Quine and Natural Kinds [J]. Metaphilosophy，1993，24（3）：275-292.

旧问题〔这个问题被亨普尔（Carl G. Hempel）的乌鸦悖论①和古德曼（Nelson Goodman）的绿蓝悖论②所强化〕开始来讨论自然类与可投射性之间的联系。蒯因将亨普尔的难题吸收进古德曼的难题当中。按照古德曼的观点，"绿色的"是可投射的，而"绿蓝的"则不是，所以"绿色的"更牢靠（entrenched），而归纳只能应用于可投射的谓词。③ 但是，在蒯因看来，决定哪些谓词是可投射的问题包含两个方面：（1）提供一种有效标准来区分可投射的谓词与不可投射的谓词；（2）给出一个谓词是可投射的意指什么的分析。虽然我们可能很容易给出一种有效标准来区分可投射的谓词与不可投射的谓词，但是这些标准的应用未必给我们一种关于一个谓词是可投射的意指什么的理解。既然蒯因的目的是要"消解"可投射性和自然类，那么他必须提供的东西是类的观念的分析，这种分析将帮助我们理解某东西属于一个类意指什么。

（二）自然类与相似性

蒯因明确地将自然类和相似性这两个概念与归纳相联系，并将它们视作实质上是相同的。

> 现在回到翡翠，为什么我们期望下一个翡翠是绿色的而不是绿蓝的？直觉的答案在于相似性，不管多么主观。相比两个绿蓝的翡翠是相似的，两个绿色的翡翠更相似。如果绿蓝翡翠中只有一个是绿色的，绿色的事物，或者至少绿色的翡翠，是一个类。一个可投射的谓词是对于一个类的所有

---

① 亨普尔的乌鸦悖论可以简述如下：每只黑色的乌鸦将确证"所有乌鸦都是黑色的"定律，而一个非黑色非乌鸦的事物将确证"所有非黑色的事物都是非乌鸦"的定律。但是，由于"所有非黑色的事物都是非乌鸦"与"所有乌鸦都是黑色的"是逻辑上等价的，所以结果是一个非黑色非乌鸦的事物（比如一片绿色树叶）将确证"所有乌鸦都是黑色的"定律。

② 古德曼的绿蓝悖论可以简述如下：已知到今天为止所检验的每颗翡翠都是绿色，所以它将确证"所有的翡翠都是绿色的"这个假设。古德曼随后提出"绿蓝的"定义，它意指任何东西在今天或更早时间被检验并且是绿色的，或者在明天之前没有被检验并且是蓝色的。因此，我们同样可以得到一个假设"所有的翡翠都是绿蓝的"。由于到今天为止所有检验的翡翠都是绿色，那么我们是否应该期望明天检验的第一个翡翠是绿色的？但是由于到今天为止所有检验的翡翠也是绿蓝的，那么为什么不可以期望明天检验的第一个翡翠是绿蓝的并因此是蓝色的？也就是说，基于某个时刻已被检验的所有翡翠是绿色的，我们既可以预测未来的某个翡翠是绿色的，也可以预测它是蓝色的，由此导致矛盾。

③ 陈明益，万小龙. 绿蓝悖论解决方案探析〔J〕. 自然辩证法研究，2008，24（12）：7-12.

事物都为真的谓词。然而，使古德曼的例子成为一个难题的东西是相似性或类的一种基本观念的可疑的科学地位。①

蒯因认为，相似性或类的观念在我们的思想和语言中占有最根本的地位。语词的一般性都要归功于它所指称的事物当中的某种相似性，而学会使用一个语词也依赖于某种双重的相似性：语词的当前使用环境与它的过去使用环境之间的相似性，以及语词的当前说出与它的过去说出之间的语音相似性。蒯因进一步认为，类的观念与相似性的观念是同一个观念的变种，相似性可以直接根据类来定义，因为当它们是一个类的两个实例时事物是相似的。但是，按照蒯因的观点，相似性与类的观念不能通过逻辑或集合论来定义。"类可以看作集合，被它们的成员所决定。只是并非所有的集合都是类。"② 类的观念与相似性的观念似乎实质上是同一个观念，但它们不能还原为逻辑的或集合论的观念。

蒯因进而将注意力转移到比较相似性（comparative similarity）观念。虽然蒯因从来没有指定类与比较相似性之间的精确关系，但是他将分析类的观念的问题吸收进分析比较相似性观念的问题当中。蒯因关心的问题是给出类的观念的一种分析，而不是将事物划分为类的一种有效标准。蒯因通过这个事实来指出类的观念如何吸收进比较相似性观念之中，这个事实也即他接受给出"a 与 b 比 a 与 c 更相似真正地意指什么的定义"的问题的消解。这个问题是根据属于逻辑和特殊科学分支的词项来证明比较相似性的三元关系将遭受恰当的和非平庸的分析，而将事物整理成相似性群体的有效标准将从这些分析中产生。例如，假设我们采用比较相似性的分析如下：

（1）"比起相似于 c，a 更相似于 b"被分析为"比起在空间和时间上接近于 c，a 在空间和时间上更接近于 b"。

从这个分析中我们可以产生将事物整理成相似性群体的以下标准：

（2）如果比起在空间和时间上接近于 c，a 在空间和时间上更接近于 b，那么比起相似于 c，a 更相似性于 b。

显然，存在无限多的不同方式来评价相似性，并且它们将提供一种有效的手段来将事物整理成相似性群体，而其中大多数方式将导致不能解释古德曼的可投射性观念的类群（groupings）。这个标准的应用可能导致这个判断：在欧洲

① QUINE W V. Natural Kinds [M] // QUINE W V. Ontological Relativity and Other Essays. New York：Columbia University Press, 1969：116.

② QUINE W V. Natural Kinds [M] // QUINE W V. Ontological Relativity and Other Essays. New York：Columbia University Press, 1969：118.

胜利日，我的口袋中的所有东西属于相同的相似性类群。显然，这种将事物整理成相似性类群的标准以及它所产生的比较相似性的分析，不能用于提供古德曼的可投射性观念的一种解释。

蒯因认为，相似性观念必须使得它所产生的标准的应用可以导致相似性类群，它使"我们的归纳倾向于进展顺利（come out right）"①。只有这样一种相似性标准将公正地对待古德曼的可投射性观念，并且正是这样一种相似性标准得到科学各个分支的恰当分析，因为这些分支成熟了。所以，蒯因所采用的恰当性的一个条件必须被比较相似性观念的任何恰当分析所满足。这个条件即（C_1）待分析项必须是一种比较相似性的观念，它可以公正地处理古德曼的可投射性观念。按照蒯因的术语，这个分析必须指出为什么我们将事物分成相似性类群"如此好地符合自然界中功能上相关的类群以使我们的归纳倾向于进展顺利"②。

但是，并非满足（C_1）的所有分析都是恰当的。例如，根据类的比较相似性分析，如果没有非循环的类的定义被给出，将不会"消解"自然类的问题。如果蒯因想要"消解"自然类问题，他可以既不直接引入类的观念作为一种原始观念，也不根据它自身或相似性观念来给出这个观念的分析。除了满足（C_1），比较相似性观念的任何恰当分析也必须满足：

（C_2）这个分析必须在这种意义上是非平庸的，即它必须给出比较相似性观念的一种分析，这种比较相似性观念既不依赖于它自身，也不依赖于类的观念，更不依赖于任何其他可根据这两个观念来定义的且不可还原的观念。

（三）自然类的"消解"

蒯因将自然类观念与达尔文式的自然选择原理联系起来，以帮助定位一种类观念。这种观念有助于确证理论，并且解释了蒯因所称的"进化实在论"。蒯因认为，"一种相似性标准在某种意义上是先天的（innate）"③。这个先天标准提供了一种有效手段将一个类当中的事物归集在一起。同时，这种先天的相似性标准在这种意义上是"非理性的"，即没有理由假设我们的先天的相似性类群符合"自然界中功能上相关的类群以使我们的归纳倾向于进展顺利"。尽管任意

---

① QUINE W V. Natural Kinds ［M］// QUINE W V. Ontological Relativity and Other Essays. New York：Columbia University Press，1969：126.

② QUINE W V. Natural Kinds ［M］// QUINE W V. Ontological Relativity and Other Essays. New York：Columbia University Press，1969：126.

③ QUINE W V. Natural Kinds ［M］// QUINE W V. Ontological Relativity and Other Essays. New York：Columbia University Press，1969：123.

的相似性标准都可能被选择以提供一种有效方式来归类世界上的事物，但没有任何的任意标准将产生"使我们的归纳倾向于进展顺利"的类群。所以，要指出为什么我们可以期望我们的事物类群匹配自然界中的类群，我们必须定位一种满足蒯因的恰当性条件（C_1）的比较相似性观念。蒯因认为，自然选择理论提供了关于为什么我们可以期望我们的相似性类群匹配自然界的功能上相关的类群的线索。

> 如果人们的先天性质间隔（spacing of qualities）（也即相似性类群）是一种基因连锁的（gene-linked）特性，那么这种导致最成功的归纳的间隔将倾向于在整个自然选择中占主导地位。①

也就是说，我们功能上相关的相似性类群越接近于自然界的类群，我们的归纳将更一致地成功，而且我们可以事实上期望我们的相似性类群接近自然界的类群，所以相似性类群是存在于自然界中的事物类群。

蒯因诉诸自然选择来帮助指出为什么我们可以期望自己的理论相似性类群变得如此好地符合自然界中功能上相关的类群以"使我们的归纳倾向于进展顺利"。随着科学理论的成熟，我们的相似性类群将发生改变，并且由于自然选择原理的运行，它们将倾向于匹配"自然界中功能上相关的类群"。通过诉诸自然选择原理，蒯因指出在成熟的科学理论中采用的比较相似性观念满足我们的恰当性条件（C_1）。至此，蒯因已经指出成熟的科学理论将开始采用比较相似性概念，它能够处理古德曼的可投射性观念。但是他还没有指出这种比较相似性的观念按照逻辑和特殊科学分支的术语将遭受恰当分析。正是在这个关键点上，蒯因断言相似性观念在适当时候将得到每门科学分支中的恰当分析。他认为，随着科学分支的成熟，它们将揭示越来越多的在自然界中获得的功能上相关的相似性类群。蒯因建议不要试图定义这样一种单个的、基本的或绝对的类概念。相反，我们应该支持让科学家通过与他们自己的具体科学分支相关的术语来发展出蒯因所认为的类观念的恰当分析。蒯因认为，类的观念的确得到定义，而确证理论的问题也的确得到解决，但这不是一下子针对所有科学，而是逐渐地、在不同时间针对科学的每个分支。

---

① QUINE W V. Natural Kinds［M］// QUINE W V. Ontological Relativity and Other Essays. New York：Columbia University Press，1969：126.

随后我想指出相似性的观念或类的观念如何随着科学的进步而改变。我认为这是一门科学成熟的标记，即相似性或类的观念最终会消解，就它与那门科学是相关的而言。①

当蒯因说"相似性或类的观念最终会消解"，他所意指的东西是这个观念"最终服从根据科学和逻辑的那个分支的特殊词项的分析"②。既然诸如可投射性等概念可以根据类来定义，那么一旦类的观念对于一个特殊科学分支消解了，可投射性等观念也对于那个科学分支消解了。蒯因认为，随着科学的进步，自然类已经在一些领域中变得值得尊重，因为相似性概念需要将它们挑选出来。当科学进步到这一点，即它能够解释因果结构并因此解释倾向性陈述，科学的相似性概念就被提出，自然类就可以被挑选出来。在蒯因看来，科学中的进步允许我们移除分类的所有主观方面并将我们的科学理论根植于类的一种客观观念。我们概念领域中的一些"旋涡"将被巩固进实在的最终结构，这是由科学家的工作来决定，而且是从非理性到科学的信念进步。

然而，蒯因关于科学理论的实在论不能得出成熟的科学能够给出比较相似性观念的恰当分析。要看到这一点，我们需要了解蒯因关于比较相似性的一种恰当的科学分析看起来像什么的描述。按照蒯因的观点，化学已经达到这个阶段，在这个阶段科学家可以给出比较相似性的恰当分析。

对于化学很重要的这种比较相似性可以完全用化学词项来陈述，也即根据化学组成来陈述。分子将被说成是匹配的，如果它们包含相同拓扑组合中的相同要素的原子。原则上，我们可能达到对象 a 和 b 的比较相似性，通过考虑有多少匹配分子对，每次一个来自 a 的分子和一个来自 b 的分子，以及多少不匹配的对。这种比率甚至给出相对相似性的一种理论测量，并且因此充分地解释了 a 更相似于 b 比起 a 相似于 c 意指什么。③

但是显然，用化学词项来分析比较相似性是不恰当的，因为"相同要素"

①　QUINE W V. Natural Kinds ［M］// QUINE W V. Ontological Relativity and Other Essays. New York：Columbia University Press，1969：121.
②　QUINE W V. Natural Kinds ［M］// QUINE W V. Ontological Relativity and Other Essays. New York：Columbia University Press，1969：121.
③　QUINE W V. Natural Kinds ［M］// QUINE W V. Ontological Relativity and Other Essays. New York：Columbia University Press，1969：135.

和"相同的拓扑组合"观念在这个分析中是作为原始物而出现的,既然这两个观念必须依次通过比较相似性观念的进一步分析来澄清,那么它提供的比较相似性分析不能满足恰当性条件（C_2）。由于它依赖相同性观念,所以蒯因提供的比较相似性的化学分析是平庸的。蒯因关于动物学声称:

> 我们能够通过考虑系谱（family trees）来定义适合于这门科学的比较相似性。对于两个动物的相似性程度的理论测量,我们可以设计某种合适的功能,这种功能依赖于它们的共同祖先的接近性（proximity）和频率（frequency）。或者一种更重要的相似性程度的概念可以根据基因来设计。①

蒯因似乎认为,动物学的相似性分析可以根据共同祖先和基因相似性来给出,但是共同祖先和基因相似性观念本身必须根据比较相似性来分析。因此,依赖共同祖先和基因相似性的动物学相似性的分析对于两个事物是动物学上相同的或相似的意指什么的理解有很少的价值。换言之,依赖共同祖先和基因相似性的动物学相似性的任何分析都将不满足恰当性条件（C_2）,因为根据（C_2）这些分析必须是非循环的。既然蒯因没有提供比较相似性观念的未来科学分析的更深层次例子,他也就没有提供任何理由来假设未来的任何科学分析将比所引用的化学和动物学分析更恰当。因此,蒯因还没有给他的预言任何支持,这个预言即当特殊的科学分支达到某个成熟的点,比较相似性或类的观念将会"消解"。②

---

① QUINE W V. Natural Kinds [M] // QUINE W V. Ontological Relativity and Other Essays. New York: Columbia University Press, 1969: 137.
② WILDER H T. Quine on Natural Kinds [J]. Australasian Journal of Philosophy, 1972, 50 (3): 263-270.

第二章

自然类的哲学问题

　　从亚里士多德到蒯因的传统中，我们可以看到与自然类相关的许多研究主题。尽管一些主题形成了某种共识，但另一些主题仍然处于争论当中。一方面，一种广泛的共识是，自然类将某些方面相似的个体事物归集在一起，这种相似性可以根据科学理论所设定的共享属性（例如，本质属性而非表面相似性）来理解，这意味着对应自然类的范畴支持归纳推理并使我们能够做出真的概括式；另一方面，关于自然类的定义并没有达成一致，不同自然类之间是否有清晰界线也存在争议。此外，自然类的一元论与多元论、本质主义与反本质主义、实在论与反实在论的问题也凸显出来。一些哲学家坚持认为自然类反映了自然界的真实划分，而另一些哲学家则认为自然类所做出的划分是学科相对的（discipline-relative），不同的科学学科有时交叉划分相同的个体。关于自然类是否有本质以及是否独立于心灵而存在，本质主义与反本质主义、实在论与反实在论分别给出不同的回答。例如，亚里士多德通常被看作自然类的本质主义—实在论者，而洛克则被视为自然类的反本质主义—反实在论者。从惠威尔到蒯因的传统在倾向上是唯名论，但在同意类产生于自然界当中又是实在论。① 本章我们将讨论自然类的这些相关的哲学问题。

一、什么是自然类

　　自然类概念不仅经常出现在我们的日常语言之中，而且频繁出现在许多科学陈述当中，例如：

　　（1）"质子通过捕获电子可以转变为中子"；

　　（2）"黄金有 1064 摄氏度的熔点"；

　　（3）"病毒通过将它们自己附生于宿主细胞来繁殖"；

---

　　① HACKING I. A Tradition of Natural Kinds［J］. Philosophical Studies，1991，61（1-2）：109-126.

（4）"欧亚狼是一种捕食性动物和食肉动物"；

（5）"精神分裂症患者经历幻听"。

在这些陈述中，科学家们使用诸如"质子""黄金""病毒""欧亚狼"和"精神分裂症"等词项来指示相应的"类"或"自然类"，并承认这样的事物的存在。从这些例子中，我们看到自然类通常与属性或属性的聚合相关。例如，对于质子来说，这些属性是 $1.6×10^{-19}$ 库仑的正电荷，$1.7×10^{-27}$ 千克的质量和 $1/2$ 的自旋。这三种属性共同指定什么是质子这个类的一员。虽然这三种属性在所有质子中被一起发现，但它们并非总是共同出现在自然界当中而是可分离的（dissociable），因为一个 π 介子（pion）也携带质子的电荷但有不同的质量，而一个电子也分享质子的自旋但有不同的电荷。当这些属性被共同例示在相同个体中，大量的其他属性也倾向于被例示。因此，自然类的一个中心特征是：它们与属性的聚合相联系，一些属性的共同例示将导致其他属性的例示。也就是说，虽然一个自然类可能偶然地通过单个属性来识别，但那种属性必然导致大量其他属性的显示。一般来说，自然类有成员，也即占有与类相联系的属性的那些个体。前述提到的所有类都拥有特殊对象或实体作为它们的成员，例如质子粒子、黄金原子、病毒等，但是也存在过程或事件的类，例如放射性衰变、氧化作用、火山喷发、超新星、物种灭绝、磷酸化（phosphorylation）和有丝分裂（mitosis）。这些也明显地是类，虽然它们的成员是特殊的事件或过程而不是对象或实体。① 关于自然类，哲学家们通常区分这样两个关键问题：（1）类身份（kindhood）问题；（2）自然性（naturalness）问题。这两个问题也分别称作自然类的本体论问题与认识论问题，它们是相对独立的，一个问题的答案并没有取代另一个问题的答案，除非有人通过否认自然范畴与任意范畴之间存在任何差异来回答第二个问题。但是，如果一致地坚持类是不同于它们的成员的共相或抽象实体，那么这种答案是很奇怪的。

（一）自然类的本体论问题

类身份问题即什么是类？类是超越于其成员之外的东西吗？类仅仅是个体的聚合，还是共相或抽象实体？这些问题关注类的形而上学本性，因而使我们

---

① 埃利斯（Brian Ellis）认为世界最终是由属于自然类的事物构成。他提到三种自然类：实体（substantive）自然类（包括所有的实体的自然类）、动态（dynamic）自然类（包括所有的事件和过程的自然类）、特普（tropic）自然类（包括所有的自然属性和关系的自然类）。这三种自然类都形成一种等级结构。参见 ELLIS B. Essentialism and Natural Kinds [M] // PSILLOS S, CURD M. The Routledge Companion to Philosophy of Science. London and New York：Routledge, 2008：139-148.

深入到形而上学领域，并直接关联实在论者（以及假定共相对应属性和类的哲学家）与唯名论者（以及认为实在仅仅由殊相和殊相的聚合所构成的哲学家）之间的传统争论。凯瑟琳·哈雷（Katherine Hawley）和亚历山大·伯德认为，自然类的本体论存在这样几种选择：（1）自然类是共相（universals）；（2）自然类是殊相（particulars）；（3）自然类是自成一体（sui generis）的实体，既非共相也非殊相。① 当我们关注类的本性时，所有的自然类都应该归入这些范畴中的同一个范畴而不应该是这些范畴的混合。例如，我们应该避免认为一些自然类是自成一体的实体而其他自然类是共相，因为这种混合的观点剥夺了自然类范畴的本体论重要性。诸如共相和殊相等本体论范畴抓住了实体之间存在的最基本的本体论差异，而跨越这些基本范畴的范畴不可能承载本体论的重要性。

共相可以是超验的、抽象的实体，整体地出现在其每个特殊实例中。如果共相是超验实体（像柏拉图的理念），那么它们在时空之外存在并且不能被直接经验到。如果它们是内在的（immanent）（像阿姆斯特朗的共相），那么它们能够同时完整地出现在许多不同的殊相当中。这两种观点都假定共相是不同于殊相的实体。此外，关于类的实在论者还面临属性实在论者所不会面对的特殊问题，因为他们必须努力克服类是不是超越属性共相的共相，或者它们是否仅仅是属性共相的合取的问题，而每种观点都会遇到它的困难。凯瑟琳·哈雷和亚历山大·伯德坚持自然类的实在论观点并主张把自然类视作一种复杂共相（complex universals）。② 唯名论者遇到的难题是，关于类所做出的主张不可能总是被还原为关于它们的特殊成员的主张。例如，存在六种夸克，或者存在比现存的生物物种更多的灭绝物种。如果这样的主张不能从我们的言谈中消除，那么它们就需要一种解释。类身份问题还意味着只有自然类才真正有资格算作一个类，而其他自然群体则不能。按照亚历山大·伯德的看法，世界中可能存在真实的自然划分和区分（也即事物之间存在自然差异和相似性），但是这些自然

---

① HAWLEY K, BIRD A. What Are Natural Kinds? [J]. Philosophical Perspectives, 2011, 25 (1): 205-211.
② HAWLEY K, BIRD A. What Are Natural Kinds? [J]. Philosophical Perspectives, 2011, 25 (1): 205-211.

划分可能并没有真正地划分成类。① 密尔曾注意到自然类与其他自然群体之间的区分。② 他认为马形成一个自然类但白色事物 [例如，白细胞、白色粉笔、白色货车、云朵、彗星、退化的（白）矮星] 则没有。尽管白色事物当中存在自然相似性，但它们是一个太分散的群体而无法形成一个自然类。如果密尔是对的，那么研究"绿蓝的"与"绿色的"之间的差异也不能充分解释自然类，因为既非绿色事物也非绿蓝事物形成一个自然类。因此，关于类身份问题，我们还需要问：什么（如果有任何东西的话）使一个自然类成为一个类？

（二）自然类的认识论问题

自然性问题即哪些类是自然的？什么使一个给定的类是自然的？属性的任何组合是一个自然类吗？任何个体的集合，不管多么任意，等价于一个自然类吗？这些问题主要属于科学哲学和认识论，它们关注自然类与非自然类的区分：哪些范畴对应自然类，而哪些范畴仅仅是任意的；哪些范畴抓住了宇宙中真实的东西，而哪些范畴仅仅是对实在的不公正划分（gerrymandered）和不真实的反映（unreflective of reality）。科学在回答这些问题上有发言权，因为它致力于隔离适合实在的本性的非任意范畴并且将个体划分为揭示宇宙本身的某东西的范畴。范例型的自然类经常被认为是物理粒子、化学元素、化合物以及生物物种。随着各门科学学科及其子学科的发展，自然类的候选者不断增加。但所有这些科学范畴都对应自然类吗？如果不是，什么将它们中的一些排除在外？除了被科学所支持的那些自然类之外，还存在其他的自然类吗？因此，什么（如果有任何东西的话）使一个自然类是自然的？也许一个自然类的成员，不像一个任意群体的成员，彼此之间处于某种自然的相似性关系；也许它们分享一种本质或某种其他的自然特征，或者自然类的边界没有对应自然界中的划分。自然性问题经常以类身份问题为代价支配着自然类的争论，由此导致的一个结果是关于自然类的本体论的某些问题被模糊。

类的自然性问题要求我们给出区分自然类与非自然类的标准。譬如，怎么区分自然类与人工类（artificial kinds）？一种看似合理的观点认为自然类是在自

---

① BIRD A. The Metaphysics of Natural Kinds [J]. Synthese, 2018, 195 (4)：1397-1426.

② MILL J S. A System of Logic, Ratiocinative and Inductive [M]. Book IV. New York：Harper & Brothers Publishers, 1882/2009：859. 密尔认为马是一个类，因为这些事物一致地占有这些特征，通过这些特征我们可以认出一匹马，并且这些事物在许多其他属性方面也一致。但是白色的马不是一个类，因为在白色方面相一致的马并没有在任何其他方面相一致，除了对于所有的马共同的性质，并且任何东西都可能是那种特殊的白色的原因或结果。

然界中发现的类。根据这种解释，老虎、水和榆树都有资格算作自然类，而牙膏和垃圾不能算作自然类。但是，这个标准是有问题的。一方面，并非所有的人工类都不是自然类。例如，人类在实验室中制造的矿物（如石英和钻石）、人工合成的元素锝（technetium）以及人类通过多倍性创造的新植物物种等似乎都可算作自然类。另一方面，并非自然界中的所有类都是自然类。例如，泥巴、灰尘或灌木丛，它们太接近于牙膏和垃圾的类而不能算作自然的。所以，自然类不是通过在自然界中发现来区分。另一种建议是区分自然类与非自然类可以通过识别自然界给予我们的分类与以某种方式取决于我们的分类或反映我们的独特需要、兴趣和成见的分类来做出区分。例如，桌子、铅笔、钞票（banknote）和国家是非自然类，因为它们或者是为了实现人类的某些兴趣而制造出来的，或者是依据人类的约定而产生的。如果没有某种政治、法律和道德的约定，就没有钞票和国家。同样，如果没有人类以及人类的特殊兴趣和关注，就没有桌子和铅笔。威尔克逊（T. E. Wilkerson）由此要求自然类的解释必须满足两个条件：第一，自然类观念必须依附于真实本质；第二，自然类的成员支持科学的理论概括。但是，许多类满足这些条件，却是人工产生的，如聚苯乙烯；而另一些类不满足这两个条件，但既不是约定的也不是人工的，例如灌木、攀缘植物、多年生植物和盆栽植物等生物类，悬崖、海滩、山脉、峡谷等地理类以及低气压、反气旋、雷雨和飓风等气象类①。

　　还有一种建议是通过识别自然类语词的外延来确定哪些类是自然类。② 根据普特南提出的语言分工，自然类语词的外延是由专家决定的。如果我们想知道我们喉咙后面的白色点是不是链球菌（streptococci），或者院子里的树是不是"榆树"，我们可以咨询某人，因为他们关于这些问题比我们知道得多。但是，语言分工的可应用性不能区分自然类语词与其他语词。一方面，一些语词可能不是自然类语词，但它们的应用仍然需要咨询相关专家。例如，"玻璃"可能由不同种类的化合物构成，关于一块似玻璃的材料，普通人不得不咨询相关专家来弄清它是否真正是玻璃。另一方面，一些自然类语词可能无法通过任何语言分工来标记，因为它们的用法可能限制于小的专家共同体，使得共同体中没有人依赖于其他人的帮助来决定其外延。一些哲学家可能认为，自然类语词是其应用条件被世界中的范例型样本的本性所决定的语词。但问题是，即使一个语

---

① WILKERSON T E. Natural Kinds [J]. Philosophy, 1988, 63 (243): 29-42.
② 在语言哲学中，区分自然类与非自然类的问题变成区分自然类语词与非自然类语词的问题，而识别一个自然类可以通过说明自然类语词的指称和意义来给出。本书将在下一章介绍自然类的语义学问题。

词通过样本的用法来"洗礼",它仍然可能不指称一个自然类。例如,"爬行动物"被塑造成一个自然类语词,许多系统分类学家却坚持认为爬行动物不构成一个自然群体而是一个人工群体。另外,一些自然类语词是通过理论来定义的而不是在使用样本的洗礼仪式中塑造的。例如,"水"是在样本的帮助下塑造的,但"H_2O"是通过理论而不是样本来定义的,并且"H_2O"似乎是一个自然类语词。①

二、自然类与本质主义

(一)类与本质

"类"这个词通常认为有两种含义:(1)它被用于实体的分类,而实体是根据它们的本质来划分的,例如,老虎构成一类事物,因为每只老虎本质上有定义这个类的一簇属性,也即物理对象通过指称它们的本质属性或特征而被划分为类,所以没有本质就没有类;(2)"类"被用于指称类型(types),类型是事物群体(groups of things),可以是实体,也可以是具有某种统一性的非实体(例如,高阶类型),这种统一性不分享本质属性。按照这种观点,"类"意指拥有某种共同东西的不同事物。例如,将西红柿和棕榈油统一在一起的东西是它们共同拥有的红色,显然这种属性不必是本质属性,因此,我们可以谈论归类在一起的事物而无需谈论它们的本质或本质属性。然而,如果我们说拥有某种共同属性的所有事物构成一个类,这似乎不恰当。譬如,虽然西红柿和棕榈油拥有共同的红色,但它们不属于相同的类,因为西红柿和棕榈油的红色属性分别有不同的来源。西红柿的红色是花青素的结果,而棕榈油的红色来源是胡萝卜素。由于西红柿和棕榈油共同拥有的红色属性可以有不同的解释,所以它们分享相同属性并不意味着它们属于相同的类,这就意味着构成一个类的所有对象的共同属性必须有相同的来源,换言之,这种共同属性必须是本质属性。

因此,类与本质紧密相关。从某种意义上,我们可以说,使自然类成为一个类的东西是自然类拥有本质,自然类是分享共同本质的事物群体。"自然类的观念必须依附于真实本质的观念。也即无论我们在谈论物质材料的类(黄金、水、纤维素)还是个体的类(老虎、橡树、刺鱼),自然类的成员都有真实本质,即使它们成为相关类的成员的内在属性,没有这种内在属性,它们不可能

① LAPORTE J. Natural Kinds and Conceptual Change [M]. Cambridge:Cambridge University Press,2004:19.

是相关类的成员。"① 也就是说，当事物的统一性不能追溯到任何本质属性，就不能构成一个自然类。按照斯蒂芬·施瓦茨的观点，成为一个自然类的成员必须脱离人类的控制，换言之，只有当一个事物是通过除人类以外的自然界的力量来形成并且人类对此没有控制，那个事物才是一个自然类的一员②。所以，对于自然类的形成而言，"自然界本身提供分类系统，无论我们是否有智慧使用它"③。

尽管本质属性定义一个自然类并将自然类与其他自然群体区别开来，但是一些哲学家认为定义自然类的属性不必是本质属性，相反自然类可以视作"由某个理论上重要的属性（一般但不必是微观结构）的共同占有所定义的一类对象"④。由此定义的自然类也可以与对象的任意群体形成对比，例如，垃圾箱里的东西，因为后者没有分享理论上重要的属性。"理论上重要的属性"是对象可以被还原的理论或化学成分，如水的理论成分是一个分子，或两个氢原子和一个氧原子的结合（H_2O），没有这些成分的任何实体就不能分类为水。如果水是一个类，任何属于这个类的东西必须占有前述提到的理论上重要的属性。但是，根据理论上重要的属性来定义的自然类仍然是有缺陷的。一方面，因为有的事物分享相同的理论上重要的属性但不是相同类的成员。例如，氨基酸是所有形式的蛋白质的框架，一种形式的蛋白质形成头发、指甲、蹄、角和羽毛，而另一种形式的蛋白质则构成蛋白（egg-white）。既然这两种形式的蛋白质都有氨基酸作为框架，那么头发和蛋白就有氨基酸作为它们的理论上重要的属性。然而，它们不属于相同的类，因为头发是人体的一种活的成分，而蛋白是一种家禽产品。另一方面，有的事物属于相同的类，但是占有不同的理论上重要的属性。例如，白化病人是缺少黑素细胞激素（黑色素）的正常人，拥有不同寻常的皮肤颜色，但是他们与拥有正常皮肤颜色的人属于相同的类。所以，自然类不是根据对象的理论上重要的属性来定义的，理论上重要的属性可能不是自然类的定义特征。由此可见，事物共同拥有的属性与理论上重要的属性并不能真正定义自然类，因为事物可能拥有这些特征，但不是自然地属于相同的类。自然类的定义特征是本质或本质属性，它们总是出现在自然类的每个对象当中，使一

① WILKERSON T E. Natural Kinds [J]. Philosophy, 1988, 63 (243): 29.

② SCHWARTZ S. Natural Kinds and Nominal Kinds [J]. Mind, 1980, 89 (354): 182-195.

③ WILKERSON T E. Natural Kinds and Identity, A Horticultural Inquiry [J]. Philosophical Studies, 1986, 49 (1): 63.

④ DUPRE J. Natural Kinds and Biological Taxa [J]. The Philosophical Review, 1981, 90 (1): 68.

个事物成为它所是的类。

（二）本质属性与偶性属性

既然自然类与本质或本质属性密切相关，那么弄清什么是本质属性十分关键。存在的事物都有属性，属性是事物的特性（attribute）、性质（qualities）或特征。属性与殊相或个体事物形成对比，它们之间的根本差异是属性可以被例示，而个体事物则不能。例如，两个橘子可以例示相同的形状、颜色和大小，而每个橘子则是不同的。所以，属性是一般的，也即可以被不止一个事物例示；例示一种属性的事物被称作它的实例。属性是否能够不被例示而存在？一些属性是否能够被其他属性例示，或者说，存在不被例示的属性吗？属性根本上存在吗？这些问题都是有争议的。此外，什么是属性的地位？一些属性被认为是重要的，其他属性则不是。为什么一些属性被视为本质的、自然的和必然的，而其他属性被认为是偶性的、人为的和偶然的？关于属性的本性和地位的争论是本质主义与反本质主义争论的焦点。本质主义认为不是所有的属性都是平起平坐的：一些属性是本质的而其他属性是偶性的。反本质主义则否认属性之间的区分，主张没有属性比另一些属性更重要。

本质主义有两个相互联系的主张：一是关于世界的本性，即世界由划分成类的事物组成；二是关于知识的本性，即知识由识别类并将类联系起来以及决定每个事物是哪种类的实例组成。本质主义认为事物、人、制度和自我的可理解性要求对于一种稳定的、语境独立的实在有一种完全的、一致的、广泛的和融贯的描述。本质主义者断言实在或事物的真实本性是它们的本质或者其深层次本性，要知道关于实在的某个方面的真理，我们必须揭示它的本质。一个事物的内在属性或属性集合就是它的本质，它们是一个事物只要其存在就必须具有的那些属性，"是事物在任何可能世界中拥有的属性"①。本质与对象的偶性（accidental properties）形成对比，因为对象没有这些属性也可能存在，比如颜色、质地、形状和大小等。

埃尔文·柯匹（Irving M. Copi）以两种方式区分本质与偶性。第一种区分方式是本体论的，即事物的本质是为了其存在必须具有的属性集合，而偶性则是对于它的存在不是必要的属性。"如果一个属性的丧失导致对象的毁灭，那么这个属性对于对象是本质的；而如果没有这个属性，对象仍然保持身份和实质

① KIM J, SOSA E. A Companion to Metaphysics［M］. Hoboken：Wiley-Blackwell, 1999：136.

的相同，那么这个属性仅仅是偶性的。"① 第二种区分方式是认识论的。亚里士多德曾经在本质与偶性之间做出一种认识论的区分。在亚里士多德看来，本质是当我们完全知道一个事物时我们所知道的东西，并且当我们知道它是什么而不是知道它的性质、数量、形状和大小等，我们才完全知道一个事物。所以，本质的知识比偶性的知识更重要，因为知道一个事物就是知道它的本质。埃尔文·柯匹认为，亚里士多德由此得出一个本体论的结论，即"如果对象的一些属性是认识论上重要的而其他属性不是，那么前者构成那些对象的真实本性，而后者可降格为某种并非终极的范畴"②。在埃尔文·柯匹看来，亚里士多德被引导将事物划分为属和种，并坚持认为事物属于相同的类当且仅当它们分享共同的本质③。对于亚里士多德而言，本质定义类。

（三）类的本质主义与反本质主义

按照本质主义，本质观念有双重意蕴：第一，它意指一个对象的本质属性是使这个对象成为它所是的属性，对象的存在仅仅依赖于这些属性，而缺少这些属性则意味着对象不再存在；第二，它意指本质属性是分类标准，根据这个标准，一个对象算作类的一员。本质的前一种观点暗示本质属性是对于一个事物的存在所必要的属性，后一种观点意味着本质是帮助决定一个事物如何并且为什么是一个类的成员的偶然特征，但事物可以没有这个特征而存在。例如，如果 P 是 X 的本质属性，则意味着对于任何事物被范畴化为 X 类，它必须有 P，但 P 不是 X 存在的一个必要条件，X 可以没有 P 而存在。所以，对于一个对象的存在所必要的属性与将一个对象划分为一个类所必要的属性之间存在差别，这两种属性对于对象而言都是本质的，但在不同的意义上。从本质的两种观点可以得出必然性的两种观点：一是本质必然地定义一个对象的存在，二是本质必然地定义一个对象的类。前者称作从物的必然性（necessity de re），后者称作从言的必然性（necessity de dicto）。断言什么对于一个事物的存在是必然的陈述涉及从物的必然性，也即某种（或某些）属性是事物不得不拥有的，但是表达什么对于一个类的成员身份是必然的陈述只涉及从言的必然性。

对于自然类的本质主义来说，本质的上述两种观念可以合并。对于一个特

① COPI I M. Essence and Accident［M］// SCHWARTZ S P. Naming，Necessity and Natural Kinds. London：Cornell University Press，1977：178.

② COPI I M. Essence and Accident［M］// SCHWARTZ S P. Naming，Necessity and Natural Kinds. London：Cornell University Press，1977：178-179.

③ COPI I M. Essence and Accident［M］// SCHWARTZ S P. Naming，Necessity and Natural Kinds. London：Cornell University Press，1977：179.

殊事物的存在而言，它必须是一个类的成员，没有东西可以不是一个类的成员而存在，这就意味着使这个事物成为其所是的属性也使它成为某个类的成员。因此，一个事物的定义特征是它必须是一个类的成员，也即使一个事物成为它所是的东西的相同特征也使它成为一个类的成员。本质使一个事物成为它所是以及成为一个类的成员。本质对于一个事物是自然的，所以一个事物的类是自然的，因而存在自然类。根据反本质主义，自然类是通过指称对象共同拥有的性质来定义的，本质属性不是必然地使一个事物成为其所是的东西，而是一个事物与相同类的其他事物共同分享的性质。按照蒯因的观点，一个类是根据一个事物拥有与其他事物的相似性来定义的。类的观念与相似性观念是同一个观念的变种，我们使用相似性的感觉来将事物整理成类。在这种意义上，自然类意指分享相似的自然属性或共同的可识别的属性或经验属性的事物群体。本质主义与反本质主义之间的差别就在于：对于本质主义者而言，本质是一种属性或一组分开必要且联合充分的属性，它是使一个事物成为其所是并且使一个事物成为一个类的成员的东西，本质独立于人类，一个事物所属的类也独立于人类，所以类独立于人类而存在于自然界当中；反本质主义者则坚持认为使一个事物成为一个类的成员的东西不是本质，而是这个事物与其他事物共同分享的一些属性，人类通过这些相似的属性将事物范畴化为类。

三、自然类与实在论

（一）实在论的基本立场

形而上学至少有两重含义：（1）形而上学是研究实在的本性，在这种意义上哲学家审查自然界本身，并推导出关于其结构、范围和秩序的事实；（2）形而上学是一种自我反思的训练，寻求一种关于如何表征实在呈现给我们的事实的理解，在这种意义上哲学家关注我们的概念和语义模式如何构成我们关于实在的观念和思想。换句话说，这种意义上的形而上学不是关注实在本身，而是关注我们的概念和语义模式与实在之间的关系。根据第一种含义，形而上学的焦点是不以任何概念模式为中介的实在的本性；而根据第二种含义，形而上学关心的是通过我们的概念和语义模式呈现给我们的实在，这意味着人与实在的关系是以人的概念和语义模式为中介的。形而上学的对象范围不仅包括所有的现实存在（actual existence），还包括可能存在（possible existence）与不可能存在（impossible existence）。由此，形而上学的目标就是审视现实存在的事物的本性，例如，树木、水、人类、空间等；可能存在的事物，例如，神、精灵等；

以及不可能的事物或对象，例如，圆的方。

在形而上学中，实在论断言存在一个独立于任何心灵的世界。在认识论上，它声称我们能够获得关于那个世界的知识。同时，实在论还断言独立于我们的表征、理解模式、概念或意义，科学理论和道德理论所描述的实体真正存在并且这些理论是客观的真。更具体地说，实在论坚持关于一个特殊主题 X 的陈述：（1）类 X 存在；（2）类独立于人类心灵而存在，它不是我们心灵、语言或概念模式的产物；（3）关于 X 的陈述不可还原为任何其他的陈述；（4）我们关于 X 所做出的陈述可以为真或假，并且是对世界的某个方面的直截了当的描述；（5）我们能够获得关于 X 的真理，并且相信我们关于 X 所声称的事物是完全恰当的。① 实在论有不同的版本，包括素朴实在论（naïve realism）、科学实在论（scientific realism）和批判实在论（critical realism）。

素朴实在论意指人类持有的一种非反思的假定，即我们看到和触摸到的事物在它们没有被看到或触摸到或以任何其他方式被感知到的时候也存在，而且事物拥有它们看起来所具有的这些性质。科学实在论包含三个论题：（1）形而上学论题断言世界有一种确定的和独立于心灵的自然类结构；（2）语义学论题以票面价值（face-value）对待科学理论，将它们看作对其所意图的领域（可观察的和不可观察的）的真值条件描述，也即它们能够为真或假，如果科学理论是真的，它们假定的不可观察实体就存在于世界；（3）认识论论题将成熟的和预测上成功的科学理论视作充分证实的并且对世界的描述接近为真，因此，这些理论所假定的实体或者与这些假定的实体非常相似的实体的确存在于世界②。批判实在论是为了回答这样的问题：我们如何坚持世界中的事物不受我们的影响而存在，但是科学家关于它们又提出相冲突的理论？特别是悲观元归纳所揭示的历史上科学理论的重复推翻和随之而来的本体论上的急剧改变。就理论之间的冲突而言，不存在客观世界，也不存在意义被一个理论与它的后继者所分享，意义的变化与科学理论的改变指出实在论关于世界的主张是可疑的。为了回应这个疑难，批判实在论者认为，如果理论之间的关系是冲突的而非仅仅不同，那么这样的理论是相同世界的替代解释。如果一个理论能够解释更多重要

---

① BLACKBURN S. Oxford Dictionary of Philosophy [M]. Oxford：Oxford University Press，1996：319-320.
② PSILLOS S. Scientific Realism：How Science Tracks Truth [M]. London and New York：Routledge，1999：17.

的现象，那么对于理论选择就有一个理性标准，并且科学发展就有一种积极的意义。① 所以，批判实在论认同实在论的主张即存在一个独立于观察者的世界，并且这解释了科学中的进步。总之，实在论的重要性在于它主张科学理论指称一个独立于人类存在的世界，甚至当对象是不可观察的，它们也能做到这点。这意味着科学知识（自然的和社会的）是对一个独立的实在的反映，也即形而上学的实在论支持认识论的实在论。

（二）反实在论的基本立场

反实在论同样有许多不同的版本，例如，实证论、工具论、建构论和约定论。反实在论者否认实在论的所有立场，他们声称真正存在的东西依赖于人类、环境和概念模式等。古希腊时期的智者普罗泰戈拉（Protagoras）的"人是万物的尺度，是存在者存在的尺度，也是不存在者不存在的尺度"可以解释为表达一种原始的反实在论立场。经验论哲学家贝克莱（George Berkeley）的名言"存在就是被感知"同样构成反实在论主张的基础，即唯一存在的事物是我们观察或描述它们的"事物"，事物不能在心灵之外存在，正是心灵决定什么存在。贝克莱的立场遭到罗素的批评。罗素认为，"如果'感知'一个不在感知者身体中的事件是可能的，那么在外部世界中必定存在一个物理过程使得当某个事件发生时，它在感知者的身体表面产生某个种类的刺激物"②。这意味着存在不是依赖于感知者，也非人类是万物的尺度。因此，对于罗素（以及所有的实在论者）而言，有一个真实的世界独立于人类而存在。

然而，尽管罗素指出反实在论可能遭受的困难，反实在论者仍然认为实在论者关于世界的主张是不正确的。按照达米特（Michael Dummett）的观点，哲学的目标就是思想结构的分析，哲学既不是关于真实的世界，也不是关于世界中的实体。达米特提出一种流行的反实在论观点，即语义反实在论。根据语义反实在论，我们不必将语言的每个断定陈述（declarative statement）都视作确定的真或假，独立于我们知道它的真值是什么的手段，所以语义反实在论者拒绝接受二值原则③。迈克尔·戴维特（Michael Devitt）批评语义反实在论。他认为实在论根本不是关于语义学，因而不可能在关于实在的陈述的真值基础上被反

---

① BHASKER R, ARCHER M, COLLIER A, et al. Critical Realism：Essential Readings ［M］. London and New York：Routledge, 1998：10-11.

② RUSSELL B. Physics and Perception ［M］// EDWARDS P. A Modern Introduction to Philosophy. 3rd edition. New York：The Free Press, 1973：622.

③ KMI J, SOSA E. A Companion to Metaphysics ［M］. Hoboken：Wiley-Blackwell, 1999：14.

对。一个实在论者关于真值可以做的事情是"使真依赖于语词与客观实在之间的真正指称关系"①。因此，实在论并不等同于"语义实在论"，它们也不相互衍推。实在论要求常识的物理实体的客观独立存在，而语义实在论关心陈述且没有这样的要求，它关于使那些陈述为真或假的实在的本性什么也没有说，除了实在是客观的。实在论关注的核心是实在的本性，而不是从它得出的陈述，所以，语义反实在论不能否认实在论。

(三) 类的实在论与反实在论

与自然类相关，实在论与反实在论之间的争论是：类是客观存在的，还是心灵或社会的建构，或者仅仅是为了某个目的的工具，依赖于谁在观察它们或观察的方法。"关于自然类的实在论是这种观点即存在自然类的实体。"② 科学经常将它们研究的殊相划分为类并且对这些类进行理论化。一个类是自然的就是说它对应反映自然界结构的类群而不是反映人类的兴趣和行为的类群。我们倾向于假定科学经常在揭示这些类的过程中是成功的，而且这是科学实在论的一个必然结果，即当一切进展顺利时，科学所应用的划分和分类对应自然界中的真实类。这些真实和独立的事物类的存在被认为辩护了我们的科学推理和科学实践。此外，自然类实在论还主张类之间的自然划分反映了真实实体之间的边界，"存在自然类的实体反映了独立于心灵的实在中的自然划分"③。换言之，事物之间事实上存在自然的划分，使得当我们试图做出一种自然的分类时，关于那种分类是不是真正自然存在事实基础。例如，将金属锌的所有实例归集在一起就是一种自然的分类，化学元素周期表反映了元素之间的自然划分。因此，发现自然类是科学家的事业。自然类实在论的一个重要含义是"实在先于思想"。不管我们思考什么，或者不论给予不同的事物类的概念、意义或理解，都存在一个独立的世界使我们的思想为真。指称自然类的陈述、理论或词项是必然地做到这样，因为存在独立的指称物，即类，它们是由陈述、理论或词项挑选出来的。关于世界或世界中的事物类的陈述、描述或知识依赖于存在的事物和类的真实本性，这样的陈述的真或假也依赖于这个客观事实。

自然类实在论的批评者，也即自然类的反实在论者，坚持认为称作"自然类"的东西是我们的概念、环境和条件的人工创造物。因此，反实在论者通常否认存在自然类，换言之，说自然类存在并且可以被知道、研究和分析是一个

① DEVITT M. Dummett's Anti-Realism [J]. The Journal of Philosophy, 1983, 80 (2): 77.
② BIRD A, TOBIN E. Natural Kinds [EB/OL]. Stanford Encyclopedia of Philosophy, 2008-09-17.
③ TAHKO T E. Natural Kind Essentialism Revisited [J]. Mind, 2015, 124 (495): 795-822.

错误的主张。按照语义反实在论，我们关于自然类的陈述不必为真或假，它是我们的思想、概念、感觉和理解的一种反映。自然类的约定论就认为，自然类不是独立于我们而存在，关于世界的事实是依赖于人类及其概念和活动，自然类是被建构的而不是被发现的。① 所有实体、过程、关系和理论的假定物都是相对于某个概念模式。约定论者还否认我们的任何一种分类（包括科学分类）自然地是分类的特权形式，例如，植物学家的分类不会比厨师的分类更加符合自然划分。约定论之所以断言我们的实际分类不是或者不可能是自然的，是基于对科学揭示分类的自然原则的能力的怀疑。例如，洛克可以看作自然类的约定论者，因为他认为我们缺乏"微观之眼"，不可能发现事物的实在本质。自然类的反实在论者还坚持认为分类系统仅仅是约定的：它们将全体对象划分成类，并且对象被范畴化所依据的原则是被设计来回答一些目的。除了分类系统被附加的目的，没有先行正确或不正确的方式将各种对象范畴化。这意味着不存在客观意义上的自然类，因为所有的类都是非自然的并且是人为地服务于某个目的，被称作"类"的东西仅仅是人类的建构。

四、自然类与认知价值

什么使我们相信自然类的存在，以及自然类如何区别于非自然类？一些哲学家认为自然类之所以存在，是因为这些类有重要的认知价值（epistemic value），也即它们在归纳和预测、自然律和因果说明中发挥作用，而这些认知价值也是区分自然类与非自然类的标准。按照卡哈里迪（Muhammad Ali Khalidi）的观点，科学分类的目的是拥有反映世界的"真实因果类型"（real causal patterns）的范畴，它们反映的因果类型越精确，科学范畴在认知上越有用。科学家应该仅仅被认知目的所引导。自然类服务于认知目的，例如，支持归纳推理、自然律和因果说明，而发现自然类的最好方式就是追求认知目的同时排除非认知目的。当非认知价值影响到划定科学范畴时，这些范畴就不可能追踪到世界的因果结构。②

（一）自然类与归纳

自然类与归纳的关系是哲学家（例如，密尔和蒯因）关心的一个中心问题。

① BIRD A, TOBIN E. Natural Kinds [EB/OL]. Stanford Encyclopedia of Philosophy, 2008-09-17.

② KHALIDI M A. Natural Categories and Human Kinds: Classification in the Natural and Social Sciences [M]. Cambridge: Cambridge University Press, 2013: 158.

自然类经常被说成是特别适合为类的成员的归纳推理提供基础。例如，我们从过去所有观察到的铜样本是导电的可以合理推断出下一个观察到的铜样本也是导电的，这部分是因为铜的样本形成了一个自然类并且它们能够导电的能力与这类金属样本相联系。相反，非自然类或其他的对象分类很少允许归纳推理扩展到这些类群的未观察成员，因为它们的成员除了被归集在一个共同标题下的特征之外，缺少其他的共同特征，例如，密尔就认为白色事物是一个虚假的类。"白色事物不是通过除了白性（whiteness）之外的任何共同属性来区分的，或者如果它们是，它只是通过这样的属性即以某种方式与白性相联系的属性。但是数百代人都还没有穷尽动物、植物、硫、磷的共同属性，不过继续新的观察和实验，完全自信能够发现新的属性，它们绝不是通过我们以前知道的那些属性所暗含的。"① 按照威尔克逊的观点，自然类谓词是归纳上可投射的，而其他谓词则不是。② 如果我们知道一块材料是黄金，或者我们面前的一棵树是栎树，我们就能说出它接下来可能做什么以及相同类的其他事物可能做什么。比如，我们知道黄金不能变成水，而栎树不会结出西红柿的果实。这些都是因为黄金或栎树有真实本质。"科学中归纳推理的使用是理性上被辩护的，由于事物的真实的自然类的存在，这些自然类被一个类的所有成员必然地共同占有的本质属性描述为这样。"③ 因此，许多自然类本质主义者都认为自然类支持归纳推理，自然类也被视同支持归纳推理的类。

然而，虽然自然类有助于归纳推理，但是这并不意味着归纳总是依赖于自然类。一方面，许多成功的归纳关注对象之间的自然联系，但这种自然联系没有形成自然类。换言之，很多归纳根本不指称自然类，例如，牛顿运动定律和万有引力定律没有提到类而只提到自然量（natural quantities），但这些定律提供了归纳成功的例子。再比如，深色物体在太阳下比浅色物体热得更快，这种归纳知识也没有涉及类。世界可以缺少类，但成功的归纳仍然是可能的。所以，一般而言，自然类对于归纳不是基本的，除非归纳在没有类的情形下不可能做

---

① MILL J S. A System of Logic，Ratiocinative and Inductive［M］. Book I . New York：Harper & Brothers Publishers，1882/2009：151.

② WILKERSON T E. Natural Kinds［J］. Philosophy，1988，63（243）：30.

③ SANKEY H. Induction and Natural Kinds［J］. Principia，1997，1（2）：239-254. 桑克在最近的一篇文章中对归纳与自然类的关系做了更详细的梳理，参见 SANKEY H. Induction and Natural Kinds Revisited［M］// HILL B，LAGERLUND H，PSILLOS S. Reconsidering Causal Powers：Historical and Conceptual Perspectives. Oxford：Oxford University Press，2021：284-299.

出。① 另一方面，归纳似乎也不能成为区分自然类与非自然类的标准。在哈金看来，关于兔子、橡树和鲸鱼的归纳概括式同样是理性上被辩护的，但生物学告诉我们它们缺少本质属性，因而似乎不能算作生物自然类。事实上，归纳对于人工物最有效，因为这正是人工物的本性，也即完成我们想要它们所做的事情。如果我们认为自然类的一个主要任务是支持归纳，那么这会打破自然类与人工类之间的区分。② 虽然自然类对于归纳不是必要的，但自然类仍然是支持归纳的强有力资源，自然类试图通过将许多自然属性压缩为一种统一性而拥有这种归纳力量。如果我们将自己限制于指称非自然的类，那么我们的归纳能力将受到严重限制。

（二）自然类与自然律

自然类也通过参与自然律来区别于非自然类。在一些学者看来，区分各种自然类的东西是对它们成立的定律。③ 黄金是一个自然类，因为某些定律对它成立，例如，它在某个特殊温度会熔化，并且它是一种不同于白银的自然类，因为对它成立的定律不同于对白银成立的那些定律。铜和翡翠分别参与到"所有铜都导电"与"所有翡翠都是绿色的"全称量化陈述中，它们被看作表达定律或律则概括。相反，尽管在"椅子"这个标题下的家具分类抓住了某种高度有用的统一性，但是关于"椅子"这个类或范畴不可能有任何科学定律。因此，如果自然类存在，那么自然律将最终与它们联系在一起。约翰·科利尔（John Collier）将自然类定义为被自然律所联系的对象类。④ 他认为自然类对于大多数系统推理并且尤其对我们关于自然界的推理十分关键。他坚持这种观点，即一般性依附于殊相并且认为定律和自然类依附于殊相。自然律依赖于自然类，因为定律表达了个体的类之间的必然关系。如果相关的类存在，那么一个定律可以被例示；而只有殊相存在，类才存在。埃利斯则认为，科学的因果定律被定义为描述因果过程的自然类的本质的陈述，并且它们的模态地位是形而上学必

---

① BIRD A. The Metaphysics of Natural Kinds [J]. Synthese, 2018, 195 (4): 1397-1426.

② HACKING I. Natural Kinds: Rosy Dawn, Scholastic Twilight [J]. Royal Institute of Philosophy Supplement, 2007, 61 (61): 203-239.

③ DILWORTH C. Natural Kinds [M] // DILWORTH C. The Metaphysics of Science: An Account of Modern Science in Terms of Principles, Laws and Theories. Berlin: Springer, 2006: 148-169.

④ COLLIER J. On the Necessity of Natural Kinds [M] // RIGGS P J. Natural Kinds, Laws of Nature and Scientific Methodology. Berlin: Springer, 1996: 1-10.

然的。①

尽管类有时被当成是自然律的主题，一些自然律提及自然类，例如，"盐在水中溶解"，但是有的自然律则不会涉及自然类，例如，牛顿的万有引力定律。而物理学的进步也暗示自然类将不会参与到基本的或基础的自然律当中。同样，生物学中有许多类，但是关于这些类有很少的定律。而即使有生物学定律，这些定律也很少涉及类，比如，生物学定律的最好例子，哈代—温伯格（Hardy-Weinberg）定律就根本没有明显地涉及类。此外，化学中的许多定律也没有涉及类，例如，亨利定律，即气体的溶解性与它的压力成正比。所以，虽然一些自然律可能涉及类，但是自然律本身并不关注自然类。②

（三）自然类与因果说明

许多哲学家和科学家认识到，自然类在因果说明中发挥显著作用。自然类的实在论者通过指向在我们的分类活动与世界的因果特征之间的联系来解释我们的说明和预测实践导致的成功结果。在实在论者看来，正是我们的范畴化与世界的实际因果特征之间的对应提供了自然类支持归纳推理和科学定律的重要基础。按照约瑟夫·拉波特（Joseph LaPorte）的观点，自然类与非自然类之间的真正区分是与它们的理论意义有关，自然类是拥有说明价值（explanatory value）的类。③ 例如，北极熊作为一个自然类解释了为什么它那样抚养幼崽，为什么有极厚的皮毛，为什么在冰水中游很远距离来寻找冰川。相反，"在星期二命名的类"则是一个非自然的类，因为这个类拥有在星期二命名的所有对象作为成员，例如，一些人、一些动物、一些机器和一些行星等，但是几乎没有东西是通过它们在星期二命名的类中的成员身份来解释的。约瑟夫·拉波特认为，类的自然性存在于它的说明价值，由于自然类有说明价值并且至少在最好的条件下有助于预测和控制，所以它们提供科学分类的基础。例如，我们根据宗谱来解释北极熊、棕熊与黑熊之间的关系。诉诸这样的历史解释，我们可以回答为什么北极熊能够在冰水中游很远距离，因为在与今天存活的那些熊有祖先关系的熊的种群中的一些动物比其他熊更能够生存，它们能够更好地游到满载海豹的浮冰处。此外，北极熊有共同的解剖结构和相似的行为，它们一起占据一个生态位等。这个群体在解剖解释、行为解释和生态解释以及进化解释中

① ELLAS B. Natural Kinds and Natural Kind Reasoning ［M］// RIGGS P J. Natural Kinds, Laws of Nature and Scientific Methodology. Berlin：Springer，1996：11-28.

② BIRD A. The Metaphysics of Natural Kinds ［J］. Synthese，2018，195（4）：1397-1426.

③ LAPORTE J. Natural Kinds and Conceptual Change ［M］. Cambridge：Cambridge University Press，2004：19.

能够找到一个位置，这也是北极熊的类相比除了共享历史之外很少有共同点的动物群体更自然。

亚历山大·伯德也指出自然类的存在对于科学中因果说明的作用。例如，我们有电解和阴极射线的现象，为了说明这些现象就假设了电荷的离散单元或带电粒子的存在。再比如，18世纪一些化学家［例如，普利斯特列（Joseph Priestley）］假设存在一种燃素的物质来说明燃烧现象。燃素是一种包含在易燃性物质中并能够使其燃烧的物质，在燃烧过程中燃素被释放出来，空气中的燃素饱和后就不再支持燃烧，使燃烧现象成为可能的空气被称为"脱燃素气体"。但是，拉瓦锡（Antoine-Laurent de Lavoisier）宣称空气支持燃烧不是因为缺乏燃素，而是由于氧气的存在，不存在燃素也不存在燃素的样本。但由于燃烧现象的存在，燃素还是能够被假设为说明燃烧现象的东西。"当一个种类被用来说明一种现象而引进时，这种预期的说明可能恰恰就是种类概念的一部分。因此，燃素被预期成为包含在易燃性物质中的一种物质。"① 同样，为说明一些高度理论化或还未曾观察过的现象可能也需要假定类的存在。例如，为了说明核反应之后质量方面的亏损，假定了中微子的存在。因此，"自然种类概念是凭借其说明作用获得它们的意义的"②。借助自然类的说明价值可以回答一些分类是不是自然的问题。比如，一些分类对于说明事物没有用处，一个人可能随机收集各种东西并给这些收集物一个名字，而并不期望这个名字对于某物属于这些收集物提供任何说明。很难看到自然律或科学说明明显地使用水果的烹饪学概念，反而更容易看到其生物学概念的说明意义。例如，在姊妹种（sibling species）的情形中，生物学观点从历史上看放弃了形态学分类而支持遗传学分类，其理由是划分为生殖上不同单元的生物类群远比替代物有更强的说明力，尤其是当人们关注物种的长期进化时。但是，在不同的说明语境中，又可以使用形态学上描述的类群来解释一个种群对短期环境变化的反应，由此可以合法地允许这样的类群成为类。亚历山大·伯德进而得出结论："存在客观的自然类，它们的存在依赖于说明的可能性，并因此依赖于自然律的存在。"③

---

① 伯德. 科学哲学是什么［M］. 贾玉树，荣小雪，译. 北京：中国人民大学出版社，2014：137.
② 伯德. 科学哲学是什么［M］. 贾玉树，荣小雪，译. 北京：中国人民大学出版社，2014：138.
③ BIRD A. Philosophy of Science［M］. London and New York：Routledge，1998：73.

第三章

自然类的语义学

关于什么是自然类，回答这个问题的另一种有效方式是审视语词与世界之间的关系。自然类可以看作被我们日常语言和科学语言中的自然类语词所挑选出来的实体，所以自然类语词的意义是什么以及它们如何指称的问题受到更多的关注。自然类语词如何区别于其他语词？自然类语词是直接地指称自然类，还是依赖于其意义、概念和用法等来指称自然类？定义自然类的属性是必然地还是偶然地、先天地还是后天地做到这样？这些属性是人类的建构，还是世界结构的一部分并且独立于人类的分类模式客观地存在以被人类发现、讨论和利用？一种观点认为自然类语词是被用来指称类，但它们没有必然地指定自然类。另一种观点则认为自然类语词与它们所指称的自然类是必然地联系，定义自然类的属性（由于这种属性事物被整理成类）是必要和充分的属性，并且它们是世界结构的一部分，科学家的工作就是要发现它们。① 这两种观点与两种指称理论相联系：指称的描述理论与非描述理论。这两种理论之间的区别在于有关名称与它们的指称物之间的关系：描述理论认为名称没有固定的指称，而非描述理论尤其是因果理论则坚持认为名称有固定的指称。

一、指称的描述理论与自然类问题

描述理论认为，名称指称它的承担者是以描述语为中介的，也即在词项与指称物之间既没有直接指称也没有固定的关系，决定语词的指称的东西是与名称相联系的描述语。根据描述理论，名称或语词的指称不是固定的，名称与其指称物之间没有必然关系。指称的描述理论的支持者有洛克、刘易斯（Clarence I. Lewis）、弗雷格（Friedrich L. G. Frege）、罗素、塞尔（John R. Searle）和维特根斯坦（Ludwig Wittgenstein）。描述理论首先典型地应用于专名，关于专名的

---

① SOUSA R. Kinds of kinds: Individuality and Biological Species [J]. International Studies in the Philosophy of Science, 2001, 3 (2): 119-135.

描述理论包含两种类型：单个描述语理论和簇描述语理论。这两个理论都认为每个有意义的专名都有一种描述语与它相联系，满足这个描述语或足够描述语的唯一事物就是它的指称物；当一个人使用一个名称，所意图的指称物就被与使用的名称相联系的描述语所决定①。

（一）专名的单个描述语理论

弗雷格和罗素提倡专名的单个描述语理论。在《论含义与指称》中，弗雷格断言一个符号（名称、语词的组合、字母）有含义和指称。② 专名的含义是其所指示的东西的呈现模式，一个指称物就是被指示的东西。按照弗雷格的观点，指称关系有三个要素：专名（语词、符号、符号组合和表达式）、含义和指称物，由此，语词与其在世界中指示的东西之间存在一种间接的指称关系。

> 一个符号、它的含义与它的指称之间的有规则联系是这样一种联系，即有一种确定的含义对应这个符号并且有一个确定的指称对应那种确定的含义，而对于一个给定的指称（一个对象），并非仅有一个符号对应它。③

在弗雷格看来，专名有一种含义，它是名称的概念内容，存在一个确定的指称或对象对应这种含义。然而，专名的含义挑选出世界中的事物，这个相同事物也能够被其他名称挑选出来，对应这些名称的每一个是不同的含义。弗雷格给出一个例子来解释这一点：

> 令 a，b，c 为联结三角形的顶点到对边中点的线段。于是，a 和 b 的交点就与 b 和 c 的交点相同。所以，对于相同的点我们有不同的指示词，并且这些名称（"a 和 b 的交点""b 和 c 的交点"）同样表明呈现模式。④

在这个例子中，线段 a 和 b 的交点，标记为 o，实际上也是线段 b 和 c 的交点。因此，这两个表达式 "a 和 b 的交点" 与 "b 和 c 的交点" 有两种不同的含

① SCHWARTZ S P. Naming, Necessity and Natural Kinds [M]. London：Cornell University Press，1977：18.
② FREGE G. On Sense and Reference [M] // GEACH P，BLACK M. Translations from the Philosophical Writings of Gottlob Frege. Oxford：Basil Blackwell，1970：56—78.
③ FREGE G. On Sense and Reference [M] // GEACH P，BLACK M. Translations from the Philosophical Writings of Gottlob Frege. Oxford：Basil Blackwell，1970：57.
④ FREGE G. On Sense and Reference [M] // GEACH P，BLACK M. Translations from the Philosophical Writings of Gottlob Frege. Oxford：Basil Blackwell，1970：57.

义，但是两个表达式有相同的指称物，也即 o。所以，一个事物可以有不同的名称或表达式来指称它，但是对应这些名称是不同的含义。无限多的名称可以指称一个特殊的对象。既然无数个拥有不同含义的不同名称可以指称一个特殊的对象，这就意味着名称与它们在世界中挑选出来的指称物之间没有直接关系，换言之，专名与它们的指称物之间的关系是以名称的含义为中介的。因此，对于弗雷格而言，含义提供专名与它的指称物之间的某种联结关系，这是弗雷格的间接指称观点的核心。当然，对于弗雷格来说，存在一些情境，在这些情境中名称有含义但没有相应的指称物。① 总之，弗雷格的观点指出：第一，专名与其指称物之间的关系不是一种必然的关系；第二，名称不是对象的本质属性；第三，既然有不同含义的若干名称可以指称一个特殊对象或根本没有对象可以指称，那么这意味着没有对象使它的名称严格地被固定，名称的指称也没有被严格地固定。

罗素的指称理论是从真正的专名与描述语之间的区分开始的。一方面，如果一个词项是真正的专名，那么它有直接的指称。真正的专名的意义是被命名的对象，这是直接指称的范例，没有指称物的概念限定条件被要求，名称只是挑选它的指称物的一个记号。另一方面，描述语是由分开的或个体的语词组成，它们是符号，描述语的意义是由它的构成要素的语词的意义决定的。为了进一步区分真正的名称与描述语，罗素论证"包含描述语的命题不是等同于当名称被替代时这个命题所成为的东西，即使这个名称命名与描述语描述的对象相同"，也即名称与其相联系的描述语不是同义词。② 按照罗素的观点，一个限定描述语（the F）暗含唯一性，它暗示存在唯一一个事物被描述。当我们说"the F 存在"，我们意指仅仅有一个对象是 the F。③ 这是罗素关于名称的意义和限定描述语的意义的观点，前者是被命名的对象，而后者表示唯一的实体。然而，在名称与描述语之间的关系当中，罗素断言通名，甚至专名，通常是描述语。对于罗素而言，专名和描述语实施相同的功能，也即挑选出一个特殊的、确定的对象。在罗素看来，专名的指称被限定描述语所决定，它挑选出名称的指称物。名称和描述语指称对象既不是固定的也不是直接的。例如，当我们说"沃莱·索因卡"（Wole Soyinka），我们意指"《此人已死：狱中笔记》"（*The Man Died*）的作

① FREGE G. On Sense and Reference［M］// GEACH P. BLACK M. Translations from the Philosophical Writings of Gottlob Frege. Oxford：Basil Blackwell. 1970：58.

② RUSSELL B. Descriptions［M］//ROSENBERG J F, TRAVIS C. Readings in the Philosophy of Language. Upper Saddle River：PrenticeHall Inc，1971：171.

③ RUSSELL B. The Problems of Philosophy［M］. Oxford：Oxford University Press，1998：29.

者"。适合这个描述语的任何东西都是"沃莱·索因卡"这个名称的指称物。因此，专名的指称是以与名称相联系的限定描述语为中介的。专名的指称物不是严格地固定，决定专名的指称物的东西是与名称相联系的限定描述语。不只一个描述语可以与专名相联系，并且对应这些描述语的每一个是不同的实体。例如，与名称"沃莱·索因卡"相联系的描述语还可以是"《雄狮与宝石》（*Lion and the Jewel*）的作者""1986 年诺贝尔文学奖获得者"等。

（二）专名的簇描述语理论

对于维特根斯坦和塞尔来说，专名指称的东西是被一系列描述语而不是单个描述语所指定。这种观点不同于弗雷格—罗素式观点，因为弗雷格—罗素式观点认为唯一的描述语对于指称是必要的和充分的，而维特根斯坦和塞尔的簇理论认为专名的指称是从一系列描述语中挑选出来的，并且被那个名称所指称的东西只需要满足这些描述语中的任何一个，而非仅仅其中一个确定的描述语。塞尔注意到，如果断言专名是省略的描述语，那么我们应当能够用描述语代替专名。但是，任何试图用单个描述语代替专名都遗漏了一些细节：描述语几乎不能穷尽①。根据塞尔的观点，"如果我们尝试提出对象的完整描述作为含义，那么名称（以及对象的同一性）的意义将发生改变，无论何时在对象中存在任何改变，名称对于不同的人将有不同的意义"②。在试图解决这个问题过程中，塞尔修改了弗雷格和罗素提出的指称理论。他认为，专名指称的事物拥有某些特征，当专名被用于指称这个事物时，这个名称挑选出它的本质的或已经确立的特征。那么，如何决定哪些特征构成专名挑选的本质或已确立的特征？塞尔认为，什么构成名称（例如，"亚里士多德"）的标准这个问题是开放的，正是我们（名称的使用者）在任意地决定这些标准是什么。③换言之，在与名称"亚里士多德"相联系的标准或特征中，某簇属性是任意地选择作为充分的，并且这个属性簇是名称的含义，与名称任意联系的特征是定义事物是什么的本质特征，这些特征被用于识别这个对象。根据塞尔的观点，"要求应用名称'亚里士多德'的标准就是以形式的模式问亚里士多德是什么，那也就是要求对象亚

① SEARLE J. Proper Names［M］//ROSENBERG J F, TRAVIS C. Readings in the Philosophy of Language. Upper Saddle River：Prentice Hall Inc，1971：212-218.
② SEARLE J. Proper Names［M］//ROSENBERG J F, TRAVIS C. Readings in the Philosophy of Language. Upper Saddle River：Prentice Hall Inc，1971：215.
③ SEARLE J. Proper Names［M］//ROSENBERG J F, TRAVIS C. Readings in the Philosophy of Language. Upper Saddle River：Prentice Hall Inc，1971：216.

里士多德的一组同一性标准"①。算作一个事物的识别特征的东西是语言的所有使用者都同意的，就这种一致性来说，存在使用这个名称的规则。然而，如果这是正确的，也即什么算作识别特征是从事物的某些属性中任意选择的，那么塞尔需要解释这些识别特征如何借助语言达成一致。塞尔认为，这种解释不可能给出，因为在专名与其指称的事物的特征之间存在松散的逻辑联系。这意味着虽然在事物的名称与其所指称的事物的那组必要和充分的特征的描述语之间存在联系，但这种联系不是严格的。重要的是，专名只指称适合任意决定的那组本质或识别特征的事物。在名称与它的指称物之间没有直接指称，这种关系是以被任意选择并被一致同意为名称的指称物的定义或本质特征的任何东西为中介的。也即是说，在塞尔对弗雷格—罗素式的简单描述理论的修改中，重要的东西是它扩展了名称的含义的边界。

　　维特根斯坦拒绝接受语词的意义是它指称的对象这种观念，这是因为在专名的承担者（指称物）与专名的意义之间存在一种可区分的差异。② 在维特根斯坦看来，专名可能命名世界中的一个特殊实体，但这并不意味着这个实体是这个名称的意义。为了解释这点，维特根斯坦注意到专名指称某个人，但是这个人的死亡并不表示这个名称的意义的死亡。"当 NN 先生死去了，人们说名称的承担者死了，而不是意义死了。说如果名称不再有意义，那么说'NN 先生死了'将没有意义，这将是无意义的。"③ 意义不会死亡，因为可能存在其他的承担者。名称不是局限于一个特殊的人，名称的意义不是它的承担者，承担者仅仅例示意义。根据维特根斯坦的观点，名称或语词的意义是通过发现它在特殊语境中的用法学会的。如果它的用法学会了，它的意义在那个语境中也就学会了。这是因为"对于很多的情形——虽然不是所有情形——在这些情形中我们使用语词'意义'它可以被定义为：语词的意义就是它在语言中的用法"④。维特根斯坦认为，没有意义理论固定语词的意义，语词或名称的意义依赖于特殊

①　SEARLE J. Proper Names [M] //ROSENBERG J F, TRAVIS C. Readings in the Philosophy of Language. Upper Saddle River：Prentice Hall Inc, 1971：216.

②　WITTGENSTEIN L. Philosophical Investigations [M]. translated by ANSCOMBE G E M. New York：The Macmillan Company, 1953, section 3：3e. 维特根斯坦之前在《逻辑哲学论》中持有这种观点即语言描述事实的逻辑结构，但是在《哲学研究》中，维特根斯坦认为语词的意义是它所代表的东西这种观点只对一种语言为真而对所有语言不是为真。

③　WITTGENSTEIN L. Philosophical Investigations [M]. translated by ANSCOMBE G E M. New York：The Macmillan Company, 1953, section 40：20e.

④　WITTGENSTEIN L. Philosophical Investigations [M]. translated by ANSCOMBE G E M. New York：The Macmillan Company, 1953, section 43：20e.

语境或语言中的用法。因此，对于维特根斯坦而言，语词或名称没有固定的指称物，语词的指称依赖于语词在特殊语境或语言中的用法。没有指称理论可以解释语词的指称如何被固定，语词的指称依赖于这个语词在语言中如何被使用。

（三）　自然类语词的描述理论

尽管弗雷格和罗素的描述理论主要针对专名，但描述理论同样可以应用于通名或类语词。实际上，关于通名的描述理论可以追溯到洛克，洛克关于通名与世界之间的关系的解释代表了指称的描述理论。① 洛克认为，存在的所有事物都是殊相，而构成所有语言的大部分语词都是一般语词。一般语词的指称如何被决定，或者说它们如何被应用于殊相的类？洛克的回答是，对于每个有意义的一般语词或名称，存在相联系的抽象观念来决定什么事物有权利被那个名称所称呼。通名或一般名称所应用的那类事物是被与它们相联系的抽象观念决定的，这种抽象观念是语词所代表的事物种类的名义本质。例如，"老虎"这个一般词项拥有被一些抽象观念所决定的指称，这就是老虎这个类的名义本质（例如，黄色毛皮和黑色斜条纹的四足猫科肉食动物），归入这些抽象观念的任何东西都是老虎，而没有归入这些抽象观念的东西就不是老虎，不管它们多么好地展示一些其他性质。对于任何事物有资格称作老虎，它必须有识别为构成老虎的名义本质的性质，没有这些性质，语词"老虎"将不能恰当地应用于它。但是，洛克断言名义本质是人类自身理解的产物，人类决定什么种类的事物属于一个类，这体现了洛克的反实在论观点。虽然洛克认为事物有实在本质，实在本质存在于事物当中并被自然界所制造，但实在本质是不可知的，它不应被当成事物的本质或包括在事物的概念当中。因此，一般名称与其指称物之间的关系是以人类心灵中指称物的抽象观念为中介的。在一般名称与其指称物之间没有直接的指称关系。而且，一般名称的指称不是严格固定的，因为固定指称的是名义本质，而名义本质是由人类形成的。一般语词或名称对于事物群体不是本质的，并非自然界将事物联结在一起，而是人类决定的名义本质将事物联结在一起，这是洛克式指称的描述理论的反实在论立场的核心。

刘易斯也支持指称的描述理论。② 对于刘易斯来说，一般名称的指称是由依附于名称的描述语决定的，归入一般名称的东西依赖于人类心灵与名称相联系的描述语。一般名称的指称是以依附于名称的指称物的描述语为中介的。这意

① 陈明益，陈晓倩. 自然类语词的意义：一种新洛克主义进路［J］. 重庆理工大学学报（社会科学），2019，33（8）：7-13.

② LEWIS C I. An Analysis of Knowledge and Valuation［M］. Chicago：Open Court，1946：38-44.

味着事物被划分为类或群体，不是由于它们共同分享的本质属性的结果，而是由于心灵与事物相联系的描述语的结果。显然，这是关于类的反本质主义立场。此外，既然心灵归赋给一般名称或语词的描述语从一个心灵到另一个心灵而变化是可能的，这就可以得出一个特殊的通名的指称物可能变化，进而通名没有固定的指称。埃尔文·柯匹也认为，决定一般词项或名称的指称的东西是依附于名称或词项的描述语。他将描述语视作一般名称的内涵，而一般名称的外延是其指称世界中的东西。"普遍词项或曰类词项指谓其可以正确适用的那些对象。一个普遍词项可以正确适用的对象的汇集构成那个词项的外延。"① 在埃尔文·柯匹看来，理解普遍词项的意义就是知道怎样正确使用它，但是这样做并不是一定要知道它可以正确适用的所有对象。

　　对一个给定词项，其外延内的所有对象具有某些共同的性质或属性，这些性质或属性可以引导我们使用同一词项来指谓它们。因此，我们可以知道一个词项的意义而无须知道其外延。在第二种含义上，"意义"设定了决定任一对象是否属于那个词项外延的某种标准。"意义"的这种含义被称作词项的内涵意义。普遍词项指谓的所有对象并且仅仅那些对象共同拥有的属性集，称作那个词项的内涵。②

因此，虽然洛克、刘易斯和埃尔文·柯匹的描述理论给出了通名或一般词项的指称如何被固定的一种解释，但这种理论依赖于人类对事物的属性的描述。

与自然类词项相联系，自然类词项的指称是被与词项相联系的限定描述语固定的。如果与词项相联系的描述语发生改变，指称也将发生改变。自然类词项的指称物是满足与其相联系的描述语的任何东西。例如，与词项"老虎"相联系的描述语是诸如"食肉的似猫动物""有黄褐色毛皮和斜黑色条纹"等。既然根据描述理论自然类词项和与它相联系的描述语是同义词，那么"老虎"可以替换为"有黄褐色毛皮和斜黑色条纹的食肉猫科动物"而不会改变一个语句的真值地位。"老虎是带有黄褐色毛皮和斜黑色条纹的食肉猫科动物"表达一个必然先天的真理。我们也可以说，自然类词项的指称是被与这个词项相联系的含义决定的。两个自然类词项"水"和"H_2O"可以有两种不同的含义，但

① 柯匹，科恩．逻辑学导论：第 11 版［M］．张建军，潘天群，等译．北京：中国人民大学出版社，2007：134.
② 柯匹，科恩．逻辑学导论：第 11 版［M］．张建军，潘天群，等译．北京：中国人民大学出版社，2007：134.

是对应这些含义是一个特殊的类或者根本没有类。这指出类词项没有预设其指称的类的存在，而且一个特殊的类可以被不止一个类词项所指称。例如，老虎这个类，可以称作"老虎"或"野猫"，这些类词项的每一个都有不同的含义，但有一个具体的指称。类词项没有严格或固定的指称，就与其相联系的含义来说，类词项才拥有指称。正是类词项的含义决定它的指称物，类与类词项之间没有固定的关系。总之，根据指称的描述理论，名称或类词项的指称物是由能力合格的言说者与名称相联系的一些描述语决定的。这是在所有描述理论中包含的一种间接和有中介的指称观点。显然，描述理论对于自然类的反本质主义和反实在论有重要意义。对于反本质主义来说，描述理论意味着语词与它们在世界中指称的任何东西都是通过人类决定的。描述理论还意味着自然类语词指称满足依附于类词项的描述语的任何东西，自然界中的事物由于它们的本性不属于类，人类将自然界中的事物范畴化为类并且用词项或名称来称呼它们，这是一种自然类反实在论立场。既然根据描述理论，依附于名称或词项的事物的本质的描述语可以为真或假，那么我们就不可能确切地知道事物是怎样的，自然类词项指称人类如何描述存在于自然界中的类而不是指称类如何存在于自然界当中。既然指称的描述理论支持自然类的反本质主义与反实在论，那么我们可以得出，类不存在于自然界当中，自然界中的事物不是以类的形式存在，而是人类将事物范畴化为类。

二、指称的描述理论的批评

（一）唐奈兰对描述理论的批评

弗雷格—罗素式的描述理论遭到唐奈兰（Keith Donnellan）的批评。唐奈兰批评罗素未能认识到名称和自然类词项被用来服务于两种不同的功能：（1）名称首先被用来归赋一种属性给事物；（2）名称其次被用来指称某事物。唐奈兰将第一种用法称作归属性用法（attributive use），第二种用法称作指称性用法（referential use）。唐奈兰认为，在一个断言中归属性地使用一个限定描述语的说话者陈述关于任何人或任何东西是某某事物（the so and so），而在一个断言中指称性地使用一个限定描述语的说话者使用这个描述语以使他的听众能够挑选出他在谈论谁或什么东西以及陈述关于那个人或事物的某东西。[①] 当一个名称被

---

① DONNELLAN K S. Reference and Definite Description［M］//ROSENBERG J F, TRAVIS C. Readings in the Philosophy of Language. Upper Saddle River: Prentice Hall Inc, 1971: 198.

归属性地使用时，它没有预设这个名称或描述语指称的特殊实体的存在。名称的使用者相信他想要指出的某事物适合这个描述语，但是在无数事物中没有具体的事物被意向。例如，"止渴的液态实体"被归属性地用来谈论止渴的某个实体，其指称物是适合这个描述语的任何东西。但是，当一个名称或限定描述语以及指称表达式被指称性地使用时，就存在预设或含义，即存在具体的某事物并且指称表达式用来指出那个事物。例如，表达式"由 H_2O 构成的实体止渴"被用来指称一个特殊实体，即水。

存在被指称的某事物这个假定源于这个事实，即一个人尝试正确地描述他想要指称的东西，因为这是使他的听众认出他在指称的东西的最好方式。① 虽然与某事物相联系的描述语可能是错误的，但名称的指称最终被固定，使用指称表达式的人相信存在他所指称的某事物。在唐奈兰看来，每个指称表达式都能够发挥归属性的或指称性的作用，但在一个特殊时刻，一个指称表达式无论发挥什么作用都依赖于说话者的意图。唐奈兰认为，罗素对限定描述语或名称的分析只对指称表达式的归属用法为真。一个名称仅仅用来指示某事物，但指示（denoting）与指称（referring）是不同的观念。罗素的分析是指称表达式只指示一个事物作为指称物，而这个事物是适合与指称表达式相联系的描述语的任何东西。这是指称表达式的归属性用法，其中指称被给予某事物并且描述语不是挑选指称物的参数或条件。② 指称表达式没有固定指称物，而是仅仅言说了关于它的某事物。所以，当一个名称或指称表达式被归属性地使用时，它指示一个指称物并且与这个名称相联系的描述语在固定指称表达式的指称物过程中没有发挥任何作用。但是，当一个名称或指称表达式被指称性地使用时，它在与其相联系的描述语的帮助下挑选出它的指称物。因此，罗素关于指称如何被固定的解释是在归属意义上而不是指称意义上。像罗素论证的那样，归属的描述语在固定名称的指称物过程中发挥任何作用，这是不正确的。

（二）克里普克对描述理论的批评

指称的描述理论遇到的更强有力的批评来自克里普克。克里普克的反对意见分为三个方面：第一，模态问题，即描述理论会产生无根据的必然性（unwar-

① DONNELLAN K S. Reference and Definite Description [M] //ROSENBERG J F, TRAVIS C. Readings in the Philosophy of Language. Upper Saddle River: Prentice Hall Inc., 1971: 203.

② DONNELLAN K S. Reference and Definite Description [M] //ROSENBERG J F, TRAVIS C. Readings in the Philosophy of Language. Upper Saddle River: Prentice Hall Inc., 1971: 211.

ranted necessities）；第二，认知问题，即一个名称并非总是严格地拥有与它相联系的描述语；第三，语义问题，即一个说话者不知道将什么描述语归赋给一个指称表达式或者将一个错误的描述语与一个名称相联系。我们先看模态论证，也即描述理论关于专名的指称是与其相联系的描述语这个主张会导致无根据的必然性。既然专名的指称是与它相联系的描述语，那么这个主张涉及无根据的必然性可以解释如下：命题（1）"亚里士多德喜欢猫。"我们可以将这个命题中的名称"亚里士多德"替换为一个限定描述语"亚历山大的老师"，也即命题（2）"亚历山大的老师喜欢猫。"同理，命题（3）"亚里士多德是亚历山大的老师"可以被替换为命题（4）"亚里士多德是亚里士多德"。然而，命题（4）表达一个必然真理，但命题（2）和命题（3）不是。首先，亚里士多德拥有通常与他相联系的属性不是一个必然真理，很可能亚里士多德不是亚历山大的老师。① 其次，亚里士多德是亚历山大的老师，这不是亚里士多德的本质属性的一部分，亚里士多德作为亚历山大的老师的属性是一个偶然特征，换言之，亚里士多德可以存在，而无须是亚历山大的老师。最后，在一些可能世界中，与"亚里士多德"相联系的描述语可以对另一个人为真，例如，柏拉图。在那个可能世界中，描述语的指称物就是柏拉图而不是亚里士多德。所有这些都指出与名称相联系的描述语不是必然地对名称的指称物为真，所以描述理论关于名称和与其相联系的描述语指称相同的事物这个主张是可疑的。描述理论者可能回应说，名称和与其相联系的描述语指称相同事物没有暗示名称和描述语是相同的，而是说它们两者实施相同的功能，即挑选出世界中的某事物。例如，"水"和"由 H_2O 构成的实体"实施相同的功能，即指向唯一的实体——水。然而，这个回应仍然是有问题的。如果词项"水"和描述语"由 H_2O 构成的实体"实施相同的功能，那么这意味着在一个语句中一个可以用来替换另一个并且这个语句的真值不变。而模态论证就是试图证明并非如此。当一个语句中名称和描述语彼此替换时，语句的真值可能明显地发生改变。所以，描述理论者假定名称和描述语虽然实施相同功能但不是相同的，仍然是错误的。

我们再看语义论证。语义论证反对描述理论的这个主张，即与名称相联系的描述语是它的意义。描述理论断言名称的指称物是由它的意义固定的，也即依附于它的描述语。但是，克里普克认为，名称的意义不是与它相联系的描述语，因为我们可以接受一个名称并用它来指称一个人，但是我们可能不知道甚至不接受与这个名称相联系的描述语，并且很可能与名称相联系的描述语不挑

---

① KRIPKE S. Naming and Necessity［M］. Oxford：Basil Blackwell，1980：74.

选任何人。① 例如，如果名称"沃莱·索因卡"与"1986 年诺贝尔文学奖获得者""《雄狮与宝石》的作者""《死亡与国王的马夫》的作者"等描述语相联系，那么描述理论认为"沃莱·索因卡"意指所有这些描述语。存在一个人满足所有这些描述语并且这个人是"沃莱·索因卡"的指称物，然而，对于许多普通人来说，他们是通过名称来指称沃莱·索因卡，而这些描述语可能不存在。很多人可能不知道《雄狮与宝石》的戏剧或《死亡与国王的马夫》的小说，或者对 1986 年的诺贝尔文学奖获得者甚至对诺贝尔文学奖本身一无所知，但仍然可以指称沃莱·索因卡。再比如，如果我对沃莱·索因卡的邻居说《雄狮与宝石》的作者将访问我的住处，很可能这位邻居根本不知道沃莱·索因卡写了这部戏剧，那么这位邻居可能不知道我在指称沃莱·索因卡。这些都暗示依附于名称的描述语与这个名称不是意指相同的事物。此外，如果一个人错误地将一个描述语归给一个名称，那么这个名称的指称物将不仅被错误地固定，而且一个指称物可能与另一个指称物相混淆。例如，对于描述理论者来说，"达尔文"的意义是与它相联系的描述语，比如"提出进化论的人"。但是，哲学史一年级的学生错误地相信恩培多克勒（Empedocles）提出进化论，这样他们将描述语"提出进化论的人"当成意指恩培多克勒。所以，每当描述语"提出进化论的人"被使用时，学生就错误地挑选出恩培多克勒，并由此混淆了达尔文与恩培多克勒。描述语可以错误地归给名称这个事实，暗示名称与归给它的描述语之间没有语义关系，名称的意义也不是归给名称的描述语。

最后看认知论证。描述理论者认为，既然"亚里士多德"的意义是归给它的描述语"亚历山大的老师"，那么可以论证"亚里士多德是亚历山大的老师"这个语句将表达一个先天分析真理。然而，按照克里普克的观点，当专名被替换为限定描述语时，一个语句的真值会发生改变，这是因为"亚里士多德是亚历山大的老师"是一个经验发现的问题。一个经验发现可以是一个必然事实，也可以是一个偶然事实。它是一个必然事实意味着这个事实是通过感觉经验发现的，但它不能发生改变。它是一个偶然事实意味着这个事实是通过感觉经验发现的，但它能够改变。一个必然事实的经验发现的例子是"水是 H_2O"。这是一个关于水的事实，它不可能不同于它是什么，所以它是必然的。但这个陈述正是通过经验研究发现的，它不是先天可知的。一个偶然事实的经验发现的例子是"亚里士多德是亚历山大的老师"。亚里士多德曾经教过亚历山大这个事实是一个经验问题，并且很可能这个事件从来没有发生。所以"亚里士多德是亚

---

① KRIPKE S. Naming and Necessity ［M］. Oxford：Basil Blackwell，1980：78-85.

历山大的老师"表达一个经验发现，却是一个偶然事实。根据认知论证，当专名被替换为限定描述语，这个陈述可能表达一个经验的必然真理或者一个经验的偶然真理，但这些没有一个暗示真理是先天可知的。在此基础上，克里普克区分了必然真理与偶然真理、先天真理与后天真理。

克里普克认为，必然性与偶然性之间的区分是关于世界是怎样的形而上学区分。如果世界不是不同于它所是的方式，那么关于世界的事实或主张就是必然的。如果世界可以不同于它是什么，那么关于世界的事实或主张就是偶然的。① 例如，"水在 100 摄氏度沸腾"是一个关于世界的事实。如果有一个水的样本加热时在 100 摄氏度没有沸腾，那么"水在 100 摄氏度沸腾"就不是一个必然真理。因此，关于世界的主张是必然的还是偶然的，依赖于这些主张是否可能是相反的情形。但是，这样的主张可以通过经验或者通过理性知道。"先天"和"后天"就是用来识别知识的类型以及它们如何获取的词项。"先天"是指独立于经验获得的一种类型的知识，而"后天"是指通过经验获得的知识。一个命题是先天可知的，只有当它能够无须诉诸经验而判断为真或假，一个后天命题是其真假通过感觉的证据来确定的命题。一方面，克里普克认为，存在必然后天真理和偶然先天真理。他使用命题"暮星是晨星"来指出有必然的但后天可知的主张以及有偶然的但先天可知的主张。"暮星"是傍晚见到的一个天体的名称，而"晨星"是早晨见到的一个天体的名称。但是，人们发现早晨见到的天体等同于傍晚见到的天体。所以命题（a）"暮星是晨星"像命题（b）"暮星是暮星"一样是一个真的陈述。按照克里普克的观点，命题（b）表达一个先天必然真理，因为它就像一个同一性陈述。而命题（a）表达一个必然真理，因为早晨见到的天体等同于傍晚见到的天体。但这个命题的真是通过经验发现知道的，所以它的真是后天可知的，这个命题也就是后天必然命题的一个例子。另一方面，克里普克认为，如果人们使用"暮星"来指称傍晚见到的天体，那么暮星实际上是傍晚见到的天体将不是一个必然真理。克里普克认为，必然性与先天性不是可互相交换的。一个偶然真理可以先天地知道，而一个必然真理可以后天地知道。克里普克的认知论证挑战了描述理论的主张，即包含专名和描述语的陈述的真是先天可知的并因此表达一个必然真理。在克里普克看来，包含专名和描述语的陈述既不表达一个必然真理，也不是先天可知的真理。

---

①　KRIPKE S A. Naming and Necessity［M］. Oxford：Basil Blackwell，1980：36.

（三）普特南对描述理论的批评

指称的描述理论的另一个致命批评来自普特南。普特南将意义的描述理论解释为包含两个假定：（1）知道一个表达式的意义仅仅是在狭义上处于某个心灵状态中，也即处在一个不预设任何个体存在（除了主体）的状态当中；（2）一个表达式的意义在这种意义上决定它的外延，即意义的相同性蕴含外延的相同性。① 按照普特南的观点，描述理论意味着一个词项的指称是被依附于这个词项的意义所固定的。一个词项的意义是一个概念，也即意义是精神实体，所以知道一个词项的意义就是处在一种特殊的心理状态当中。② 两个不同的人可以处在相同的心理状态当中，这意味着两个不同的人可以持有一个词项的相同意义，没有两个说话者可以处在相同的心理状态中而持有一个词项的不同意义。同理，如果一个词项的意义决定它的外延，并且意义是一种心理状态，那么心理状态决定一个词项的外延。

然而，普特南认为心理状态不能决定外延。如果心理状态决定外延，那么对于处在相同心理状态中的两个人来说，一个词项的意义将决定相同的外延。普特南提出一个科学虚构的例子，在这个例子中两种相同的心理状态被归给一个特殊的名称，但是这个名称表示两个不同的实体。这个例子即著名的"孪生地球思想实验"。有两个地球：地球和孪生地球，它们在所有方面都相似。地球上的人使用"水"这个词项来意指一种无色无味的液体，而孪生地球上的人则使用词项"水"来指称拥有相同表面属性的液体。当来自地球的科学家访问孪生地球，他们发现孪生地球上的人所称作"水"的东西不是 H_2O，而是另一种实体 XYZ。根据普特南的观点，孪生地球有 XYZ 的河流、XYZ 的降雨，其居民也饮用它，用它来淋浴，在它里面洗东西，并且以与地球居民使用水完全相同的方式来使用 XYZ。这里的问题不是关于 XYZ 是否称作"水"，因为根据普特南的理论，它实际上被称作"水"。但问题是 XYZ 是不是水。这个例子指出，尽管地球上的人和孪生地球上的人归给词项"水"的心理状态是相同的，但外延或指称物却是两个不同的实体。所以就有这样一种情形：当两个地球上的居民使用词项"水"时，他们处在相同的心理状态中，但是词项"水"意指不同的实体：一个指称 H_2O，另一个指称 XYZ。因此，一个词项的意义不是被出现在说话者头脑中的心理实体（精神表征）固定的。对于普特南来说，"意义"

---

① PUTNAM H. Language, Mind and Knowledge［M］. London：Cambridge University Press, 1975：215-271.

② PUTNAM H. Language, Mind and Knowledge［M］. London：Cambridge University Press, 1975：218.

不是在头脑当中。①

这个论证对于描述理论的重要性在于，名称的指称是以使用这个名称的人的精神图像或心理状态为中介的。很可能两个不同的人处在相同的精神或心理状态中，所以他们将相同的描述语归给一个名称以使用这个名称来指称两个不同的实体。这意味着一个人的精神状态或一个人归给一个特殊名称的描述语并不严格地决定这个名称的指称。孪生地球的例子也可以用来指出描述理论的第二个假定是错误的。在每个地球上决定"水"的意义的东西是每个地球居民所熟悉的现实实体。地球居民看见 XYZ，将拒绝称它为"水"，就像孪生地球居民将不会称实体 H_2O 为"水"，因为它们是两个不同的实体。所以，决定"水"的外延或指称物的东西不是地球居民的心理状态，而是每个地球上的实体：地球上的 H_2O 和孪生地球上的 XYZ。普特南进一步提出"语言分工"的假设来指出，一个词项的指称不是被这个词项的使用者的心理状态或者被这个词项的使用者与它相联系的描述语所固定。假设一个语言共同体中的每个人都能够使用诸如"黄金""水""老虎"和"铝"等词项，但在这个共同体中只有特殊子类的人（普特南称为专家）能够正确地列出与这些词项相联系的本质属性。按照普特南的观点，固定指称是一个社会事件而不是依赖于共同体中每个个体的心理状态的某东西。一旦专家基于他们对必要和充分属性的知识来固定一个词项的指称，关于指称的判断就变成语言共同体词汇的一部分。这个词项的每个其他使用者使用相同的词项来指称相同的指称物，不管他们的心理状态或者他们关于指称物所相信的东西是什么。从普特南的语言分工假设中我们可以推出，固定一个词项的指称要求指称物的本质的知识。既然不是每个人都知道一个事物的本质，那么就不是每个人都能够固定词项的指称。所以，如果一位说话者不是黄金方面的专家，那么词项"黄金"的指称就不是被他对这个词项的用法所决定，也不是被他归给这个词项的概念内容或意义所决定。因此，描述理论者的主张，即说话者（无论专家或非专家）归给一个语词的含义（用法或概念）决定它的指称，再次被证明是错误的。

三、指称的因果理论与自然类问题

从描述理论的反对意见中，我们可以看出精神内容（即描述语）不管多么详细，都不能充分地挑选出或固定专名以及自然类词项的指称物，因为它们的

---

① PUTNAM H. Language, Mind and Knowledge [M]. London: Cambridge University Press, 1975: 227.

指称物是精神之外的实体。存在描述理论的替代物，这些替代理论构成新的指称理论，这种新指称理论被置于"指称的因果理论"（"历史解释理论"或"因果历史理论"）的共同标签下。克里普克勾勒出指称如何无须诉诸依附于名称的精神内容而被固定的"图景"。普特南将克里普克关于指称如何被固定的图景发展成为一种成熟的指称的因果理论。加雷斯·埃文斯（Gareth Evans）① 和迈克尔·戴维特②则给出这个理论的不同版本来填补克里普克和普特南留下的空隙。从指称的因果理论得出的结论是名称和自然类词项各自对于自然界中存在的事物和类有直接指称。

（一）克里普克论指称的因果理论

克里普克关于专名的指称如何被固定的图景是通过借助一个名称对对象的初始洗礼（initial baptism）开始的交流链条建立的。在使用这个名称指称相同的指称物过程中，这个名称的后来使用者不需要知道关于指称最初如何被固定的细节。为了证明这个图景，克里普克说道：

> 某人，我们说，一个婴儿，出生了；他的父母用一个名称来称呼他，他们对他们的朋友谈起他，其他人遇见他。通过各种谈论，名称就从一环到一环蔓延开来，就好像借助于一个链条。③

这幅图景的确立依赖于两个阶段：首先是指称确定阶段，也即一个名称的指称如何被固定的图景；其次是指称传递阶段，也即相同名称指称相同事物如何被维持并从一个人传递到另一个人的图景。根据指称传递，克里普克说在使用一个名称指称它的指称物过程中，处在链条最远一端的使用者不需要知道指称之根（the root of reference）。重要的是可追溯到名称指称的对象的交流链条被建立，并且名称的使用者能够使用它，借助于他在共同体当中的成员身份将名称一环一环地传递下去。克里普克没有解释根据什么条件，一位使用者（他不是一环一环地传递名称的共同体的成员）能够使用名称来指称。很可能，这个名称的使用者通过追踪名称与指称物之间的因果关系（而这个因果链条将追溯到它的根部或开端），来固定这个名称的指称。名称的当前使用者通过在某个点上联结因果链条来固定它的指称。需要强调的是，指称不是一个私人事件而是

① EVANS G. The Causal Theory of Names ［M］// SCHWARTZ S P. Naming, Necessity and Natural Kinds. London：Cornell University Press，1977：192-215.
② DEVITT M. Designation ［M］. New York：Colombia University Press，1981.
③ KRIPKE S A. Naming and Necessity ［M］. Oxford：Basil Blackwell，1980：91.

一个社会事件，指称涉及共同体中的其他人以及名称的指称最初如何被固定的历史。

> 一个"最初的洗礼"发生了。这里对象可能通过实指（ostension）被命名，或者名称的指称可能被一个描述语所固定。当名称是"一环一环地传递"时，我认为当名称的接受者学会它时他必须打算用与他从那个听来这个名称的人相同的指称来使用它。①

克里普克认为他提出的图景在两个方面不同于描述理论：第一，用来固定名称的指称的描述语既不与名称同义，也不是名称的意义，描述语仅仅固定名称的指称。在初始的洗礼之后，描述语被直接扔掉。这是反对描述理论的立场，即名称是依附于它的描述语的缩写。第二，最初的洗礼者是直接熟悉对象并且能够实指地命名它。这也是反对描述主义者的主张，即指称只有当指称物被描述时才能够被固定。关于一个名称的后来使用者如何指称它的最初指称物，克里普克认为需要满足的条件是名称的后来使用者必须意图用它来指称已经被固定的相同指称物。否则，名称将不能被用来指称它的指称物。这被用来支持名称是严格指示词，也即当名称被用作指称工具时，它在所有情境中指称相同对象。克里普克认为专名是严格指示词。一个严格指示词是一个指称表达式，它指称或指示关于所有可能世界的相同事物。"让我们称某事物为严格指示词如果在每个可能世界中它指示相同对象，并称其为非严格或偶然指示词如果不是那种情形。"② 对于克里普克而言，"可能世界"是"可能是这种情形"的方便之语。他使用"可能世界"这个词项来阐明这个观点，即描述语可能指示不止一个对象但专名在所有可能世界中指示相同对象。描述语不能固定指称，因为它不能严格地固定一个指称物，但专名可以，因为它是一个严格指示词。正是由于专名是严格指示词，所以专名在所有可能世界中指称或指示相同事物。根据克里普克的观点，自然类语词也是严格指示词，并且与它们相联系的描述语没有决定它们的指称。克里普克认为，像"猫""老虎""柠檬""黄金"等词项，对于诸如动物、水果和矿物等自然类来说，都是专名并且在所有可能世界中指示特殊的类。③

---

① KRIPKE S A. Naming and Necessity [M]. Oxford：Basil Blackwell, 1980：96.

② KRIPKE S A. Naming and Necessity [M]. Oxford：Basil Blackwell, 1980：48.

③ KRIPKE S A. Naming and Necessity [M]. Oxford：Basil Blackwell, 1980：134.

克里普克的图景在两种意义上表征指称的因果理论。命名对象的最初洗礼训练（通过实指或描述语）在第一个实例中建立因果联系。这里，在对象与给它施洗礼的人之间存在一种联系，施洗礼者直接熟悉这个对象并给它一个名称，或者通过指向它说"这将被称作'X'"（通过实指），或者通过说"任意有这般特征的实体（他有过接触）将被称作'X'"（通过描述语）。名称一环一环地传递确保了对象的名称与第二个实例中的对象之间的因果联系。在这个方面，每当名称被使用，对象就被挑选出来，因为名称的使用与某个因果链条中的对象相联系，而这个因果链条追溯到原始的命名训练。一旦这个因果链条被维持，名称的实际指称就被严格地固定。名称是依附于事物的标签，并且作为严格指示词，在所有可能世界中指示相同对象。所以，指示相同实体的两个名称，如果用来做出一个同一性陈述，将表达一个必然真理。① 这个论证对于自然类的重要性在于，类是通过内在结构或本质来定义，并且作为类的成员的任何东西都有这种本质或内在结构，事物必然地属于它分享其本质的类。自然类语词作为严格指示词在所有可能世界中指示相同的类。不存在这样的世界：在这个世界中构成一个类的实体不拥有它占有的本质。所以，不存在一个类不是其所是的世界，指称一个类的语词在所有可能世界上都指称相同的类。

（二）普特南论指称的因果理论

普特南的因果理论是对克里普克理论的进一步发展。根据普特南的观点，自然类语词的指称是被两个因素决定的：第一是被称呼或命名类的样本的某个初始行为决定的，这个初始行为即"引入事件"；第二是被类的相同性关系决定的，这个关系是由本质属性构成的，也即关于一个事物或类的样本的内在结构属性，它们只能通过科学研究来发现。第二点暗示自然界中存在待发现的事物，它们在确定自然类语词的指称过程中发挥作用。从语言分工的观点看，普特南认为存在语言共同体的成员子集，他们是"专家"，并且能够通过研究发现本质属性，进而相应地固定类语词的指称。而非专家的普通人或者自然类语词的后来使用者要想能够指称这个词项的相同指称物，只有当这个词项出现在引入事件当中，或者从通过引入事件学会它的某人那里学会这个词项的指称，也即从传递到一个引入事件的链条联结的某人那里学会这个词项的指称。② 换句话说，非专家的说话者依赖专家的说话者关于自然类词项的指称的判断。由此，普特

① KRIPKE S A. Naming and Necessity ［M］. Oxford：Basil Blackwell，1980：96-105.
② PUTNAM H. Language，Mind and Knowledge ［M］. London：Cambridge University Press，1975：202.

南强调非专家的普通人和自然类语词的其他使用者关于被指称的自然类的任何可能知识或对或错，在决定自然类词项的指称过程中没有任何影响。一个自然类词项用来指称一个特殊的自然类必须是因果地联结从指称被固定的点开始的传递链条。

根据普特南的观点，在初始授予称号的行为或引入事件时，一方面，一个词项的指称或者通过实指定义或者通过描述语来固定。通过实指定义，引入这个词项的人将会说"这个对象是'X'"，这个对象可以通过一个记号，像"流体""动物""水果""化学物"等来识别。例如，"这个动物是'老虎'""这个液体是'水'"。另一方面，指称的对象可以通过对象的典型特征的描述语来固定。这些特征是构成识别一个事物是否属于这个类的方式的东西，或者至少是识别这个类的成员身份的必要条件的方式的东西。① 通过描述语，一个人可以说"有某某特征的水果是'柠檬'"。这个"某某"（so and so）是与一个类相联系的共同的本质特征，并且这个类的任何成员都必须拥有它。例如，柠檬的本质特征是柠檬这个类的本质属性，作为柠檬的成员的任何一个水果必须承担这种本质属性。按照词项的指称物被引入的两种方式中的任何一种，在固定指称的人与指称的承担者之间存在一种联系。在实指定义当中，这种联系是引入一个对象作为指称物的人直接熟悉这个对象并指向它。在描述语当中，说话者也直接与指称物的特征相接触并恰当地描述相同的东西。

普特南详细地阐述了实指定义作为固定自然类语词的指称的一种手段。对他来说，用在实指定义中的索引词"这"指示被指称的对象的本质。例如，如果水的本质被发现是 H_2O，那么缺少 H_2O 的任何其他实体，不管多么相似于水或者有水的其他特征，即使被称作"水"，也仍然不是水。如果我说"'这'是水"，通过"这"，我意指 H_2O 以及与它有某种等价关系的任何东西。所以，索引词"这"指示水的本质。水的本质不是相对于世界的（world-relative）：不存在这样的世界，在这样的世界上某事物没有水的本质而是水。普特南认为，这个主张是形而上学必然的但认识论上偶然的。人们可以想象这种可能性，即某事物可能是柠檬，即使它缺少柠檬的本质。例如，一个人工对象看起来像柠檬但是为了装饰目的用塑料材料做成的，它可能也叫"柠檬"。但这是一种认知的可能性并且它没有翻译成形而上学的可能性，因为人类直觉没有特权进入形而

---

① PUTNAM H. Language, Mind and Knowledge［M］. London：Cambridge University Press, 1975：229-230.

上学的必然性。① 所以，"这"在所有可能世界上指示水的本质，索引词"这"因此是一个严格指示词。换言之，如果一个自然类语词的指称物有本质，例如，"柠檬"是"有 XYZ 的水果"，这个本质就是索引词指示的东西。一旦柠檬这个类的本质被发现是 XYZ，就不存在可能世界，在这个可能世界上柠檬存在并且缺少 XYZ。既然索引词在所有可能世界上指示柠檬的本质特征，那么索引词就是严格指示词。根据普特南的观点，一旦 XYZ 被认为是一个类 K 的本性，那么存在某事物 P 缺少 XYZ 并且是 K 的一个成员，这在逻辑上是不可能的。因此，诸如"现在""这""这里"等语词都是如此，它们作为严格指示词在所有可能世界中指示一个特殊实体或理论属性。当被用在一个实指定义中，指示词"这"携带一种从物的同一性，也即它指示被谈论的类的本质。

（三）指称的因果理论的发展

克里普克和普特南提供的指称的因果理论对名称与事物以及自然类词项与存在于自然界中的自然类之间的关系给予一种洞察力。其他因果理论家坚持与克里普克和普特南的因果理论相似的立场，但在细节上有所不同。加雷斯·埃文斯关于名称和自然类词项的指称如何被固定的解释的主要论点是名称在一个事件中获取指称，在这个事件中名称被依附于一个特殊的实体。如果存在一种指称的因果链条可追溯到名称获取它的指称的初始事件，那么名称的每个其他用法都拥有这个初始实体作为指称物。加雷斯·埃文斯认为，克里普克所陈述的因果理论可以表述如下："一个说话者，在一个特殊场合使用名称'NN'，将指示某个对象 X 如果存在一个指称保存环节（reference-preserving links）的因果链条将他在那个场合的用法最终带回到对象 X 本身，而对象 X 则涉及一次名称获取的交易，例如，一种明确的起绰号行为（dubbing）或更逐渐的过程，由此这个绰号保持下来。"② 加雷斯·埃文斯认为指称保存环节的观念包含克里普克所放弃的一个条件，即一个说话者 S 将一个名称"NN"传递给一个说话者 S∗，这构成一个指称保存环节仅当 S 意图使用带有与某个人相同指谓（denotation）的名称，而他正是依次从这个人学会这个名称的。因此，克里普克与加雷斯·埃文斯的理论之间的差别在于：根据克里普克的解释，指称其原始指称物的名称的当前使用者不必将这一环节追回到初始的洗礼训练；但是对于加雷斯·埃

① PUTNAM H. Language, Mind and Knowledge [M]. London: Cambridge University Press, 1975: 233.

② EVANS G. The Causal Theory of Names [M] // SCHWARTZ S P. Naming, Necessity and Natural Kinds. London: Cornell University Press, 1977: 197.

文斯而言，使用者必须能够将来自当前用法的联系追溯到初始的洗礼训练。对于加雷斯·埃文斯，指称原始指称物的名称的每个用法必须追溯至初始的洗礼行为，但是对于克里普克来说，这是不必要的。换言之，加雷斯·埃文斯的解释要求名称的每个使用者关于从其开端到当前用法的因果链条有完全的信息。

显然，加雷斯·埃文斯的理论所要求的任务是笨重的，虽然不是非现实的。① 很难期望使用名称的每个人都知道名称的起源并将这一环节从当前的用法一个人接一个人地追溯到指称被固定的原始点。要做到这点不是不可能，但很可能在链条上存在间隙。在这个方面，加雷斯·埃文斯说指称还没有被做出，因为从初始的洗礼训练到名称的当前用法的交流的历史链条断裂了。这个结论与直觉相反。首先，不是每个人都能够处在获取名称的交易事件中。其次，名称的每个使用者都知道名称及其指称物的所有历史前件，这是不可行的。因为一个事物可能有不止一千个名称，要求一个人给出一个事物从初始洗礼到当前用法所拥有的所有名称的用法的历史，这既繁杂也不现实。克里普克和普特南的解释相比而言则更加温和，对他们而言，没有出现在初始命名训练中的名称的当前使用者不必追溯指称链条从开始到当前的用法，但是这种用法必须连接到指称的链条。这不会使克里普克的立场变得更强，至少一个名称的使用者应该能够给出这个名称如何得到它的指称物的一种解释。

迈克尔·戴维特的指称的因果理论的中心观点是一个名称（例如，"亚里士多德"）的当前用法只能指示亚里士多德，依据一个因果网络从我们的当前用法延伸回至指示亚里士多德的名称的首次用法②。所以，对于迈克尔·戴维特来说，要使用一个名称来指称它的初始指称，我们不得不从较早的用法借到指称。迈克尔·戴维特在这种意义上不同于克里普克、普特南和加雷斯·埃文斯，即一个专名的当前使用者只需要从较早的用法借到这个名称的指称。使用者既不需要将交流的链条追溯到确切的开端（像加雷斯·埃文斯所要求的），也不需要意图使用这个名称来指称初始的指称物（像克里普克所要求的），当前的使用者简单地从已经建立的环节中借到他的指称。不仅如此，迈克尔·戴维特也对指称的因果理论做了许多的改进和发展。哈尔特·菲尔德（Hartry Field）曾论证一些科学词项可能在它们的历史的某个点上是指称不确定的，并引入部分指称

---

① FASIKU G. The Metaphysics of Natural Kinds：An Essentialist Approach ［M］. Dudweiler Landstr，Germany：LAP LAMBERT Academic Publishing. 2010：133.

② DEVITT M. Designation ［M］. New York：Colombia University Press，1981：25.

（partial reference）的观念。① 他给出牛顿物理学中的"质量"作为例子。在他看来，"质量"部分地指称相对质量（relativistic mass）和固有质量（proper mass），而根据更高阶物理学，它们是两种截然不同的物理量。迈克尔·戴维特将这个观点一般化，提出指称的因果—历史理论应该以部分指示（partial designation）的观点来补充。一个表达式可能以那种方式在某个时间段部分地指称不止一个不同的（虽然部分重叠的）外延。

另一方面，加雷斯·埃文斯指出克里普克的因果—历史解释太过简单，无法说明指称改变的现象。② 例如，"马达加斯加"原来是非洲大陆内陆某个地区的专名，但由于马可波罗的误会与传播，这个专名现在已经成为非洲大陆东岸最大岛屿的专名。如果今天中学教科书上写着"马达加斯加是一个岛屿"，而我们依照克里普克的建议去追溯该教科书这一次使用"马达加斯加"背后的因果链条，我们会发现该因果链条的最终源头将会奠定在非洲大陆内陆的某处，而不是某个岛屿。这意味着该教科书中的语句所谈论的事物是非洲大陆内陆的某处，并且错误地说该处是个岛屿，而不是我们现在称为"马达加斯加"的岛屿，这显然不是我们直觉上能够接受的。③ 为了允许和解释指称的变化，迈克尔·戴维特提出"多重奠基"（multiple grounding）的观点，也即不仅初始洗礼决定指称，一个名称典型地在类似于洗礼的语词的其他用法的承担者中变得多重奠基，其他用法可能涉及语词应用于在与它的感知对抗中的对象。④ 这可能导致外延中的转换，但是它可能也使得一个表达式的指称随着时间的流逝变得更确定。例如，除了命名典礼之外，每一次听话者与被指称者直接在知觉上的相遇，比如当被指称者向听话者自我介绍说出"我是 X 先生"时，或当被指称者被他人介绍给听话者而说出"这是 X 先生"时，都可以算作是一个奠定者。有时候，一个专名的某个奠定处所涉及的个体可能与之前的奠定处所涉及的个体并不相同。⑤ 例如，一个人可能会在某人面前被介绍时，错误地被称为"X 先生"（或错误地被认为是该专名所指称的对象），而一个岛屿也可能会在某人面前被介绍时，错误地被称为"马达加斯加"（或错误地被认为是该专名所指称的对象）。

① FIELD H. Theory Change and the Indeterminacy of Reference [J]. Journal of Philosophy，1973，70（14）：462-481.
② EVANS G. The Causal Theory of Names [M] // SCHWARTZ S P. Naming，Necessity and Natural Kinds. London：Cornell University Press，1977：192-215.
③ 王文方. 语言哲学 [M]. 台北：三民书局，2011：70.
④ DEVITT M. Designation [M]. New York：Colombia University Press，1981：57-58.
⑤ 王文方. 语言哲学 [M]. 台北：三民书局，2011：71.

当这种情形发生时，这些奠定在错误事物上的指称因果链条仍然可能会继续散播下去，并形成复杂的因果网络。比如，如果大部分人对于"马达加斯加"这个专名的使用最终都奠定在这个（或这些）错误的奠定处之上，那么"马达加斯加"这个专名便不再指称非洲大陆的内陆，而是指称非洲东岸的最大岛屿。借助多重奠定处的假设，克里普克的因果—历史图景变得更有解释力。

在类词项的情形中，因果指称理论的支持者可能同意一个词项的引入必须涉及某种描述因素。比如，一个样本将同时是许多类的一员，所以一个一般词项（例如，"老虎"）如何能够被引入？如果它是通过与一个样本的接触中的一次初始洗礼而发生，那么人们如何能够排除不正确种类的概括？这就是所谓的 qua 问题。迈克尔·戴维特因此同意某种范畴描述语（categorial description）可能在专名的情形中被使用，这部分地排除了错误种类的概括。这样的描述因素已经是普特南的类词项的原始解释的一个特征，而允许这样一种描述因素并不等于回到描述理论。"显然，我们已经移动一段距离回到之前拒斥的描述理论。然而，移动的范围不应该被夸大。首先，一个一般的范畴词项的联系当然并不等于识别对象的知识；其次，我们的移动是奠基（也即名称引入）的因果理论的一种修正。指称借用的因果理论保持未改变。借用者没有必须联系正确的范畴词项。"①

不同的因果理论之间存在细小差别，统一所有的因果指称理论的要点是：一个名称的指称是直接通过一项初始洗礼行为而被严格地固定。这个名称随后的用法，一旦连接到初始的洗礼训练，就像初始授予称号的训练过程中严格固定那样拥有它们的指称。克里普克和其他非描述理论家认为指称的因果理论是关于名称的指称如何被固定的一幅更好的图景。这种非描述理论的吸引力在于指称是直接固定的：或者通过实指或者通过描述语。需要注意的是，描述理论使用的"描述语"与因果理论使用的描述语之间存在差别：前者使用描述语作为名称的一种缩写并作为名称的指称的决定因素，而后者使用描述语作为名称洗礼对象或授予对象称号的一种手段，在此之后描述语就被扔掉。根据描述理论，只要名称被使用，描述语对于名称固定指称就是基本的；但是对于因果理论，描述语在初始洗礼被执行之后就不再是必要的。描述理论主张名称和自然类词项的指称依赖于人类的信念和知识，但是从因果理论可以推论出事物自然地以类的形式存在，因此存在自然类。人类对类的认知或者正确或者错误，或

---

① DEVITT M, STERELNY K. Language and Reality [M]. Oxford：Basil Blackwell, 1987：65.

真或假，都不影响存在于自然界中的类的本性。人类通过观察和科学研究直接认识事物的类的本质或本性，并且使用名称和自然类词项来指示事物或类的这些本质。显然，指称的因果理论支持自然类的本质主义与实在论。

四、指称的因果理论的困境

尽管指称的因果理论（尤其是克里普克—普特南的观点）已经成为自然类语词的意义的一种正统解释，但是它同样面临许多的批评。这些批评一方面源自其自身的问题以及描述理论的挑战，另一方面来自科学哲学，因为许多科学哲学家认为自然类语词的因果指称理论所提供的自然类解释与具体的科学分类实践并不相符①。本书在此部分主要概述指称的因果理论存在的三个典型困难。

（一）描述语的引入问题

专名和自然类词项的指称的因果理论首先遭遇的一个批评是这种理论预设了它们所意图取代的描述理论。指称的因果理论假定专名和自然类语词的指称物是通过初始洗礼的过程来固定的。一方面，对于因果理论家来说，在被命名的对象与进行命名的人之间存在直接的因果联系。然而，因果理论的批评者认为：

> 当我们在一次"洗礼"仪式上引入一个专名时，我们与一个对象的因果（例如，知觉的）接触不够固定这个对象作为这个名称的指称物，因为在这样一种情境中我们与许多不同的对象有因果接触（causal contact）（类似地对于自然类词项）。所以指称奠基（reference grounding）的一种纯粹的因果理论不能被维持。②

我们可以想象命名一名新生婴儿的过程。在命名仪式的地方，除了婴儿之外，还有其他对象和人在那个特殊时刻吸引了我们的知觉注意力。例如，可能有桌子、椅子和其他婴儿等。因此，因果理论家错误地假定我们拥有的唯一直接的因果接触是与我们想要命名的这个婴儿。他们可能假定我们对要被洗礼的这个对象的关注将使在那个环境中进行的其他知觉接触中立化。但是，这个假

---

① 克里普克和普特南的自然类词项语义学解释确立了自然类的本质主义正统观点，但是这种观点面临的最严重挑战来自生物分类学实践，本书将在随后几章进行具体阐述。

② KEN A. Identity is Simple [J]. American Philosophical Quarterly, 2000, 37 (4): 400. 这个问题也被许多哲学家称作"qua 问题"。

定需要通过提供一个工具使我们能够将我们的知觉接触限制于要被洗礼的那个对象来辩护。回避这个问题的一种方式是诉诸洗礼者的精神能力在洗礼时刻他所拥有的所有其他知觉经验当中整理出所需要的知觉接触。如果这个建议被接受，那么我们就回到描述理论的基本主张，即在所有其他指称物当中挑选出名称的指称的东西是依附于名称的对象的精神内容。显然，因果理论家是否赞成这一点值得怀疑。

另一方面，如果因果理论家关于指称如何被固定的建议被接受，那么他们不得不指出要被命名的对象如何区别于其他对象。为此，因果理论家可以指称说话者的意图作为区别被命名的对象与所有其他对象的一种方式。通过这种意图，这种理论将不暗含描述理论的立场，因为意图不是同义于名称并且不是固定名称的指称的一种手段。说话者的意图（即一种精神活动）只需要固定在初始命名训练中的专名的指称物。在初始的命名训练被执行之后，这种意图不是相同于名称并且不能实施名称所实施的相同功能。根据这点，名称的指称物是通过说话者的意图来固定的。但是，一旦这个指称物在初始的命名训练中被固定，这种意图就不再是有用的，换言之，在初始的命名训练之后，一个事物后来的指称就不能通过说话者的意图来实施。此外，因果理论家将大量的注意力置于实施洗礼者的知觉能力之上，他们没有允许初始的洗礼者所可能犯的错误。如果这个批评成立，那么就意味着因果理论一开始就很糟糕，因为它总是需要确定人类与自然界的知觉接触。既然存在怀疑的空间，那么这个理论就不能达到它正确地固定名称和自然类语词的指称的目的。这就不得不需要一个"工具"，借助这个工具，对象与使用名称对它实施洗礼的人之间的因果关系被检验、提升和辩护，但是因果理论没有提供这样的工具。①

还有哲学家认为，普特南和其他因果理论家的主张，即名称和自然类词项的指称通过一些专家在一次初始的洗礼训练中被固定，还需要进一步的辩护。根据艾迪·泽马赫（Eddy M. Zemach）的看法，很难相信一个名称或词项的指称被一些专家所固定，因为"没有人知道，也没有人曾经希望知道，我们的日常英语实体词项在什么场合以及关于什么对象被首先说出。我们甚至不知道最初被称作'水'的实体是否的确是水（也即是我们称作'水'的实体）"②。根据普特南的理论，很可能我们所有人都完全弄错了，我们称作"水"的东西

---

① FASIKU G. The Metaphysics of Natural Kinds：An Essentialist Approach［M］. Dudweiler Landstr, Germany：LAP LAMBERT Academic Publishing, 2010：141.
② ZEMACH E M. Putnam's Theory on the Reference of Substance Terms［J］. The Journal of Philosophy, 1976, 73 (5)：123.

不是水。也很可能只有唾沫或牛奶才是水，而其他东西都不是。这里所表达的认识论怀疑包括两个方面：第一，关于初始命名训练是否发生并且如果发生了，没有人能够知道；第二，关于在初始命名训练中进行了什么的正确性或不正确性。这两个怀疑如果成立的话，将使整个因果理论的主张置于危险之中。一旦初始命名训练受到质疑，我们就不能开始。或许我们可以预先阻止这样的问题，即因果理论暗示专家将依赖于科学和经验研究作为他们的判断的辩护。但是，艾迪·泽马赫认为这种研究可能为假，或者被发现隐藏了后来使现存结论无效的事实，这使指称的因果理论处于困境之中。艾迪·泽马赫还对因果理论提出其他批评。按照他的观点，这种理论堕落为它们提出来替代的描述理论。因为根据因果理论，特别是克里普克和普特南的版本，在一个名称或词项指称之前，名称或词项的使用者必须意图像专家使用它那样使用。只有通过审查使用者的意图，我们才能知道这个使用者在应用一个名称或词项的过程中是否想要遵从任何专家，并且如果是的话，他意图遵从哪些专家。但描述理论家将会说相同的事情，即正是说话者的心理状态、信念或意图决定一个名称或词项的意义和指称。① 这表明因果理论未能挑战描述主义的主张，即"意义是在头脑当中"。更进一步说，因果理论是建立在描述理论的基础之上，因为因果理论认为一个名称对一个对象的初始洗礼是通过描述语来完成的。描述语来自实施洗礼者的精神官能，基于他与被命名对象的因果接触的任何东西。帮助洗礼者决定一个名称的任何东西依赖于他在与对象的知觉因果接触过程中如何解释进入他大脑的信息。正是这种信息的解释使他联系描述语：让我们称有某某（the such and such）属性的任何东西为"X"，"某某属性"依赖于初始洗礼者的心理能力。这正是因果理论被说成堕落为描述理论的一种方式。

（二）自然类语词的严格性问题

克里普克将专名的语义学解释以及所建立的后天必然范畴扩展到自然类词项。

> 我的论证暗含地断定某些一般词项，即对于自然类的那些词项，比通常所意识到的与专名有更多的亲缘关系。这个结论对于不同的种名是成立的，无论它们是可数名词，例如"猫""老虎""黄金块"，还是物质名词，

---

① ZEMACH E M. Putnam's Theory on the Reference of Substance Terms［J］. The Journal of Philosophy, 1976, 73（5）: 125-126.

例如"黄金""水""黄铁矿"。①

克里普克认为，专名和自然类语词都是严格指示词，严格指示词在所有可能世界中指示相同的对象。然而，严格指示观念本身仍然存在问题。一旦专名被用来指称一个事物，不管这个事物发生了什么，这个名称仍然指称它。这样理解严格指示概念就需要解释事物与指示它的专名之间的关系：在专名的本性中，什么使它严格地指称一个特殊的事物？专名不是事物的一部分，而只是指示的工具。专名是人类的建构，并且事物不可能改变其所是。因此，应该有一条很结实的"线"连接专名与特殊的事物，只有当这个关系被清楚地设置，严格指示的概念才站得住脚。我们可以说，一个人或一个事物的名称由于其本质属性而被给予它，既然本质属性不会改变，那么名称就不会改变，这使专名成为严格指示词。例如，水可能不是凉的，因为"凉的"不是水的本质属性，但水不可能不是 H_2O。既然被命名为"水"的实体必然由 H_2O 构成并且既然属性 H_2O 不能改变，那么名称"水"在每个可能世界上必然指称水。但问题是本质属性与实体被给予的专名的关系是什么？专名仅仅缩略这些本质属性吗？还是说，专名指示这些本质属性，既然这些属性不能改变，那么这种指示就是严格的？第一个选择的结果是，专名是它命名的对象的属性的伪装的描述语；第二个选择使对象的属性而不是对象本身成为讨论的主题。无论哪种方式解释，严格指示的观念都需要进一步澄清。对于克里普克，专名的指称是严格地固定的，它不需要描述语作为中介。然而，正如以上论证，要解释什么真正地联系一个专名与它在所有可能世界中严格指示的对象则面临困难。

更进一步，哲学家们意识到严格性观念不能直接应用于自然类词项，例如，"老虎""黄金"和"水"。克里普克认为这样的自然类词项像专名一样是严格的，但是他没有指出如何理解自然类词项的严格性。一个单称词项（例如专名）是严格的，因为它指称或指示每个可能世界中的相同个体。同样，如果一个自然类词项是严格的，那么它将在每个可能世界中指称或指示相同的事物。一个自然类词项的指称物被认为是这个词项的外延中的对象，但是这经常随着不同世界而改变。例如，在这个可能世界中一些老虎存在，而在其他可能世界中则不存在，反之亦然。因此，在这种意义上，自然类词项是非严格的，这个结果对于克里普克的追随者而言是明显不可接受的。不仅如此，许多哲学家甚至认为，克里普克关于自然类词项所涉及的每个论题都是有争议的，因此从名称扩

---

① KRIPKE S A. Naming and Necessity [M]. Oxford：Basil Blackwell, 1980：134.

展到自然类词项是不成功的。① 由于在克里普克从专名扩展到自然类词项过程中所导致的分歧，许多哲学家集中于严格性观念的扩展。

斯科特·索姆斯（Scott Soames）将克里普克的扩展看作《命名与必然性》留给我们的一个重要的"未完成的（语义）事业"②。斯科特·索姆斯试图完成这个事业，他把自然类词项当成谓词（例如，"……是水""……是 H_2O"）而不是通名，而把理论同一性陈述分析为全称量化条件句和双条件句，例如，"必然地，水是 H_2O"被分析为"必然地，X 是水当且仅当 X 是 H_2O"。斯科特·索姆斯认识到简单的自然类谓词"是水"与复杂的自然类谓词"是 H_2O"之间的差异。前者类似于专名，只要它们是非描述的、直接指称的并因此是严格的。尽管是谓词，自然类词项并不指示它们的外延（例如，水的所有样本），而是指示自然类本身（斯科特·索姆斯称作内涵，也即从世界到外延的函数）。复杂的自然类词项也是谓词，但与简单的自然类词项相反，它们的指称是间接的而不是直接的，它们类似于"单称的限定描述语"，它们的指称不是通过约定固定的，而是通过科学发现固定的。③ 复杂的自然类谓词描述并指示决定类的属性：在水的情形中，"H_2O"指示"是一个实体，其分子包含两个氢原子和一个氧原子"的决定类的属性。"X 是水当且仅当 X 是 H_2O"的后天性是各自词项的不同意义的产物，而其必然性来自这个事实即这是"任何真实实体 S 的特征，不管它的分子结构是什么，S 的所有可能实例都分享那个结构（并且那个结构的所有可能实例是 S 的实例）"④。

纳森·萨尔蒙（Nathan Salmon）则提出将理论同一性陈述两边的词项当成类的名称，由此在专名与自然类词项之间维持一种"强加的类比"⑤。但是，纳森·萨尔蒙主张所有的一般词项类似于逻辑上的专名的解释被批评为将严格性的观念平庸化，因为所有的一般词项（包括描述性的一般词项）结果都是严格的。如果我们将一般词项当成类的名称，那么正如"水"严格地指称水的类（water-kind），"电冰箱"也指称电冰箱的类（refrigerator-kind），诸如"透明

---

① BEEBEE H, SABBARTON-LEARY N. The Semantics and Metaphysics of Natural Kinds［M］. New York and London：Routledge，2010：9.

② SOAMES S. Beyond Rigidity：The Unfinished Semantic Agenda of Naming and Necessity［M］. Oxford：Oxford University Press，2002：242.

③ SOAMES S. Beyond Rigidity：The Unfinished Semantic Agenda of Naming and Necessity［M］. Oxford：Oxford University Press，2002：279.

④ SOAMES S. Beyond Rigidity：The Unfinished Semantic Agenda of Naming and Necessity［M］. Oxford：Oxford University Press，2002：273.

⑤ SALMON N. Reference and Essence［M］. New York：Prometheus Books，2005：43.

的、流动在湖泊和河流中的可饮用的液体"这样的描述语也在所有可能世界中挑选出相同的属性，即透明的且可饮用的以及流动在湖泊和河流中的属性。所以，克里普克关于在自然类词项与其他一般词项之间存在一种不对称性并且只有前者是严格的这种洞察力没有被纳森·萨尔蒙所维持。①

　　将严格性扩展到自然类词项和其他一般词项的困难的两种常见回应是严格本质主义（rigid essentialism）和严格表达主义（rigid expressionism）。严格本质主义被迈克尔·戴维特所阐述和辩护。② 他认为，自然类词项的严格性与非严格性之间的区分可以通过注意到自然类对于它们的成员是本质的，而大多数非自然类对于它们的成员则不是。例如，一只老虎本质上是一只老虎，而一位律师本质上不是一位律师。迈克尔·戴维特将本质上应用的词项（例如，"老虎"）称作"严格应用者"（rigid appliers），并认为它们实际上是严格的一般词项。一个一般词项"F"是一个严格应用者，意味着如果它应用于现实世界中的一个对象并且那个对象在另一个可能世界中存在，那么它也应用于那个可能世界中的对象。按照迈克尔·戴维特的观点，严格应用的观念可以做与克里普克关于自然类词项所意图的严格性观念相同的工作，即反驳自然类词项的意义的传统描述理论。然而，迈克尔·戴维特的严格本质主义被认为是有缺陷的。正如斯蒂芬·施瓦茨所言，严格应用的观念不是没有自己的问题，并非所有的自然类词项都是严格应用者。③ 许多阶段词项（stage terms）和性别词项就不是严格应用者，例如，自然类词项"青蛙"。自从蝌蚪变成青蛙，现实世界中才有青蛙，它们不会变成其他可能世界上的青蛙，因为它们从来没有经历过那个世界上的蝌蚪阶段。所以，"青蛙"不是一个严格应用者。同样对于允许从一种属性到另一种属性的变化的任何自然类词项来说也是如此，例如，"男人"和"女人"。现实世界中的改变并不蕴含每个可能世界中的相似改变。因此，严格应用者只应用于这样的自然类，也即一个个体不能变成这样的自然类，或者从这样的自然类变化而来（natural kinds that an individual cannot change into or out of）。进一步，虽然"单身汉"不是一个严格应用者，但其他明显的名义类词项是严格应用者。例如，我们不能想象一个对象在现实世界中是一个电视机，而在另一个世界中

①　BEEBEE H，SABBARTON-LEARY N. The Semantics and Metaphysics of Natural Kinds［M］. New York and London：Routledge，2010：11.

②　DEVITT M. Rigid Application［J］. Philosophical Studies，2005，125（2）：139-165.

③　SCHWARTZ S P. Kinds，General Terms，and Rigidity：A Reply to LaPorte［J］. Philosophical Studies，2002，109（3）：274.

是其他东西，所以"电视机"将是严格的。① 基于上述理由，严格本质主义不再被大多数哲学家认为是解决自然类词项严格性问题的一种可行进路。

按照斯蒂芬·施瓦茨的观点，严格表达主义是有效拯救自然类词项的严格性的唯一方式。② 严格表达主义认为，一个自然类词项是严格的，因为所有无结构的单个语词和一般词项都是严格的。根据这种观点，包含简单自然类词项的通名和谓词实际上都仅仅是它们所表达或指示的类（属性、共相）的专名。但是，斯蒂芬·施瓦茨认为，严格表达主义是以一种错误的语义学统一性将自然类词项与非自然类词项聚在一起。将自然类词项分析为严格的而将非自然类词项分析为非严格的存在巨大的困难，所以唯一选择是拒斥关于自然类词项与其他一般词项的严格性与非严格性的区分。虽然自然类词项的语义学不同于非自然类词项的语义学，但是这种差别不是通过将它们都当作"严格的"来解释，也不是将自然类词项当作严格的而把非自然类词项当作非严格的。自然类词项的克里普克—普特南观点去掉严格性主张就是正确的，传统的描述理论适合于名义类词项，但自然类词项和名义类词项都不应该被视作严格的或非严格的。在斯蒂芬·施瓦茨看来，我们不需要严格性来反驳自然类词项的传统描述理论，或者来解释涉及自然类词项的同一性和普遍性主张的后天必然性。克里普克的模态论证和认知论证足以反驳自然类词项的描述理论，无须诉诸严格性。

最近，克里斯汀·尼姆兹（Christian Nimtz）提出一种完全独立于严格性的一般词项解释。③ 他在克里普克—普特南观点基础上引入范式语词（paradigm terms）的观念。他将自然类语词视作范式语词，范式语词是这样的语词，其应用条件是关系决定的（relationally determined）、涉及对象的（object involving）和现实依赖的（actuality dependent）。范式语词在语义上依附于现实对象的范例，这样的语词所应用的任何事物与算作它们的范例的实际对象之间有一种具体的等价关系，这种等价关系随着语词的不同而不同，但在所有可能世界中决定它们的外延。范式语词的观念可以完成严格性能够做的所有工作，不像严格表达主义，它是理论上简单的和经验上恰当的。相反，名义类词项不是范式语词，所以不存在任何过度一般化或错误的语义一致性的威胁。尽管范式语词的

① SCHWARTZ S P. Kinds, General Terms, and Rigidity：A Reply to LaPorte ［J］. Philosophical Studies，2002，109（3）：275.
② SCHWARTZ S P. Against Rigidity for Natural Kind Terms ［J］. Synthese，2021，198（Suppl 12）：2957-2971.
③ NIMTZ C. How Science and Semantics Settle the Issue of Natural Kind Essentialism ［J］. Erkenntnis，2021，86（1）：149-170.

语义学既符合克里普克和普特南的语义框架，也可以消解自然类语词的严格性问题和本质主义的形而上学要求，进而提供自然类语词的模态和认知特征的更合理解释，但是它仍然存在困难：一方面，等价关系和现实对象对于确定自然类语词的外延既不是充分的也不是必要的；另一方面，它们不能满足自然类语词是归纳上可投射的典型特征。①

（三）本质主义的形而上学问题

指称的因果理论除了在其语义学内部存在一系列困难之外，它所产生的形而上学预设或结果同样遭遇挑战。首先，在托马斯·库恩（Thomas Kuhn）看来，指称的因果理论承诺这个论题，即只有单个本质属性决定名称或自然类语词的指称物，这意味着并非一个事物的所有属性在固定词项的指称过程中都是重要的。但是，托马斯·库恩认为一个事物的所有属性都是重要的。在水的例子中，除了 H_2O 之外，还有其他属性对于水的存在是同等重要的，而因果理论没有指出它们。因果理论仅仅将事物的理论属性算作必要的和本质的，并认为其他属性是偶然的。在托马斯·库恩看来，一个对象的其他属性与理论属性或内在结构属性一样是重要的和必要的，所以在决定词项的指称过程中，所有属性都应该计算。② 然而，托马斯·库恩的第一个论点是没有根据的，因果理论没有承诺这一点，我们没有理由说因果理论家不承认词项的指称不是由单个属性决定而是由属性的合取决定。托马斯·库恩的第二个论点也有问题。使一些属性成为本质的东西是一个对象不能没有它们而存在，一个对象的偶然属性是对象没有它们仍然能够存在的属性。偶然属性能够发生改变或被其他对象分享。但是，在命名一个事物或决定什么属于特殊的类过程中，应该考虑的是本质属性③。不仅如此，即使在决定类的成员身份过程中我们将所有属性（本质的和非本质的）都纳入考量，可能仍然存在问题。按照普特南的观点，某东西是水当且仅当它具有同样本一样的微观结构，但是"相同"意指什么？如果"相同"意味着"具有相同的分子结构"，那么 18 世纪的人们不一定能够接受。如果"相同"意味着"在各方面完全相同"，包括分子结构的相同，那么这同样存在问题，因为大部分的水都是不纯净的，而且包含不同数量的杂质，即使我

① 陈明益. 自然类语词是范式语词吗？[J] 科学技术哲学研究, 2021, 38 (3): 47-52.

② KUHN T. Dubbing and Redubbing: The Vulnerability of Rigid Designation [M] // SAVAGE C W, CONANT J, HAUGELAND J. Minnesota Studies in the Philosophy of Science. Minneapolis: University of Minnesota Press, 1990: 58-89.

③ FASIKU G. The Metaphysics of Natural Kinds: An Essentialist Approach [M]. Dudweiler Landstr, Germany: LAP LAMBERT Academic Publishing. 2010: 149.

们将"相同"意指"在所有（科学上）重要方面相同"以便杂质被认为无关紧要，但是这似乎使我们无法区分某东西什么时候是具有微量杂质的水而什么时候又是氰化钾的稀释溶液。此外，由于同位素、异构体与多晶形态的存在，许多化学元素和化合物将被排除在自然类之外，因为我们无法确定某物与原型样本的相同关系。① 例如，锡有 21 种同位素（质子数相同，而中子数不同）。所以，很可能锡的两个样本包含了不同比例的同位素，进而样本将在微观结构方面不同，这些样本就不能作为同一种类。所以，元素锡就不是一个自然类，而是 21 个不同种类的混合物，每一种同位素各是一个类。此外，锡还存在同素异形现象，例如，"白锡"（金属）和"灰锡"（非金属）。它们的微观（晶体）结构不同，也就不能作为同一种类。② 这使我们不得不接受自然类有不同的层次和等级结构。

其次，克里普克和普特南声称，如果 H_2O 是水的本质，那么"水是 H_2O"就表达形而上学的必然性。李晨阳认为这个主张没有得到证明（warranted）。③ 他认为，就指称的因果理论来说，如果一个自然类 K 被识别为拥有特征 Y 并且存在一个类 O 相似于 K 但缺少 Y，那么必然地 K 不是 O。例如，水被识别为 H_2O，实体 XYZ 类似于水，但缺少 H_2O，所以必然地 XYZ 不是水。李晨阳认为这个结论没有被保证，因为一个自然类 K 可以通过两种方式被识别为拥有特征 Y：根据定义和根据经验发现。无论按照哪一种方式，所有的 K 都必须占有 Y，这不是必然的。例如，水被定义为 H_2O，或者在一次初始洗礼训练中，我们说"令所有拥有 H_2O 的实体被称作'水'"。但结果是，很可能缺少 H_2O 的某事物是水。如果经验发现被用来达到一个类的特征，那么一个类可能拥有不可穷尽数量的实例，没有经验研究可以决定性地穷尽一个类的所有实例。所以，既然我们不能穷尽水的所有实例以检验它们是否都由 H_2O 组成，那么水与 H_2O 之间的必然同一性就不能被保证。因此，"水必然地是 H_2O"这个主张就没有得到证明。如果水不是必然地 H_2O，那么它也可能是 XYZ。所以，与普特南的断言相反，词项"水"有两个指称物是不正确的，没有两个指称物而只有一个。然而，李晨阳认为既然我们没有设备来检验一个类的所有实例（例如水），所以我

---

① 伯德. 科学哲学是什么［M］. 贾玉树，荣小雪，译，北京：中国人民大学出版社，2014：132.

② 伯德. 科学哲学是什么［M］. 贾玉树，荣小雪，译. 北京：中国人民大学出版社，2014：132-134.

③ LI C Y. Natural Kinds: Direct Reference, Realism, and the Impossibility of Necessary a Posteriori Truth［J］. The Review of Metaphysics, 1993, 47（2）：271.

们不能说水必然地是 H_2O，他的这个观点是成问题的。在我们能够安全地说水是由 H_2O 组成之前，没有必要检验水的所有实例。我们可以依赖已经检验的实例并且在这些实例的基础上进行概括。只要每次新的检验被实行并且新的发现被做出，那么这种概括将被确证。只要存在确证它的正面检验和发现，这个概括将保持。只要这个概括成立，事物与属性之间的同一性将被维持。无论何时这个概括被否定，那么这种同一性就不再成立。所以，除非新的检验被执行并且新的发现被做出来否定"水是 H_2O"这个概括，否则同一性陈述"水是 H_2O"就是必然的。①

最后，尽管在过去几十年，由于克里普克、普特南和其他人所确立的自然类语词的新外在主义图景在哲学中变得流行，但是科学哲学家的反应很复杂：一些哲学家很欢迎，而其他人的态度则主要是批判性的。一种代表性的观点认为，自然类语词的因果指称理论本质上依赖于一种自然类的形而上学观点，而这种观点"在科学哲学家当中被广泛拒斥"②。克里普克和普特南关于自然类语词的语义外在主义论点：自然类词项的外延是被说话者环境中的样本的潜在本质特征所决定。这个语义学论点背后的形而上学假定是微观本质主义，即自然类的成员是通过分享一种共同的微观结构统一起来的，这种共同的微观结构解释了它们的宏观属性，并且对于那些成员都普遍成立，同时在整个模态空间是必要的，因而是"本质的"。③ 但是，基于对化学类（例如"水"）的分析，这种微观本质主义形而上学是有缺陷的。④ 克里普克认为水本质上是 H_2O，普特南也认为既然我们发现水实际上是 H_2O，就没有一个可能世界，在这个可能世界中水不是 H_2O。⑤ 然而，一些哲学家质疑水的微观结构本质是 H_2O。其一，在化学中"H_2O"代表一种合成（由氢和氧原子以 1:2 的比率组成）而不是一种微观结构。"对于许多人而言，克里普克和普特南看起来提供了一种具体结构作为相关的本质。但'H_2O'不是描述微观结构，而是描述化学构成（chemical composition），这里的化学构成仅仅意指摩尔比例（molar proportions）。结构的同分

① FASIKU G. The Metaphysics of Natural Kinds：An Essentialist Approach ［M］. Dudweiler Landstr，Germany：LAP LAMBERT Academic Publishing. 2010：151.
② HAGGQVIST S，WIKFORSS A. Natural Kinds and Natural Kind Terms：Myth and Reality ［J］. The British Journal for the Philosophy of Science，2018，69（4）：912.
③ HAGGQVIST S，WIKFORSS A. Natural Kinds and Natural Kind Terms：Myth and Reality ［J］. The British Journal for the Philosophy of Science，2018，69（4）：916.
④ 实际上，克里普克和普特南所假定的微观结构本质主义关于生物类面临更大的困难。
⑤ PUTNAM H. Language，Mind and Knowledge ［M］. London：Cambridge University Press，1975：233.

异构现象（structural isomerism）蕴含不同的实体可能分享单一构成。一个简单的无机实例是 C_3H_8O，它可能是丙醇、异丙醇、甲基乙醚。"① 同样，相同结构的本质也不能在结构的异构体被区分的层次上找到，毕竟，水没有结构的异构体，而本质主义者经常援引分子结构。其二，20 世纪的化学越来越详细地揭示出不存在像水的微观结构这样的东西。微观结构的细节依赖于温度、压力、污染物的存在以及其他事物而明显不同。与克里普克—普特南的观点所预设的东西相反，水没有微观结构的本质。哈格韦斯特和维克法斯认为，液态水在任何时刻都是部分地由 H^+ 和 OH^- 离子所构成，而 H-O-H 分子不断地分离成它们，以及部分地由 H-O-H 分子、离子及其组合的迅速延长和缩短的聚合物（polymers）构成。聚合（polymerization）和离子化率随着温度和压力而不同。因此，按照分子层次上的"结构"的任何合理观念，液态水的结构随着温度和压力而不同。"如果人们想要在这个层次上思考结构，那么最好避免奇异限定（the singular definite altogether），并且同意水有大量的不同结构，其中许多结构是无限复杂的。"② 简言之，由于水在微观结构层次上的可变性，所以水不是 H_2O 或任何分子结构。

　　既然原始的微观本质主义存在困难，哈格韦斯特和维克法斯认为克里普克和普特南的支持者可能采取一种占位符（placeholder）本质主义，也即将 H_2O 视作普特南论证中的一个占位符，因为普特南也说过"某东西是不是与这个样本相同的液体可能需要无限多的科学研究来决定"③。即使我们同意水的详细结构还等待发现，但是科学并没有宣称任何的本质。虽然科学家可能在某个时间同意给予某个个体化标准以特权，但是他们也意识到所涉及的决策度以及将它们描述为形而上学必然的标准的可协商性。在没有明显地损害他们的交流或研究进步的情形下，科学家可能在很长时间内不同意这样的标准。因此，微观本质主义无论以微观结构还是以占位符的形式都不能作为自然类的一种形而上学。哈格韦斯特和维克法斯进一步考察了自然类的形而上学的另一种候选者——自我平衡属性簇理论（Homeostatic Property Cluster，HPC）。HPC 理论认为自然类的成员不仅分享许多属性，而且分享许多待发现的属性，这样的属性簇集是自

①　HAGGQVIST S，WIKFORSS A. Natural Kinds and Natural Kind Terms：Myth and Reality [J]. The British Journal for the Philosophy of Science，2018，69（4）：916-917.
②　HAGGQVIST S，WIKFORSS A. Natural Kinds and Natural Kind Terms：Myth and Reality [J]. The British Journal for the Philosophy of Science，2018，69（4）：917.
③　PUTNAM H. Language，Mind and Knowledge [M]. London：Cambridge University Press，1975：225.

然类身份的一个必要条件，它产生于一种潜在的（因果）机制。HPC 理论可以避免微观本质主义的一些缺点并且可能被外在主义者所引用，但是，HPC 理论作为自然类的一种形而上学也面临严重困难，尤其是它所假定的东西依赖于什么算作一个自我平衡机制，诉诸机制的理论家需要提供一种基本的观念或者援引某种先前被科学识别为机制的东西。① 因此，自然类的现存理论都没有传达克里普克—普特南论点所要求的那种潜在的、本质的特征，所以克里普克—普特南的形而上学假定都失败了，自然类的语义学不能从形而上学中得到支持。

哈格韦斯特和维克法斯进而认为，自然类词项的克里普克—普特南解释是站不住脚的，语义学家可能需要放弃克里普克—普特南论点，并承认本质主义意图不能决定自然类词项的语义学。② 他们继而指出，既然反描述主义的论证依赖于克里普克—普特南论点，那么某种版本的描述主义就是正确的。"类词项的最有前途的语义学将是某种复杂版本的簇理论。如果自然类最好被理解为属性簇，那么自然类词项的外延最好理解为被描述语簇所决定。"③ 这种复杂的簇理论至少在两个方面不同于标准的簇理论：第一，合法的描述语不是限制于可观察属性，簇理论本身并不承诺"表面主义"（superficialism）；第二，这个理论不承诺所有描述语被给予同等的重要性。虽然被满足的属性数量在决定一个类词项挑选出什么的过程中很重要，但不必是这种情形，即大多数属性都出现。根据这种语义学，将不再有一种独特的自然类词项的语义学范畴，并且这与拒斥自然类与其他类之间的一种精确的形而上学划界相一致。总之，在哈格韦斯特和维克法斯看来，一种科学上合理的形而上学蕴含某种版本的描述主义的复兴。

上述批评是否意味着自然类语词的因果理论要重新让位于传统的描述理论？在一些学者看来，哈格韦斯特和维克法斯提出的反对克里普克—普特南观点的论证并没有多大的吸引力。④ 按照哈格韦斯特和维克法斯的观点，"水是 H_2O"没有以克里普克和普特南所假定的方式抓住水的微观结构本质，其理由是：（1）水在不同的压力和温度下有许多不同的、具体的、复杂的结构；（2）水仅仅在某些非常具体的环境下是由未联结的个体 H_2O 分子组成；（3）H_2O 分子以两种

---

① 按照 HPC 理论，机制（甚至外在的机制）可能被视作本质，本书将在第六章介绍自然类的 HPC 理论。

② HAGGQVIST S, WIKFORSS A. Natural Kinds and Natural Kind Terms：Myth and Reality [J]. The British Journal for the Philosophy of Science, 2018, 69 (4)：927.

③ HAGGQVIST S, WIKFORSS A. Natural Kinds and Natural Kind Terms：Myth and Reality [J]. The British Journal for the Philosophy of Science, 2018, 69 (4)：928.

④ HOEFER C, MARTI G. Water Has A Microstructural Essence After All [J]. European Journal for Philosophy of Science, 2019, 9 (1)：1-15.

不同的"特点"出现，即正水（orthowater）和仲水（parawater）。但是，卡尔·赫福尔和马尔提（Genoveva Marti）认为，尽管水的结构极其复杂使得不存在水的微观结构本质（更不用说这种本质是 H_2O），但是哈格韦斯特等人没有注意到，在给定一组具体化条件下，水将总是稳定下来拥有某种具体的微观层次的结构和构成。这种趋势形成一种可预测的结构，拥有可预测的属性和行为，可以部分地辩护水是一个自然类。

> 在给定温度和压力条件下，水的自然的、平衡的微观结构可能很复杂而无法指定，但是它存在并且能够被指定。因为它是稳定的和可靠的，所以我们现在看到一种清晰的意义，在这种意义上克里普克和普特南在目标上是对的：水本质上是由 H_2O 分子构成，在稳定的结构配置中，这样的样本对于给定的条件带有物理的必然性而进化。①

克里普克—普特南观点的一个关键部分是水和其他化学类的微观结构解释了为什么实体拥有它的典型属性，这些属性促使人类首先挑选并命名这些类。对于黄金，这些典型属性包括它们的光泽、浅黄色、高密度、可延展性等；对于水，它们包括无味的、透明的、止渴的、生命所必需的、有利于溶解许多固体物质等属性。哈格韦斯特等人否认科学实际上满足克里普克—普特南论点所假定的这种解释作用，但卡尔·赫福尔和马尔提认为，水的本质存在的直觉扎根于一种实在论预设，即对于我们已经识别的许多明显稳定的、自然发生的类的可靠属性存在一种解释，并且我们事实上已经发现了这样的解释。在孪生地球的例子中，为什么我们要说孪生地球上的"水"不是水？这是因为即使拥有不同微观结构的两种材料到目前为止展现出所有相同的直接可观察的属性和行为，但我们不会期望或假定这种相同的属性和功能作用将在所有未来语境中继续，所以我们把它们当作不同的实体。针对哈格韦斯特等人主张回到一种簇描述主义，卡尔·赫福尔和马尔提认为他们没有给出这种复杂的描述主义的一种详细解释，而只指出它在两个关键方面不同于经典的簇描述主义。在卡尔·赫福尔等人看来，根本不清楚这种复杂的簇描述主义如何避免克里普克的反对意见。

拉蒂凯能（Panu Raatikainen）也认为哈格韦斯特等人对克里普克—普特南

---

① HOEFER C, MARTI G. Water Has A Microstructural Essence After All [J]. European Journal for Philosophy of Science, 2019, 9 (1): 8.

的批评和对描述主义的复兴是站不住脚的。① 首先，哈格韦斯特等人混淆了外在主义、描述主义与微观本质主义三种观点，因为他们是以攻击微观本质主义的方式批评外在主义，然后辩护某种形式的描述主义。尽管这三种观点在历史上相联系，但是他们不应该将外在主义与描述主义进行对比，因为描述主义应该与非描述主义形成对比，外在主义反对的是内在主义而不是描述主义。内在主义主张意义总是被语言使用者的一种精神状态所决定。内在主义比描述主义更基本，因为它没有要求相关的精神状态是与相联系的描述语有关。将某种描述语与一个表达式相联系可能导致一种精神状态，但这种精神状态不一定支持内在主义。此外，非描述主义和外在主义都不必然承诺任何种类的微观本质主义。

其次，拉蒂凯能认为，哈格韦斯特等人所攻击的是一种强版本的本质主义，也即一个类的本质是由一组内在的微观结构属性构成，它们对于这个类的成员身份既是必要的也是充分的。强本质主义还预设类之间有完全精确的边界，并且跨越所有可能世界的空间都是完全确定的，以及自然类是有等级结构的、离散的和绝对的。拉蒂凯能承认这种强版本的本质主义的确对于生物类和化学类是失败的。但是，"本质"的一种更低限度和灵活的理解可能不要求强本质主义的任何一个主张，因为外在主义和因果指称理论所依靠的"潜在特征"可能是许多事物但未必是内在的微观本质。"本质"可能部分地依赖于关系属性，或者，一个类的本质并非由所有成员普遍分享的必要和充分条件组成。它可能在一些情形中有簇的本性，也即类的不同成员可能拥有簇的不同属性，而没有属性（或属性的合取）对于类的成员身份是充分的并且被那个类的每个成员必然地占有。拉蒂凯能认为，因果指称理论的批评者没有反对以这样一种灵活的方式所解释的"本质"。尽管许多科学哲学家不赞成强的内在的微观本质，但是"本质"的这种更灵活的最低限度观念在科学哲学中并没有被广泛地拒斥。因果指称理论不必假定在各个不同知识领域（化学、生物学和基础物理学）中的类词项应该以确切相同的方式发挥功能，也就是说，因果指称理论的成功不要求一种非常重要的、普遍的和统一的微观本质主义的自然类理论。

最后，哈格韦斯特等人主张我们关于类词项应该采用描述主义，更确切地说是一种更复杂的簇理论。他们给出这种复杂的簇理论不同于标准版本的两个特征，但是他们所建议的描述主义的精致版本仍然是不清楚的。所以，他们还必须详细解释这种新描述主义的精致版本确切地看起来像什么以及它应当做什

---

① RAATIKAINEN P. Natural Kind Terms Again ［J］. European Journal for Philosophy of Science，2021，11（1）：1-17.

么样的哲学工作。因此，哈格韦斯特等人关于因果指称理论注定失败而只有回到描述主义的断言是错误的。传统描述理论与因果理论关于自然类语词的意义和指称展开激烈的争论，它们的支持者相互批评并且试图以一种理论取代另一种。最近一些实验哲学家指出传统的描述理论（或内在主义）与因果理论（或外在主义）都面临挑战。一些认知心理学的实验结果表明，普通人并没有关于孪生地球上的液体不是水的直觉，人们倾向于判断在一种意义上这种液体不是水而在另一种意义上它是水。① 另一些实验结果也表明，日常说话者关于自然类词项的用法确证了语义外在主义的假定，即自然类语词的指称至少部分地被这个词项所应用的样本的深层次结构所决定，而不仅仅被相关说话者的精神状态所决定。这些实验结果似乎指出，日常说话者将表面属性和深层次结构都当成是自然类词项的指称，并且说话者的范畴化判断是渐变的，这种变化与新的样本和熟悉的"标准"样本之间的相似性程度成正比，这对传统的外在主义和内在主义都带来挑战。②

---

① TOBIA K P, NEWMAN G E, KNOBE J. Water Is and Is Not H_2O [J]. Mind & Language, 2019, 35 (2): 183-208.

② HAUKIOJA J, NYQUIST M, JYLKKA J. Reports from Twin Earth: Both Deep Structure and Appearance Determine the Reference of Natural Kind Terms [J]. Mind & Language, 2020, 36 (3): 377-403.

第四章

自然类本质主义及其挑战

自然类语词的因果指称理论（特别是克里普克和普特南的自然类语义学解释）确立了自然类的一种正统观点，即自然类本质主义。自然类本质主义的基本观点是"至少存在一些真实的、独立于心灵的自然类是被它们的本质属性所定义"[1]。自然类本质主义经常与自然类实在论相结合以提供自然类问题的答案。一些哲学家认为本质蕴含存在，既然只有存在的东西才有本质或同一性，所以自然类本质主义蕴含自然类实在论。[2] 本质主义者相信在自然界中存在客观的、独立于心灵的事物类，即"自然类"。为了解释自然类的存在，他们假定相关的相似性和差异的来源是内在的，也即独立于环境以及人类的知识或理解。相同自然类的事物应当有某些内在属性或结构，即"本质或本质属性"。本质不仅解释了同类事物明显的相似性，而且将不同自然类的事物内在地区分开来。自然类最典型的例子是物理粒子（例如，电子、夸克）、化学元素和化合物（例如，碳、氧、水、硝酸）以及生物物种（例如，栎树、人类）。物理和化学类是被它们的物理和化学结构决定，而生物类是被其基因结构决定。

虽然自然类本质主义获得许多的支持者并成为当代哲学家之间的默认立场，但是它在科学哲学家当中遭遇越来越多的挑战，这种挑战主要源于本质主义与科学结果之间的明显不匹配。一方面，本质主义在涉及宏观领域的专门科学（例如，流体力学、恒星天文学、生物化学和地质学）中存在争议，因为在这些专门科学中许多类是功能上描述的而不是内在地描述的，并且它们还根据宏观属性而不是微观属性来描述。另一方面，自然类本质的关键特征在自然类的许多范例中也没有找到，例如，一些元素的原子可以衰变成其他元素的原子，这意味着它们在现实世界中并非总是属于相同的类。类本质的许多特征也不适用于生物物种。虽然原则上我们可以将这些化学类和生物类排除在自然类之外来

---

① TAHKO T E. Natural Kind Essentialism Revisited [J]. Mind, 2015, 124 (495): 795-822.

② BIRD A. The Metaphysics of Natural Kinds [J]. Synthese, 2018, 195 (4): 1397-1426.

拯救本质主义，但是既然许多的自然类范例都存在这种情形，那么拒斥本质主义而保留自然类似乎更合理。自然类本质主义还蕴含某种还原论和科学统一性：还原论意指非自然类（例如，约定类、社会类）的特征可以按照某种方式还原为自然类的特征，或者被自然类的特征所蕴含，或者依赖于自然类的特征；科学统一性意指它赋予物理学、化学和生物学特殊地位而赋予其他学科次要地位，例如，我们在气象学、园艺学、社会学、政治学和心理学中之所以能够做出成功的说明和预测，是因为这样的说明和预测可以还原为物理学、化学和生物学的说明和预测，或者被后者蕴含，或者依赖于后者。假如我们不知道事物由什么种类的物理学、化学和生物学材料构成，那么在任何解释学科中就没有严肃的科学工作成为可能。简言之，在我们可得到的所有分类中，物理学、化学和生物学的那些分类是有特权的，它们揭示了自然界的"根本关节点"。① 然而，自然类本质主义在生物学分类和社会科学分类中都面临严重困难。不仅生物物种作为自然类的典型例子遭到质疑，社会类是否算作自然类也遭遇巨大争议。

一、自然类的本质主义观点

尽管自然类本质主义可以追溯到亚里士多德，但是它在当代的复兴还是要归功于克里普克和普特南。如前所述，克里普克和普特南的因果指称理论预设了存在一种本质与我们的自然类词项最终指向的每个自然类相联系，即使我们可能没有意识到那种本质并且需要大量时间来发现它。如果"本质"意指事物的真正本性的某个东西，那么这个预设可能不是非常有争议的。但是，许多哲学家基于克里普克和普特南的工作，开始将本质与各种更实质的特征联系起来，其中一些特征至少隐含在克里普克和普特南的著作中并被他们的指称理论所要求。因此，自然类有本质这个主张包含许多方面的内容。在详细阐述自然类的本质之前，我们先澄清个体本质与类本质，因为一些哲学家跟随克里普克，认为自然类本质主义不可避免地导致或蕴含个体本质主义。

---

① WILKERSON T E. Recent Work on Natural Kinds [J]. Philosophical Books, 1998, 39 (4): 225-233.

（一）个体本质与类本质

就本质主义而言，它有时是关于个体，有时是关于类。① 个体本质主义的一个例子是"我手指上的金戒指本质上是由黄金做成的"，它不可能存在并且由任何其他东西做成。"由黄金做成"就是我的戒指的本质的一部分。类本质主义的一个例子是"黄金本质上有原子数 79"，也即任何拥有一种不同原子数的事物不可能是黄金。根据这个观点，"拥有原子数 79"是黄金这个类的本质。关于类本质的主张与关于个体本质的主张在逻辑上是相互独立的。② 假设类 K 的本质是属性 P，即必然地 K 的所有成员都有 P。这与"P 是某个个体（这个个体占有属性 P）的本质属性还是偶然属性"都相容。如果 P 是这个个体的本质属性，那么 K 的成员本质上是 K 的成员，也即在它们存在的任何可能世界中，它们都是 K 的成员。如果 P 是这个个体的偶然属性，那么 K 的成员偶然地是 K 的成员，也即在其他世界中它们是不同类的成员。"类 K 的本质是 P"这个主张也与关于个体本质的问题根本没有意义这个观点相容。

关于个体本质与类本质的主张在认识论上也非常不同。③ 类本质的主张（例如，"水本质上是 H_2O"）对经验科学事实负责，因为这个主张的真不仅要求水的所有样本事实上的确有那种分子结构，而且要求这是自然律的问题，并且是由科学告诉我们。因此，类本质的问题被描述为直截了当的科学问题。而关于个体本质的主张，例如，"我正在写字的桌子本质上是由木头做成的"，不对经验科学负责。"这张桌子是否由木头做成"当然是一个经验问题，但即使如

---

① 亚历山大·伯德和埃玛·图宾也区分了个体本质主义与类本质主义。个体本质主义被表达为一个殊相所属的类对于那个殊相是本质的，也即如果 a 属于类 K，那么它属于 K 就是 a 的一个本质属性。类本质主义则表达为类本身有本质属性，即对于每个类 K，存在这个类的某种属性 Φ 使得 Φ（K）对于 K 是本质的。亚历山大·伯德和埃玛·图宾认为，个体本质主义可能与类本质主义的否定一致，但是不接受类本质主义也很难激发个体本质主义。例如，在没有某种独特的或本质的属性描述 K 的所有成员的情况下，我们不会认为某个对象的本性要求它属于类 K。此外，类本质主义并不蕴含个体本质主义。例如，一个镎-239 的原子核可能经历贝塔衰变，在这个过程中它的一个中子释放出一个电子并留下一个质子。这样一来，原子核现在多了一个质子，因此不再是一个镎的原子核而是一个钚的原子核。这种个体本质改变的情形并不影响类本质主义的主张，即镎的原子核有 93 个质子对于镎是本质的，而钚的原子核有 94 个质子对于钚是本质的。参见 BIRD A, TOBIN E. Natural Kinds [EB/OL]. Stanford Encyclopedia of Philosophy, 2008-09-17.

② OKASHA S. Darwinian Metaphysics：Species and the Question of Essentialism [J]. Synthese, 2002, 131（2）：192.

③ OKASHA S. Darwinian Metaphysics：Species and the Question of Essentialism [J]. Synthese, 2002, 131（2）：193.

此，"它是否可能由别的东西做成"则需要形而上学家来决定是否存在可能世界，在这些可能世界中我的桌子存在但不是由木头做成的。这是通过模态直觉做到的，而不是通过寻求经验科学。

（二）自然类本质的特征

自然类本质主义试图提供区分自然类与非自然类的标准。它认为自然类有本质（或者与本质属性相联系）而非自然类没有。因此，自然类本质主义倾向于指定某些标准用作描述本质属性的类。这些标准可以用来评价自然类身份的任何候选者，即它是否的确是一个自然类。根据这幅图景，一个类 K 是与大量的属性 P_1，…，P_n 相联系，这些属性是通过某些可识别的特征来区分的，虽然并非所有本质主义者都同意这些特征。自然类本质的特征通常表现在以下五个方面[①]：

（1）充分必要性：与一个自然类相联系的每个属性是被属于那个类的每个个体所占有，并且占有它们的任何个体都属于这个类；

（2）模态必然性：自然类是与每个可能世界上的相同属性集合相联系；与一个类相联系的属性使这个类的个体成员在个体存在的每个可能世界上（不仅仅在现实世界上）占有它们；

（3）内在性：与一个自然类相联系的属性是被那个类的个体成员所占有，独立于个体与宇宙中任何其他东西的联系；

（4）微观结构：与一个自然类相联系的属性是"潜在的"微观物理属性而不是宏观层次的属性；

（5）科学的可发现性：与一个类相联系的属性可以通过科学研究来确定，并且是那些最终参与一种完整科学中的属性。

在这些特征当中，充分必要性和模态必然性的第一个方面拥有不同于其他特征的地位，因为它们属于类与其相联系的属性之间的关系，然而其他特征关注所联系的属性本身。如果 K 是所讨论的类并且 P_1，…，P_n 是与它相联系的属性，那么充分必要性和模态必然性的第一个方面言说了 K 与 P_s 之间的关系的某事情，而其他特征言说有关 P_s 本身的某事情，也即告诉我们它们应该是什么种类的属性。虽然本质主义者可能不赞成上述所有特征，但他们至少赞成其中一些特征。相反，自然类的反本质主义者则质疑上述特征，例如，卡哈里迪就认

[①] KHALIDI M A. Natural Categories and Human Kinds：Classification in the Natural and Social Sciences [M]. Cambridge：Cambridge University Press，2013：12-13.

为除了科学的可发现性特征之外，自然类本质的其他特征都是有问题的。①

自然类的本质除了上述五个方面的特征之外，一些本质主义者关于自然类的本质还做出以下附加主张：（1）本质属性导致自然类之间的精确边界；（2）本质属性导致自然类的等级或层次结构而不能够彼此交叉。② 本质主义者把自然类看作对应自然界中的真正划分。首先，自然类是被其客观性所区分，自然类之间的区分是基于它们的本质或结构的事实。换言之，将自然类区分开的东西是每个自然类与真实本质相联系，本质对于一个自然类是独特的并且是将一个自然类与其他自然类区别开来的基础。其次，自然类必须是绝对地彼此不同，也即自然类必须是本体论上相互可区分的。自然类之间的差异必须是建立在内在差别的基础上，也即自然类的同一性必须仅仅依赖于它们的成员的内在本性，而不是依赖于它们与其他事物的外在关系。最后，如果一个自然类的两个成员内在彼此不同，并且这些内在差异不是这个类的成员获取或丧失的差异，那么它们必定是这个类的不同种的成员。如果任何事物属于两个不同的自然类，那么这些自然类必定是某个共同属的种。

（三）自然类本质的功能

自然类本质的上述特征决定了自然类本质主义可以做相当多的哲学工作，这也成为众多哲学家支持和复兴自然类本质主义的一个重要动机。③ 从亚里士多德和洛克的哲学传统中，我们可以看到自然类本质主义通常包含这样两个独立主张：第一，一个类 K 的所有成员拥有与 K 相联系的类本质，而拥有这种类本质是使事物成为 K 事物的东西；第二，与 K 相联系的类本质对被 K 的成员所展现出来的可观察属性负责。这两个主张意味着自然类本质具备两个主要功能：（1）定义功能；（2）说明功能。定义功能是指类本质通常被认为决定事物作为特殊类的事物的身份，也即是说，类本质决定一个事物属于相应的类的成员身份。说明功能是指类本质导致一个类的成员所拥有的典型的可观察属性和行为，同时在解释这些典型的属性和行为过程中必须诉诸类本质。换言之，一个类的成员倾向于展现相同的（或至少高度相似的）属性和行为，因为它们分享一种本质。因此，自然类的本质一直承担着两个最重要的哲学任务，即固定事物的

---

① KHALIDI M A. Natural Categories and Human Kinds: Classification in the Natural and Social Sciences [M]. Cambridge: Cambridge University Press, 2013: 13.

② ELLIS B. Scientific Essentialism [M]. Cambridge: Cambridge University Press, 2001: 20.

③ REYDON T A C. Essentialism about Kinds: An Undead Issue in the philosophies of Physics and Biology? [M] // DIEKS D, GONZALEZ W J, HARTMANN S, et al. Probabilities, Laws, and Structures. Berlin: Springer, 2012: 217-230.

类成员身份和解释事物的类特定的可观察属性。

一些哲学家认为，类本质主义似乎还有更广泛的潜力来做其他一些哲学工作。首先，类本质主义经常被用来解释日常分类实践。认知心理学的经验研究指出，小孩和成人倾向于假定事物有内在本质，并且这种本质使它们成为其所是的特殊种类的事物。假定事物有内在本质的倾向可以为人类围绕环境中的某类事物进行推理提供基础，进而赋予人类进化的优势。因此，本质主义思维看起来很自然地属于人类，这个主张通常被称作心理学本质主义，也即本质主义是根据对范畴成员身份负责的一种更深层次的、不可观察的属性来表征某些概念的倾向。① 心理学本质主义最初被用于理解人们关于自然类概念（例如，老虎和水）的推理。类本质主义可以用来支持心理学本质主义，即人们倾向于关于类的本质主义被确证，因为类实际上的确有本质。如果心理学本质主义对于小孩和成人是一种默认的立场，那么就应该期望科学家倾向于以一种本质主义的方式来想象他们所使用的类，使得类本质主义在解释科学分类实践中可以做真正的工作，也即在这些科学分类实践中科学家们实际上引用了本质主义原则。

其次，在语言哲学的本质主义传统中，跟随克里普克和普特南等人的工作，类本质主义还被用来做语义工作。根据克里普克和普特南的观点，日常语言和科学语言中的类词项按照专名指称事物的相同方式来指称类。类名称与洗礼事件中的类相联系，在洗礼事件中一个名称被依附于一个特殊的标记实体，并且此后被同意用于所有实体，这些实体与洗礼事件中涉及的实体有相同的（通常未知的）本质。关于类名称如何指称的这种观点意味着发现类本质是科学研究的一项任务。

再次，类本质主义还被用来为自然律（以及归纳推理和因果说明）奠基。按照埃利斯的科学本质主义，自然律描述了事物根据它们的本性是如何倾向于行为并因此从事物的本性中得出来。正因为一个类的所有事物分享相同的类本质，所以它们在相似的条件下倾向于类似的行为，从而使得某些定律对于那个类的所有成员都成立。自然律因此在本体论上依赖于类本质和类，并非定律在本体论上是根本的。

最后，许多科学领域并不涉及自然律，例如，生物学领域缺乏真正的定律，但是一些哲学家认为即使诸如生物学等科学领域没有合适的定律，在分析参与生物学推理的概括过程中仍然有哲学工作要做。所以，类本质主义被用来解释

---

① NEWMAN G E, KNOBE J. The Essence of Essentialism [J]. Mind & Language, 2019, 34 (5): 585-605.

做出稳定概括的可能性，这些稳定的概括适合于使用在科学推理中，特别是解释和预测的语境中。即使生物学不存在自然律，它也使用概括，这些概括在生物现象的解释和预测中在不同程度上是稳定的。综上所述，类本质主义可以做形而上学工作：（1）决定事物的类成员身份；（2）解释事物的类特定的可观察特征；（3）提供自然律的基础。它也可以做认识论工作：（1）解释日常的分类实践；（2）支持科学概括、解释和预测。它还可以做语义工作：为类词项提供一种指称理论。

二、生物物种的本体论地位问题

按照自然类本质主义，生物物种是拥有本质的自然类，同种的成员必须分享共同本质。克里普克和普特南除了经常提及水作为自然类的例子并拥有分子结构作为其本质，他们也谈到"老虎""柠檬"等生物物种构成的自然类，并拥有某种"内在结构"（如基因结构或染色体结构）作为它们的本质。① 然而，当代大多数生物学家和生物学哲学家都不赞同物种是拥有本质的自然类，根本原因在于本质主义与达尔文进化论不相容。索伯（Elliott Sober）就认为，"关于物种的本质主义在今天是一个僵死的问题，不是因为没有可想象的方式来辩护它，而是因为生物学家辩护它的方式都彻底令人难以置信"②。因此，关于物种本性的思考在很大程度上被试图调和我们对物种概念的理解与进化论之间的关系所推动。一些哲学家由此反对物种是自然类，而主张物种是个体。与进化论的联系则成为物种不是类而是个体的论证的主要来源。作为个体，物种是具体实体（例如，雷尼尔山或达尔文），它们明显不同于黄金或水，因为后者是类并且是抽象实体。按照物种个体论者的观点，物种具有下列特征，这些特征支持物种属于个体的本体论范畴，而不是相竞争的类范畴。

（一）物种的可变性

支持物种是个体而不是类的最有吸引力的理由是物种的可变性，也即物种会进化。"如果物种不是个体，它们就不可能进化。"③ 然而，自然类不能进化，因为类是抽象对象，有不变的本质。自然类不能在任何方面改变，而只有特殊的具体对象才能改变。所以，如果物种进化，那么它们必定是个体而不是类。

---

① 陈明益. 生物物种是自然类吗？[J]. 自然辩证法通讯，2016，38（6）：48-54.

② SOBER E. Evolution, Population Thinking, and Essentialism [J]. Philosophy of Science，1980，47（3）：353.

③ GHISELIN M. Species Concepts, Individuality and Objectivity [J]. Biology and Philosophy，1987，2（2）：129.

换言之，达尔文进化论的出发点是物种的成员会发生变化，而自然类概念要求类的成员的绝对同质性，所以仅凭这一点就足够排除物种属于自然类的本体论范畴。作为自然类的化学元素不会发生变化，元素在地球上拥有的属性与它们在遥远星球上拥有的属性是相同的。例如，黄金原子不会在分裂成两个黄金原子之后消失，假如黄金减少一个质子数，它就会变成另一种元素铂。所以，化学元素必然具有不变性，即使在未来也不会发生改变。但是，物种的成员之间会进行繁殖，进而物种会发生连续变异，所以生物物种不同于化学元素的地方在于物种会不断地发生变化，物种总是产生于祖先物种。例如，老虎只能从一个已经存在的实体繁衍而来，不可能通过天体物理学的过程产生。生命产生于已存的生命，而不是产生于非生命的材料，这个观点通常表达为生源论定律（law of biogenesis），即所有生命都源于生命。由于生源论定律的结果，生物物种不可能是自然类。

（二）物种的历史性

反对生物物种是自然类的另一个常见理由是物种（和更高分类单元）是时空上受限制的（spatio-temporally restricted），而自然类是时空上不受限制的，所以物种不是自然类。自然类是不受时空限制的，因为自然类是共相（即抽象实体），它的成员可以独立地出现在宇宙的任何地方。物种是受时空限制的，因为物种具有历史联系。不管某个遥远星球上的有机体与地球上的马多么相似，它们也不是马这个物种的成员，因为遥远星球上的物种与地球上的物种没有历史联系。

> 如果拥有原子数79的所有原子不再存在，那么黄金将不存在，虽然在元素周期表上有一个位置保持开放。当后来有合适原子数的原子产生，它们将是黄金，不管它们的起源如何。但是，在典型的情形下，成为马必须是由马所生。①

物种内的有机体之间存在某种内聚的联系（例如，亲缘或基因流动关系），这使得物种内的个体有机体不是相互独立的，也即物种是关系群体。因此，地球上的物种不可能同时存在于遥远的星球。如果遥远星球上存在物种，它们必定是完全不同的物种，或者它们必定是来自地球。自然类无始无终，而生物物种有生有灭。物种一旦消失就不可能再生，这种不可能性是概念的，而不是偶

①　HULL D L. A Matter of Individuality [J]. Philosophy of Science, 1978, 45 (3): 349.

然的。例如，一旦霸王龙灭绝，就不可能再出现霸王龙这个物种。与历史上存在过的霸王龙不可区分的事物可能再次出现，但仍然不是相同物种。因此，"生物物种是时空上受限制的，而物理实体和元素按照这种方式则不是时空上受限制的。没有时空限制嵌入在'黄金'和'水'的定义中"①。

（三）物种的无定律性

物种不是类而是个体的另一个理由是不可能有关于物种的定律，物种没有定律的原因是不可能有关于个体的定律，定律只应用于类。"自然律不论时间和地点对其应用的任何事物都必然为真，它是关于类的，例如'行星'或'物种'，而不是指称诸如'木星'或'智人'这样的个体。"② 如前所述，自然类支持自然律，自然类仅仅是其成员满足自然律的那些类。"自然类有时被想象为成真的科学定律应用于其上的那些类"，某个实体构成一个自然类的要求就是能够建立关于它的定律。③ 因此，我们可以建立关于自然类的无例外的科学定律。例如，全称概括式"所有的铜都导电"是一个成真的科学定律。如果物种是自然类，那么我们可以建立关于物种的科学定律，但是，不存在对于物种的成员为真的科学定律，所以，物种不是自然类。④ 自然律被许多哲学家理解为必须是无例外的。⑤ 既然物种是可变的，那么关于一个特殊物种的成员的大多数概括式将有例外。由于进化带来的变异以及自然选择的结果，"所有的天鹅都是白色的"这个全称概括式总有例外，因而不是一个真的定律。"所有乌鸦都是黑色的"也不为真，即使它为真，我们也没有理由假定它将继续如此。而如果这两个概括式都为真，那么我们会发现像"所有人都会死"或者"所有老虎都有心脏"这样真的概括式都是无例外的。显然，这样的真概括式不是定律，而是更广泛概括的结果，即使存在定律，也应该是更高层次上的表达。前一个陈述是热力学第二定律的一个结果，在物种层次的陈述的概括式为假并没有违反我们认为关于物种本性的东西。⑥

---

① HULL D L. Kitts and Kitts and Caplan on Species [J]. Philosophy of Science, 1981, 48 (1): 148-149.

② GHISELIN M. Natural Kinds and Supraorganismal Individuals [M] // MEDIN D, ATRAN S. Folkbiology. Cambridge: The MIT Press, 1999: 449.

③ DUPRE J. Natural Kinds [M] // NEWTON-SMITH W H. A Companion to the Philosophy of Science. Hobokew: Wiley-Blackwell, 2001: 311.

④ HULL D L. A Matter of Individuality [J]. Philosophy of Science, 1978, 45 (3): 353.

⑤ DAVIDSON D. Causal Relations [J]. Journal of Philosophy, 1967, 64 (21): 691-703.

⑥ DUPRE J. The Disorder of Things: Metaphysical Foundations of the Disunity of Science [M]. Cambridge: Harvard University Press, 1993: 41.

（四）物种缺乏本质

反对物种是自然类的一个更关键理由是物种没有本质。按照自然类本质主义观点，类本质是一种内在的、充分必要的、模态必然的、微观结构的并且能够被科学所发现的属性或属性集合，它对于自然类有决定性的意义。假如物种有本质，那么物种的本质就是一个有机体属于一个物种的成员身份的标准，也即一个有机体属于一个物种的充分且必要的东西。① 自然类本质主义者认为，物种本质是存在的，并且它是物种成员的内在特性，拥有内在本质的物种如同化学元素那样都是自然类。正如化学元素占有本质，即它所拥有的质子数；生物物种也占有本质，即它的物种特异性。例如，黄金有 79 个质子，这是黄金的本质。如果一个元素没有这个数量的质子，那么它就不可能是黄金，并且拥有 79 个质子数的元素必定是黄金，所以占有 79 个质子数对于某元素属于黄金这个自然类是充分必要的。另外，即使火星上有黄金，它也必定占有 79 个质子数。黄金的本质是它内在的微观结构特征，是通过科学研究发现得来的。那么，在生物物种身上真的存在类似于化学元素那样的本质吗，使得属于这个物种的每个有机体必然占有这种本质特性？大多数生物学家和生物学哲学家都否认存在这样的本质特性。物种身上没有哪一种特性对于物种的成员身份是充分必要的，因为描述一个有机体的物种成员身份的每个特性都可以从有机体身上缺失，并且即使缺乏这样一种特性，这个有机体仍然不会丧失它的物种成员身份。② 达尔文进化论解释了化学元素的本质与生物物种的本质之间的根本差异，换言之，达尔文终结了动植物有本质特性的观点。生物有机体的内在特性对于这些有机体属于一个物种不可能是本质的，因为所有的生物有机体的内在特性都遭受突变并会因此进化。不仅形态学的、生理学的、行为学的、染色体的和基因组的特性对于一个物种的成员不是本质的，而且某些 DNA 序列也不能算作物种的本质。这是因为所有的内在特性都可以永久地改变，包括基因组中的 DNA 序列。在这个方面，DNA 序列与表现型特性之间没有差别，两者都是物种的诊断特征，但不是本质特征。③ 更进一步说，尽管生物学家在实践中有许多不同的方式（例如，亲缘关系、杂种繁殖并产生可育后代的能力、总体形态特征和基因结

---

① SOBER E. Evolution, Population Thinking, and Essentialism ［J］. Philosophy of Science, 1980, 47（3）：350-383.

② WILKINS J S. What Is a Species? Essence and Generation ［J］. Theory in Bioscience, 2010, 129（2-3）：141-148.

③ KUNZ W. Do Species Exist? -Principles of Taxonomic Classification ［M］. Hoboken：Wiley-Blackwell, 2012：46.

构）来划分物种的边界，但是没有一个标准提供我们完全满意的方式来划分生物类。① 尽管传统的本质主义者将物种的本质等同于某种基因属性，但是越来越多的生物学家都认为物种必定是历史的，所以将物种等同于基因类是错误的，没有基因密码捕获了物种的本质。物种个体论者认为物种不仅没有基因本质，而且根本没有任何的本质或本质属性，这一点可以支持物种是个体。"物种是个体意指在列举它们简单的必须拥有的属性的意义上不能被定义"，虽然它们可以被描述为拥有某些偶然属性。② 我们提到物种只通过实指用法来达到："个体不得不'实指地'定义——通过指向——因为它们没有定义属性。"③ 因此，我们通过实指达到指称物种成为物种是个体的一个主要理由。

三、物种问题的主要回应

为了回应物种问题的挑战，一些哲学家直截了当地拒斥物种作为自然类的典型例子来辩护自然类本质主义。④ 另一些哲学家则基于上述理由认为物种不是拥有本质的自然类，而是没有本质的个体。但是，仍然有相当多的哲学家反对物种个体论的观点，他们试图辩护物种是（自然）类。在主张物种是类的替代观点中，一些哲学家认为物种即使没有传统的内在本质，也可以有外在的关系或历史本质。另外的哲学家则挑战生物学家和生物学哲学家的共识，即传统的物种本质主义是错误的，并坚持认为物种的确有（至少部分的）内在本质。

（一）物种个体论

物种是个体的观点主要由生物学家迈克尔·格瑟琳（Michael Ghiselin）和生物学哲学家大卫·霍尔（David L. Hull）提出。这里的"个体"主要是在哲学意义上被使用，而不同于"个体"的日常用法。词项"个体"在日常生活中意指单个有机体，不是指群体的整体性。物种个体论者所使用的"个体"则指具体的特殊整体，也即独特的、在时空中只存在一次的具体实体，它与抽象实体（特别是集合或共相）形成对比。确切地说，物种是系统发育树（phylogenetic

---

① WILKERSON T E. Natural Kinds ［M］. Aldershot：Avebury Press, 1995：111.
② GHISELIN M. Species Concepts, Individuality and Objectivity ［J］. Biology and Philosophy, 1987, 2（2）：129.
③ GHISELIN M. Species Concepts, Individuality and Objectivity ［J］. Biology and Philosophy, 1987, 2（2）：134.
④ WILKERSON T E. Natural Kinds ［M］. Aldershot：Avebury Press, 1995：132.

tree）上的一部分，即地球生命的整个宗谱联系中的某个具体时空限制的块状物（chunks）。① 如果物种是个体，那么有机体就是物种的部分，而不是物种的成员或者实例，生物有机体与物种之间的关系不是成员—类关系，而是部分—整体关系。作为个体的物种是具体实体，例如，喜马拉雅山、达尔文，它们明显地不同于作为抽象实体的类，例如，黄金、水。因此，在物种个体论者看来，我们不应该把物种看作抽象实体，或者看作拥有成员或实例的那种实体（例如，共相或集合），相反，我们应当将物种视作具体的并且拥有部分的实体。按照物种个体论的观点，老虎并非意指它是什么种类的事物，而指它是更大、更持久的某事物的一部分，这个事物应当理解为地球生命的整个宗谱联系中的一个特殊块状物。物种的成员身份要求合适的时空位置，不管我们可能在某个遥远星球上发现多么相似于老虎的动物，也不论这些似老虎的动物能够与地球上的老虎进行繁殖，并且它们的遗传密码可能与地球上的老虎不可区分，但它们仍然不可能是真正的老虎。大卫·霍尔将作为个体的物种看作历史实体，对于物种来说，最重要的是宗谱世系。按照物种本质主义，生物有机体由于具有本质才成为某个物种而不是其他物种的成员，共同本质将生物有机体联结起来形成一个物种。根据物种个体论，生物有机体仍然可通过成为单个进化世系的部分而属于相关物种，正是共同的宗谱世系将生物有机体维系成一个物种。"如果物种被解释为历史实体，那么特殊有机体属于一个特殊物种因为它们是那个宗谱联系的一部分，不是因为它们占有任何本质特性。没有物种在这种意义上拥有本质。"②

　　然而，物种个体论观点存在许多困难。一方面，物种的可变性、历史性、无定律和无本质并不能成为物种不是自然类而是个体的理由。③ 首先，在杜普雷（John Dupré）看来，自然类的成员也不是绝对同质的（例如，元素原子有不同的同位素形式），而且自然类同样是可变的，例如，水可以通过燃烧氢气来制造，也可以通过电解来毁灭。④ 在约瑟夫·拉波特看来，物种进化可以表达为作为自然类的物种的连续成员逐渐变得与它们的祖先不同，一个物种进化成另一个物种，并非指一个抽象实体变成一个不同的抽象实体，而是说一个物种类的

---

①　KOSLICKI K. Natural Kinds and Natural Kind Terms ［J］. Philosophy Compass, 2008, 3（4）: 789-802.

②　HULL D L. A Matter of Individuality ［J］. Philosophy of Science, 1978, 45 (3): 358.

③　陈明益. 自然类、物种与动力学系统 ［J］. 自然辩证法研究, 2016, 32 (3): 100-104.

④　DUPRE J. The Disorder of Things: Metaphysical Foundations of the Disunity of Science ［M］. Cambridge: Harvard University Press, 1993: 39-40.

实例产生另一个物种类的实例。① 其次，自然类也不是绝对无时空限制的，像物理粒子和化学元素等自然类的存在都可以追溯到宇宙大爆炸，而且我们日常所见的黄金和水等自然类的存在也依赖于一定的条件（比如某种温度和压力）。此外，也存在非历史联系的物种，例如，基切尔（Philip Kitcher）给出的单性蜥蜴起源的例子。② 有历史联系的物种也可以是类，即历史类。再次，至于物种无定律的论证则可以直接通过否认定律必须是无例外的来拒斥。③ 而且即使不可能有关于个体的定律，也不能得出物种是个体。④ 最后，从物种没有本质也不能推出物种是个体，许多哲学家认为物种只是没有传统的类本质，但可以有其他的本质，在这种意义上物种仍然可以是自然类。

另一方面，即使支持物种是个体的理由都成立，物种个体论仍然面临一个严重困难：我们如何理解有机体与物种之间的部分—整体关系。一般来说，我们有两种方式解读部分—整体关系：机械性的和功能性的。机械性的部分—整体关系意指部分只是偶然成为整体的部分，它们可以被替换。迈克尔·格瑟琳将物种视作公司（例如，通用汽车）那样的个体。⑤ 公司可以理解为由员工作为部分机械地构成的整体，这样的部分具有偶然性，因为公司的员工可以替换，甚至可同时是另一公司的员工。然而，生物有机体与物种之间的部分—整体关系绝不是机械性的，因为物种的部分必然是那个物种的部分，不可能是任何其他物种的部分，有机体与物种之间的部分—整体关系更有约束力。⑥ 功能性的部分—整体关系意指所有部分共同发挥作用构成一个功能整体，它包含一种内在组织，如果某个部分缺失，功能整体就不存在。大卫·霍尔将物种看作有机体（例如，达尔文）那样的个体，由此有机体与物种之间的部分—整体关系就是功能性的。然而，这种类比同样不恰当。其一，有机体可以理解为由其所有部分直接联结起来构成的整体，例如，达尔文由躯干和四肢直接联结起来，但物种

① LAPORTE J. Natural Kinds and Conceptual Change［M］. Cambridge：Cambridge University Press，2004：9-10.

② KITCHER P. Species［J］. Philosophy of Science，1984，51（2）：314-315.

③ DUPRE J. The Disorder of Things：Metaphysical Foundations of the Disunity of Science［M］. Cambridge：Harvard University Press，1993：41.

④ LAPORTE J. Natural Kinds and Conceptual Change［M］. Cambridge：Cambridge University Press，2004：14.

⑤ GHISELIN M. A Radical Solution to the Species Problem［J］. Systematic Zoology，1974，23（4）：538.

⑥ KITTS D B，KITTS D J. Biological Species as Natural Kinds［J］. Philosophy of Science，1979，46（4）：615.

的部分不是直接联结在一起，就算它们通过共同祖先间接联结，在与共同祖先联结的链条中，许多中间环节出现断裂和缺失。① 其二，如果有机体的某个部分（例如，达尔文的心脏）被移除，它可能不再存在，但是即使物种内的某些有机体死去，这个物种仍然存在，物种内的有机体之间没有高度组织的实体那样紧密的相互依赖性。② 其三，将物种视作一个功能整体不符合自然选择的主要进化机制。自然选择通过使有机体适应环境从而有利于有机体生存和繁殖。问题是自然选择是在什么层次上起作用：个体有机体，还是作为整体的物种。一些哲学家（例如，恩斯特·迈尔）认为自然选择的单元是物种，而大多数哲学家（包括达尔文）都认为自然选择主要在个体有机体的层次上起作用。如果自然选择是在个体有机体的层次上起作用，那么说物种是个体就很奇怪，因为物种不是像有机体那样整合的单元。因此，个体选择与物种个体论不能结合在一起，无论我们怎样理解物种选择或群体选择，仍然难以否认个体选择的重要性。"如果你严肃对待达尔文式的选择，你必须简单地拒斥物种个体论。"③ 实际上，物种个体论对待物种和有机体的方式并没有完全不同于物种本质论。按照物种本质论，有机体是物种的一员，因为它占有所要求的本质属性。按照物种个体论，有机体是物种的一部分，因为它与这个群体的其他有机体起源于共同的祖先。因此，对于物种个体论来说，亲缘关系就类似于一种本质属性。也许，只有某些物种概念才蕴含物种是个体④，或者说，在生物学的某些领域物种最好被理解为个体，但这不是对于整个生物学为真⑤。

（二）关系本质主义

尽管当代哲学家都接受传统自然类本质主义对于当代生物学失效，但是一些哲学家认为关于生物类的某种形式的本质主义可以并且应该被支持，因为它们能够做重要的哲学工作。为了理解和解释生命现象，一些哲学家将类本质想象为关系的而不是内在的。也就是说，关系属性对于一个有机体属于相应物种

---

① RUSE M. Biological Species: Natural Kinds, Individuals, or What? [J]. The British Journal for the Philosophy of Science, 1987, 38 (2): 225-242.

② KITTS D B, KITTS D J. Biological Species as Natural Kinds [J]. Philosophy of Science, 1979, 46 (4): 619-620.

③ RUSE M. Biological Species: Natural Kinds, Individuals, or What? [J]. The British Journal for the Philosophy of Science, 1987, 38 (2): 235.

④ CRANE J K. On the Metaphysics of Species [J]. Philosophy of Science, 2004, 71 (2): 156-173.

⑤ REYDON T A C. Species Are Individuals, or Are They? [J]. Philosophy of Science, 2003, 70 (1): 49-56.

是充分必要的。例如，有机体之间的亲缘内聚和基因流动关系使一个有机体成为物种的一员。在关系本质主义者看来，本质不应该仅仅限制于内在属性，通过打破"本质"概念与"内在属性"概念之间的联系，物种本质主义可以建立在关系的联系基础上。根据关系本质主义，有机体当中的某些关系，或者有机体与环境之间的某些关系，对于物种的成员身份是充分必要的，这些关系包括起源于某个特殊祖先，或者成为某个杂种繁殖的种群的部分，或者占据一个特殊的生态位。奥卡沙（Samir Okasha）提出一种关系本质主义立场。① 根据奥卡沙的观点，反对物种本质主义的主要论证仅仅针对根据有机体的内在属性来构思物种本质的本质主义成立，但是将本质视作关系属性可以消除这种论证。在奥卡沙看来，如果我们仔细审查生物学家在各种可得到的物种概念下将有机体分配给物种的基础，就可以指出存在关于物种的关系本质主义的一种好的情形。在杂种繁殖、系统发育和生态种等概念下，有机体分别基于它们与其他有机体的交配关系、祖先—后代关系以及它们与其所生活于其中的环境的关系而被归为物种。

> 根据所有现代物种概念（除了表现型概念），一个有机体属于一个物种而不是另一个物种，其所依据的属性是这个有机体的一种关系属性，而不是它的一种内在属性。根据杂种繁殖概念，这种属性是"能够成功地与一个有机体群体而不是另一个有机体群体进行杂种繁殖"。根据生态种概念，这种属性是"占据一个特殊的生态位"。根据系统发育概念，这种属性是"成为宗谱联系的一个特殊部分的成员"。很明显，这些属性没有一个是内在于占有它们的有机体，也不是附生于它们的任何一种内在属性。根据所有这些物种概念，两个分子层次上相同的有机体原则上可以是不同物种的成员。②

奥卡沙的关系本质主义似乎能够避免传统自然类本质主义所面临的困境。此外，它似乎还可以扩展到其他的生物类，特别是根据生物功能的一种合适关系的观念（根据这种观念，一个实体的功能根据它与其他实体的关系被构想）在功能上定义的类，或者扩展到环境（例如，对于生态类）。

然而，关系本质主义仍然面临许多困难。首先，虽然根据大多数物种概念，

---

① OKASHA S. Darwinian Metaphysics：Species and the Question of Essentialism ［J］. Synthese，2002，131（2）：191-213.

② OKASHA S. Darwinian Metaphysics：Species and the Question of Essentialism ［J］. Synthese，2002，131（2）：201.

一个有机体与其他有机体或环境的关系固定了其物种身份，但不清楚这样的关系本身如何能够固定类成员身份。例如，"是一个后代"的关系将会把一个现今物种的有机体与它们的遥远祖先置于相同的物种中，一直追溯到地球上生命的起源。但类本质主义的一个要素是一个有机体的类本质完全固定它的类同一性。其次，关系本质主义不能做类本质主义承诺完成的一些其他工作。正如奥卡沙指出，在各种物种概念下固定有机体的类身份的关系属性不能用来解释它们的其他属性。"杂种繁殖或系统发育仅仅发挥克里普克和普特南归给'隐藏结构'的语义作用，而不是因果—说明作用。"① 毕竟，一个给定的有机体的特性不是被这个有机体与其他有机体的交配关系所导致，或者被它的祖先（从任何直接的意义上说）所导致，或者被它属于生命之树上的某个特殊分支所导致。因此，关系本质主义只能完成类本质主义的两个主要任务之一。正如马克·艾瑞舍夫斯基（Marc Ereshefsky）所言，"关系本质主义不是本质主义，因为它不能满足本质主义的一个核心目的"②。换言之，关系本质主义能够回答分类单元问题（即为什么有机体 O 是物种 S 的一个成员），却不能回答特性问题（即为什么物种 S 的成员典型地拥有特性 T），因为关系本质缺乏说明功能，不能算作真正的本质主义。③ 按照传统本质主义，类本质不仅是某事物成为这个类的成员的充分必要条件，而且在很大程度上决定类的成员占有的其他属性。即使某些关系对于一个物种的成员身份是充分必要的，但这些关系很难说明与这个物种的成员典型联系的属性。如果关系本质丧失了说明功能，那么这样的关系就不能算作本质。类本质在说明类的成员的典型特性过程中发挥关键作用，这是本质主义的一个核心特征。由于这一点，关系本质也不能够支持科学上有用的概括，更不用说科学定律。此外，关系本质也不能解释日常的分类实践，因为人们关于日常的类倾向于假定的本质通常不是关系本质。

（三）历史本质主义

为了促使类本质主义与进化思维相容，另一些哲学家提出历史本质主义。历史本质主义也被看成某种形式的关系本质主义。相比一些哲学家强调生物有机体之间的基因流动关系对于物种的成员身份是充分必要的，另一些哲学家则

---

① OKASHA S. Darwinian Metaphysics：Species and the Question of Essentialism［J］. Synthese，2002，131（2）：204.

② ERESHEFSKY M. What's Wrong with the New Biological Essentialism［J］. Philosophy of Science，2010，77（5）：683.

③ ERESHEFSKY M. What's Wrong with the New Biological Essentialism［J］. Philosophy of Science，2010，77（5）：683.

强调亲缘关系的重要性。约瑟夫·拉波特和格里菲斯（Pual E. Griffiths）试图通过将历史包含进本质的观念当中来阻止物种个体论者的反本质主义论证。约瑟夫·拉波特主张物种有一种历史本质，也即起源于地球上的生命系统发育树中的特殊位置，历史本质是直接属于物种而不是物种的成员。① 格里菲斯也认为物种是历史实体，它们包含一种历史本质，即宗谱关系。② 尽管一些哲学家将格里菲斯的本质主义看作一种形式的关系本质主义，而其他人将格里菲斯和奥卡沙的立场当作是相同的，但是奥卡沙的本质主义与格里菲斯的本质主义之间存在重要差异。根据格里菲斯的观点，历史本质支持关于物种和其他分类单元的概括，但是根据奥卡沙的观点，关系本质不能做到这一点。格里菲斯尝试复兴关于物种的类本质主义的主要理由是解释物种在科学上有用的概括式中所发挥的作用。他认为，物种和其他系统发育定义的类，例如，同源物（homologues）的类，是这样的群体：它们需要一种解释来详细说明什么使物种和类似物适合于实施它们在生物推理中为概括奠基的作用。根据格里菲斯的观点，所要求的解释可以根据一种适当修正和宽松的类本质观念来表达。"允许一个理论范畴内的归纳和解释的任何事态，都发挥那个范畴的本质的功能。"③ 在生物物种以及更高的分类单元和其他生物类的情形中，这样的本质可以在达尔文主义的共同亲缘观念中找到。"由进化同源性所定义的支序分类单元、部分和过程拥有历史本质。不分享这个类的历史起源的没有任何东西可以是这个类的一员。此外，由进化同源性所定义的支序分类单元、部分和过程没有其他的本质属性。"④ 根据这种解释，有机体、有机体的部分和生物过程由于其祖先都是它们的类的成员：有机体是与它们的父母相同类的成员，并且同源的有机体的特性和过程是与它们分享一个亲缘世系的特性相同的类的成员。共同亲缘（common descent）也解释了为什么相同类的有机体、部分和过程以这样的方式彼此相似，使得可

---

① LAPORTE J. Natural Kinds and Conceptual Change［M］. Cambridge：Cambridge University Press，2004：12.

② GRIFFITHS P E. Squaring the Circle：Natural Kinds with Historical Essences［M］// WILSON R A. Species：New Interdisciplinary Essays. Cambridge：The MIT Press，1999：209-228.

③ GRIFFITHS P E. Squaring the Circle：Natural Kinds with Historical Essences［M］// WILSON R A. Species：New Interdisciplinary Essays. Cambridge：The MIT Press，1999：218.

④ GRIFFITHS P E. Squaring the Circle：Natural Kinds with Historical Essences［M］// WILSON R A. Species：New Interdisciplinary Essays. Cambridge：The MIT Press，1999：219.

以做出关于它们的稳定的、科学上有用的概括。因此，共享的祖先可以被认为是构成生物物种、更高的分类单元和许多其他生物类的类本质，因为它实现了类本质所应该实施的两个主要任务：固定类成员身份和解释一个类的成员实体所展现的可观察属性。

　　然而，历史本质主义同样存在问题。首先，历史本质主义者需要指出一个物种的所有成员必须具有的宗谱关系的存在。这样一种宗谱关系的存在是成问题的，至少由于两个原因：第一，很可能不存在宗谱关系被一个物种的所有成员所分享，例如，一个物种可能包括一个共同祖先的一些后代但不是所有的后代；第二，即使存在物种的所有成员都分享的宗谱关系，我们也很难断定这种关系就是物种的本质特征。物种个体论者就认为物种分类单元的外延是通过实指来固定的，并且用来识别物种的关系属性是诊断特征，这种关系属性的诊断特征可以是不同的。① 因此，历史本质主义者一方面需要描述应用于物种的所有成员的宗谱关系，另一方面需要指出为什么同种的有机体必须满足这个宗谱关系。历史本质主义者的策略是求助于生物系统分类学，特别是诉诸一个有影响力的分类学派——支序分类学（cladism），这种分类学根据宗谱来定义生物分类单元。在约瑟夫·拉波特和格里菲斯看来，支序分类学定义的分类单元包含历史本质，换言之，生物分类单元包含历史本质，因为那是生物系统分类学告诉我们的。

　　其次，许多生物类是借助同源性来定义的，所以格里菲斯的解释应该可以广泛地应用于生物类。但是，大多数生物类是否被同源性所定义则令人怀疑。许多更高的分类单元是，而更低的分类单元（例如，变种、种和属）则不是。因此，历史本质主义不能应用于生物分类的基本单元，而只能应用于最重要的单元。此外，关于通过同源性所定义的分类单元，历史本质主义将仅仅应用于特殊的特性，或实际上定义考量中的分类单元的特性。例如，对于脊椎动物来说，拥有脊柱是这个分类单元的有机体的一种本质属性，仅仅支持这个概括式即所有脊椎动物都有脊柱。但脊椎动物的历史本质没有提供任何基础，在这种基础上做出对这个分类单元的成员都成立的概括式的可能性可以扩展到这个类的特殊本质特性之外。

　　最后，许多生物类不是由同源性单独定义的，例如，各种基因类，在这些基因类的定义中功能也发挥一种接近于亲缘的作用。除此之外，虽然根据生物

---

　　① GHISELIN M. Ostensive Definitions of the Names of Species and Clades ［J］. Biology and Philosophy, 1995, 10（2）：221.

分类的一种支序论观点，同源性可以用来固定有机体的分类单元身份，但是将同源性看作类本质不会产生有机体的类典型的属性的解释，因为一种特殊的同源特性的占有不能解释有机体的大多数其他特性的存在，它也不会产生任何自然律的一种形而上学基础，并且不会做类本质经常被认为做的语义工作。所以，有理由怀疑历史本质主义是否可以应用于一般意义上的生物类，并且在历史本质主义实际应用的生物分类情形中，它是否能够完成所应做的工作也是可疑的。

索伯则提出历史本质主义的另一个论证，这个论证是建立在克里普克的起源本质主义（origin essentialism）基础上。起源本质主义来自克里普克的这样一个观点："如果一个物质对象从某个大块质料获得起源，那么它就不可能在任何其他质料中获得起源。"① 索伯认为，"克里普克暗示每个个体的人拥有他或她作为出生所构成的精子和卵子出生的属性。如果作为有机体的这样的个体拥有本质属性，那么大概对于像黑腹果蝇（drosophila melanogaster）这样的个体也拥有本质属性是可能的"②。因此，索伯不是像约瑟夫·拉波特和格里菲斯那样诉诸生物系统分类学，而是通过使用来自分析的形而上学论证，也即克里普克的起源本质主义。如果索伯的建议可行，那么历史本质主义仍然能够得到合理支持。物种个体论者认为宗谱关系对于区分物种是必要的，但不能当作物种的本质。但是，如果克里普克的论证应用于物种，那么起源本质主义就可以指出宗谱关系对于物种个体化是重要的，并且是物种的本质。纳森·萨尔蒙也认为起源本质主义的论证不仅能应用于拥有"物理起源"的任何个体，同时也可以应用于生命对象。"如果克里普克的论证是成功的，那么它的变种可以用来建立关于许多有生命和无生命对象的起源和构成的若干强本质主义论题。"③ 如果将起源本质主义应用于物种，那么将有以下几个论点：（1）一个物种 S 是从一个祖先种群部分 A 形成的，当且仅当①S 的每个原始成员都是 A 中的某个成员的后代；②A 的每个成员都是 S 的某个成员的祖先。（2）物种 S 是按照某种计划 P 从一个祖先种群部分 A 进化而来的。物种的起源本质主义是为了防止物种 S 拥有多个起源，S 的每个成员和它的起源必须通过祖先—后代关系来联结。

在马克米勒·佩德罗索（Makmiller Pedroso）看来，物种的起源本质主义这

---

① KRIPKE S A. Naming and Necessity ［M］. Cambridge：Harvard University Press，1980：114.

② SOBER E. Evolution，Population Thinking and Essentialism ［J］. Philosophy of Science，1980，47（3）：359.

③ SALMON N. Reference and Essence ［M］. New York：Prometheus Books，2005：199.

几个论点都不成立。① 首先，杂交物种形成的情形就反对物种 S 的每个成员都是祖先种群 A 的某个成员的后代，即论点①。在异域物种形成过程中，新物种是从老物种分化出来的；在杂交物种形成过程中，新物种是由于不同物种的杂交而产生出来。按照物种的起源本质主义的第一个条件，如果物种 S 是从两个物种 A 和 B 的杂交进化而来，那么 S 的起源应该包含 A 和 B，否则 S 就有两个起源。但是，物种形成的杂交理论并没有把 A 和 B 看成 S 的起源的部分，因为这个理论认为新物种可以产生于分离进化的物种单元。既然杂种的物种是从分离的物种进化而来，那么杂种物种就包含多个起源，而不是只有一个起源。其次，物种的起源本质主义的第二个条件也不成立。按照这个条件，祖先种群 A 的每个成员都应该在 S 中有后代，这意味着祖先种群 A 的所有成员都必须产生可育的后代。但是，这个要求与物种形成理论不一致。在物种 S 的进化过程中，祖先种群 A 中的那些不能产生可育后代的成员有机体与能产生可育后代的成员有机体一样重要。在物种 S 中没有产生后代的祖先种群 A 的成员仍然是祖先种群 A 的成员。一个新物种总是来自一个祖先种群，但是并非祖先种群中的每个成员都需要在新物种中留下后代。再次，物种在进化过程中不存在某种"计划"的观念。按照这样一种计划观念，一个祖先种群世系 A 以相同方式进化为物种 S，这意味着物种形成是一个决定论的过程，如果某些条件成立，那么相同物种必定进化出来。然而，这个看法与进化论相冲突。进化论认为物种进化是一个随机的过程，即使自然选择不是一个随机过程，进化也是被不同类型的随机过程所塑造，例如，突变、基因漂移和环境的变化等。进化不是单个机制的产物，物种可能以无限多的方式或机制来进化，例如，基因相互作用、发育和共同进化等。此外，异域物种形成的模型也没有告诉我们物种进化是依照"计划"进行的，因为它没有提供一个世系产生相同物种单元的条件，即使它提供一个新物种进化的充分条件，但是它仍然没有提供一个特殊的物种单元（例如，智人）进化的条件。最后，起源本质主义是关于个体的理论，而不是自然类的理论，所以如果将起源本质主义用来解释物种，这就意味着物种是个体。但是，物种的起源本质主义又与物种个体论相冲突，因为物种个体论认为两个彼此不可区分的物种仍然不是相同物种，物种一旦灭绝就不可能重新进化，不管后来的新物种与灭绝的物种多么相似，它们仍然不是相同物种。但是，起源本质主义应用于桌子时则认为，如果在两个不同可能世界中的两个桌子是相同的原子对应

---

① PEDROSO M. Origin Essentialism in Biology [J]. The Philosophical Quarterly, 2014, 64 (254): 66.

原子的结构，那么它们是相同的桌子。总之，物种的起源本质主义论证不成立，因为物种既没有起源本质主义所要求的"起源"，也没有起源本质主义所要求的"计划"。

（四）多元本质主义

鉴于关系本质主义和历史本质主义所面临的困难，迈克尔·戴维特试图复兴内在生物本质主义①。在他看来，包括物种在内的生物分类单元至少有部分的内在本质，但是他同时认为生物类除了内在本质之外也包含外在的关系或历史本质。迈克尔·戴维特对本质持有一种多元的观念。按照他的观点，本质可以是完全内在的，例如，黄金的原子数是 79；本质也可以是部分内在的和部分外在的或关系的，例如，铅笔的本质部分地被它与人类意图的关系以及部分地被它的物理属性所决定；本质还可以是完全关系的和外在的，例如，"是澳大利亚的"，因为任何东西都可以有这种属性，只要它处在与澳大利亚的正确关系中。② 迈克尔·戴维特认为生物学哲学家反对传统本质主义的共识是错误的，他提出两个理由来支持内在生物本质主义：第一，物种和其他分类单元的本质至少部分地是潜在内在的并且主要是基因的属性，而基因组计划和 DNA 条形码技术未来将有望发现物种的内在本质；第二，关于物种的形态学、生理学和行为的生物学概括必须诉诸这种内在本质来解释。

> 我们把有机体归类在至少看起来是物种或其他分类单元的名称的东西之下，并且做出有关这些群体的成员的形态、生理和行为的概括：关于它们看起来像什么，关于它们吃什么，关于它们住在哪里，关于它们捕食什么和被什么捕食，关于它们的信号，关于它们的交配习惯，等等。③

例如，常青藤植物朝向阳光生长，北极熊有白色的毛皮，印度犀牛有一只角而非洲犀牛有两只角，等等。这些概括式都要求一种解释：它们为什么会这样。迈克尔·戴维特认为，要解释这些概括式的真，我们不能仅仅寻求历史的解释，关于这些群体的本性的某东西也决定这些概括式的真，而内在的基因属

---

① DEVITT M. Resurrecting Biological Essentialism [J]. Philosophy of Science, 2008, 75 (3): 344-382.

② DEVITT M. Resurrecting Biological Essentialism [J]. Philosophy of Science, 2008, 75 (3): 345-346.

③ DEVITT M. Resurrecting Biological Essentialism [J]. Philosophy of Science, 2008, 75 (3): 351.

性是这些群体的本性的一部分。例如，每只印度犀牛的某种内在属性在它的环境中导致它仅仅长出一只角，而每只非洲犀牛的不同的内在属性在它的环境中导致它长出两只角。"这种内在的差异解释了生理的差异。如果我们把类似的解释关于物种的一个相似的概括式的每个内在的潜在属性合在一起，那么我们就有它的本质的内在部分。"①

迈克尔·戴维特考察了内在生物本质主义的一个主要反对意见，即几乎所有现代物种概念都支持物种是关系的或历史的。但是，在迈克尔·戴维特看来，关系本质主义和历史本质主义都是有缺陷的，因为它们都不能回答特性问题和分类单元问题。前者指为什么某个物种 S 的成员典型拥有特性 T，后者意指为什么有机体 O 是物种 S 的一员。要回答这些问题，迈克尔·戴维特认为分类单元的本质必须由内在属性和关系属性构成，也即物种的本质既有内在成分也有历史成分，并且分类单元本质的历史成分要求一种内在成分，部分历史本质主义与部分内在本质主义的结合才构成分类单元本质的完整解释。② 迈克尔·戴维特的多元本质主义相比传统自然类本质主义至少有两个显著优点：第一，它的多元本质观念能够完成传统类本质所承担的重要任务，同时具有更大的包容性，特别是它能够容许更多的范畴是本质类，而不仅仅是传统上假定的有限范围的物理、化学和生物类；第二，它能够与基于进化论的当代生物学理论相适应，因为他的本质主义没有承诺一种完全内在的本质，所以它可以与系统发育—支序论物种概念相结合。

然而，迈克尔·戴维特的多元本质主义也存在困难。首先，迈克尔·戴维特认为物种等生物类的本质包含内在属性成分和外在（关系或历史）属性成分，但哪种成分在承担传统本质的功能过程中发挥更大的作用？按照迈克尔·戴维特的观点，内在属性相较于关系或历史属性在发挥本质的功能过程中是优先的，但是大多数生物学哲学家则选择外在的关系或历史属性优先。③ 其次，迈克尔·戴维特认为关于物种等分类单元的生物学概括必须要求一种内在本质，这其实是在诉诸最佳说明推理，但为什么诉诸内在本质的解释是最佳的呢？迈克尔·戴维特的多元本质观念实际上极大地削弱了本质的说明功能，使得它无法承担

---

① DEVITT M. Resurrecting Biological Essentialism [J]. Philosophy of Science，2008，75（3）：352.

② 陈明益. 戴维特的多元生物本质主义探析 [J]. 自然辩证法研究，2021，37（4）：25-30.

③ 陈明益. 戴维特的多元生物本质主义探析 [J]. 自然辩证法研究，2021，37（4）：25-30.

为自然类奠基的核心任务。① 传统的类本质不仅决定而且能够说明类成员的许多其他属性。但是，迈克尔·戴维特承认完全关系的或外在的本质类，例如"是澳大利亚的"，而这种本质类的成员的特征实际上没有任何解释和预测价值。进一步说，如果本质被降低到这样一种程度使得"是澳大利亚的"都可以算作一个本质主义类，那么本质就不再发挥为自然类奠基的作用。因此，虽然一定程度的多元论与本质主义相容，但迈克尔·戴维特的多元本质主义似乎走得太远，使得我们不得不重新考虑将它视为一种本质主义观点。② 最后，迈克尔·戴维特主张物种等生物类至少有内在本质，但他并没有清楚地指出这种内在本质属性确切地是什么。迈克尔·戴维特将这种内在本质属性简单地看作基因属性，虽然他强调他的本质主义并没有承诺这一点。但是，即使基因属性或者 DNA 条形码（bar-coding）所识别的属性能够成为内在本质的候选者，它们也很难说就是物种的真正本质。的确，随着 DNA 条形码理论的发展，许多哲学家支持一种 DNA 条形码本质主义。这个理论最初是作为快速识别已知物种的一种手段而引入的，但一些生物学家宣称条形码可以用作一种有效工具来发现迄今未知的隐藏物种。条形码技术通过识别短的 DNA 序列部分，这个部分主要指线粒体的细胞色素 c 氧化酶 I 基因（COI）的 648-bp 区域，进而对生物有机体做出分类。DNA 序列的差异揭示出有机体的系统发育距离（phylogenetic distance）的差异。通过测量 DNA 序列中的差异，科学家们可以对两个有机体的系统发育分离时间做出可靠假设。通过比较生物有机体中的 DNA 序列的差异，我们可以识别出有机体所属的物种。条形码方法曾得到许多生物分类学家的高度称赞，被誉为"21 世纪的分类学"。这种方法被广泛应用于识别蝴蝶、鸟和许多其他生物有机体的物种身份，并发现了许多假定的新物种。由于每个物种都有区别于其他物种的 DNA 条形码，所以 DNA 条形码就像物种特有的名称，它必然地指称一个独特的 DNA 序列。借助条形码，DNA 序列成为物种潜在的内在本质。根据 DNA 条形码本质主义，我们通过 DNA 条形码来识别物种，因而不需要系统发育的背景知识。

但是，DNA 条形码理论也存在一些困难。首先，DNA 条形码技术在现实应用中还存在许多欠缺。尽管线粒体在动物和植物中发挥相同的生物作用线，但

---

① 陈明益. 戴维特的多元生物本质主义探析［J］. 自然辩证法研究，2021，37（4）：25-30.
② BRZOVIC Z. Devitt's Promiscuous Essentialism［J］. Croatian Journal of Philosophy，2018，18（53）：304.

是线粒体的 COI 基因不是植物的有效条形码区域，叶绿体中的两个基因区域才适合于植物物种识别。DNA 条形码无法说明为什么一个具体的线粒体基因区域对于几乎所有动物物种有效，而对于植物物种却无效。换言之，为什么一个线粒体 DNA 序列适合于动物物种定义，而不适合于植物物种定义。其次，DNA 条形码理论不能定义物种，它也没有提供划分物种的标准。DNA 条形码理论的倡导者认为，在 DNA 中显示出重要序列差异的两个有机体属于不同物种，也就是说，如果两个有机体包含很多年前就相互分离的两个序列，那么这两个有机体必定属于不同物种。通过条形码划分有机体提供了某些有机体的宗谱接近性或宗谱距离的信息，这使条形码免于主观评价而具有很强的科学性。但是，条形码方法没有说明两个有机体群体在什么时候彼此相距足够远才成为不同的物种，所以它也没有提供区分一个物种与另一个物种的划界标准。另外，条形码方法也无法区分年轻的物种与年老的物种。系统发育上年轻的物种是刚产生不久的物种，因此在基因上很难区分这些物种。年老的物种则是已经存在了数百万年的物种。因此，年轻的物种是由基因上相似的有机体组成，而年老的物种是由基因上彼此不同的有机体组成。有机体群体之间的基因距离不同于物种之间的差异，许多生殖隔离的物种几乎没有基因的不同，而同一个物种反而存在明显的种间基因异质性。因此，条形码没有定义物种是什么，因为条形码只决定有机体类群中的基因距离，这样一来所有年轻的物种被归为一个共同物种，而许多老的物种则被再分为不同的物种。DNA 条形码理论认为遗传分歧（genetic divergence）的程度可以用来推论两个种群属于不同的物种，或者许多种群属于相同物种。其实，它混淆了物种的本体论问题与认识论问题，也即定义物种不同于诊断物种。识别一个有机体是不是一个物种的成员是一个认识论问题，而决定一个新发现的有机体群体是不是一个新物种则是一个本体论问题。通过条形码来识别一个已知物种是一种诊断方法，而不是决定一个有机体群体是不是一个物种的方法。识别一个物种已经预设这个物种的存在，其目的是认知的，即如何最好地认出它。因此，"条形码可能是物种识别的一种有用工具，但它不可能是发现新物种的工具"①。最后，DNA 条形码所识别的本质很难说就是物种的真正本质。正如哈金所言，这些基因条形码只是"偶然的标记，而不是解释为什么巨嘴鸟有巨型嘴的本质。它们更像 DNA 指纹，可以识别伊丽莎白二世但不

---

① KUNZ W. Do Species Exist? Principles of Taxonomic Classification [M]. Hoboken：Wiley-Blackwell，2012：91.

能定义她"①。也就是说，DNA 条形码所识别的本质并不能发挥传统类本质的功能，特别是定义功能（即分类单元问题）和说明功能（即特性问题）。一些哲学家可能设想随着分子生物学的发展和 DNA 条形码技术的进步，一种新的、更加完善和理想的 DNA 条形码可以唯一地成为物种的内在本质，但是它所识别的本质仍然必须满足传统类本质的功能，否则它很难被视作本质。因此，DNA 条形码本质主义可能与关系本质主义一样，由于其本质缺乏说明功能而不能算作真正的本质主义。

四、社会类的形而上学问题

正如自然类在我们理解自然界的结构以及日常认知和科学认知活动中发挥重要作用，我们人类作为社会存在物在社会认知和社会实践活动中也依赖于各种社会类或社会范畴，例如，性别、婚姻、种族、货币、战争、永久居民等。就人类自身而言，每个个体既是自然类（即"智人"物种）的一员，同时也是相应的社会类的成员。一些社会类（例如，性别、种族）对于一个人的身份至关重要，因为他在社会类中的成员身份塑造了他的生活。社会类不仅塑造了我们对世界和自身的理解以及我们与他人之间的关系，而且对于说明和预测社会现象、引导我们的社会行为以及获取关于社会实在的结构的知识不可或缺。② 正是由于社会类的重要性，所以它在关于社会现象的研究中发挥关键作用。特别是，当我们想要解释、理解并提出关于社会或我们个体生活或历史的精确概括，我们就需要掌握相关的社会范畴。然而，尽管社会类普遍存在并且有其重要性，哲学家们在历史上很少关注它们，而是将注意力更多地给予自然科学研究的类，尤其是物理、化学和生物类。③ 直到最近，哲学家们对社会类的兴趣才开始不断增强。

（一）社会科学中的分类问题

社会类最初意指社会科学中的分类或划分的范畴而受到关注。自然类通常被等同为我们最成熟的自然科学理论所划分的范畴，即科学类，并且自然科学中的类划分是客观的。然而，社会科学中的类划分却有明显不同，因为社会科学中的分类不是客观的，而是相互影响的，换句话说，社会类的划分通常是人

---

① HACKING I. Natural Kinds: Rosy Dawn, Scholastic Twilight [J]. Royal Institute of Philosophy Supplement, 2007, 61: 234.

② ÁSTA S. Categories We Live By: The Construction of Sex, Gender, Race, and Other Social Categories [M]. Oxford: Oxford University Press, 2018: 1.

③ MASON R. The Metaphysics of Social Kinds [J]. Philosophy Compass, 2016, 11 (12): 841-850.

类中心主义的。在哈金看来，在社会语境中，分类的对象本身在被划分过程中会发生改变，这是因为被划分的人是有意识的，这个事实导致分类与被分类的对象之间直接的动态相互作用。① 被分类的对象可能抵制或接受某些分类并相应地修改他们的行为，这就导致相关的类概念的外延中的改变。由于外延改变，类成员身份的标准也可能改变。例如，我们关于一类人所知道的东西可能会变错，因为那个类的人依据他们关于其自身所相信的东西已经做出改变，这种现象被哈金称作"循环效应"（looping effect）②。哈金进一步将社会科学中的分类视作相互作用类（interactive kind）。例如，"女性难民"（woman refugee）作为一种分类就是一个相互作用类，因为它与类中的事物（也即人）相互作用，而这些人（包括个体的女性难民）能够意识到她们如何被分类并且相应地改变她们的行为。相反，自然科学中的分类则不同。例如，夸克不会形成一个相互作用类，因为夸克的观念不会与夸克相互作用。夸克也不会意识到它们是夸克并且不会由于被划分为夸克而做出改变。所以，哈金认为这构成了自然科学与社会科学之间的根本差别。"社会科学的分类是相互作用的，自然科学的分类和概念则不是。在社会科学中类与人之间存在有意识的相互作用，在自然科学中则没有相同类型的相互作用。"③ 在哈金看来，"相互作用"是一个新概念，它不是应用于人而是应用于分类和类，也即能够影响被划分的东西的类，并且因为类可以与被划分的东西相互作用，所以分类本身可能被修改或替代。④ 哈金进一步认为，传统的自然科学与社会科学之间的一个最重要差异是自然科学中所使用的分类是中立类（indifferent kinds），而社会科学中所使用的分类主要是相互作用类。"自然科学的目标是静止的。由于循环效应，社会科学的目标则是变动的。"⑤ 既然相互作用类遭受一种独特的分类不稳定性（即个体在应对被分类的过程中会发生改变，进而导致我们修正对这个类的理解），所以哈金认为这些相

---

① HACKING I. The Social Construction of What? [M]. Cambridge：Harvard University Press，1999：103.

② HACKING I. The Social Construction of What? [M]. Cambridge：Harvard University Press，1999：34.

③ HACKING I. The Social Construction of What? [M]. Cambridge：Harvard University Press，1999：32.

④ HACKING I. The Social Construction of What? [M]. Cambridge：Harvard University Press，1999：103.

⑤ HACKING I. The Social Construction of What? [M]. Cambridge：Harvard University Press，1999：108.

互作用类不可能是自然类①。

（二）社会类的本质

按照哈金的上述观点，社会类不是自然类，因为它们遭受"循环效应"。在哈金看来，自然类概念正是作为中立的事物流行起来的。自然类词项所划分的事物没有意识到它们是如何被划分的，并且不会与它们的分类相互作用。例如，一个电子对于被划分为电子是中立的（indifferent）。然而，社会类是相互作用的并且可以改变以回应我们对待它们的态度，也即划分和描述社会类会导致反馈，这改变了处于研究中的类。社会类的这个特点意味着社会类缺少传统的本质属性。按照传统的自然类本质主义，本质属性是内在的、充分必要的和模态必然的，它提供了将实体划分为类的标准，也即类是被其本质属性所个体化，一个类 K 的本质属性指定成为 K 意指什么，一个类的存在或本性也是被它的本质属性所给予。但是，大多数哲学家认为，社会类的成员身份条件涉及社会属性和关系，或者说，社会现象导致社会类的实例存在，一个类是社会的，如果它的存在或其本性依赖于集体意向或其他态度。阿斯塔（Asta）就把社会类看作被社会属性或特征所定义的现象聚合，如果一个特殊范畴或类是通过社会属性或特征来定义，那么它就是一个社会范畴或社会类，也即使社会类成为社会的东西是其成员分享一组社会属性。②

显然，如果社会属性是社会类的本质，那么这种属性不是一种内在属性而是关系属性。例如，货币的本质属性是作为一种通用的交换媒介以及作为一种测量和贮藏价值的属性，这些属性指定了什么是货币。但是，货币的这些属性不是内在属性，而是一种关系属性，所以，诸如货币等社会类有一种关系本质。③ 同样，社会类的本质属性对于这个类也不是充分必要的。④ 例如，对于性

---

① 当然，哈金的这个主张遭到激烈的批评，因为类似的不稳定性也发生在自然类的范例当中。按照杰西卡·莱曼（Jessica Laimann）的观点，相互作用类并非不稳定的而是"变化无常的"（capricious），也即它们的成员以一种挫败现存理论理解的难以控制的、意想不到的行为方式来变化。在他看来，相互作用类经常是由一个基准类和一种相联系的地位所构成的"混合类"（hybrid kinds），它使支持变化和稳定性的模式机制难以理解和预测。参见 LAIMANN J. Capricious Kinds ［J］. The British Journal for the Philosophy of Science，2020，71（3）：1043-1068.

② ASTA. Social Kinds ［M］// JANKOVIC M，LUDWIG K. The Routledge Handbook of Collective Intentionality. London and New York：Routledge，2018：290-299.

③ MASON R. The Metaphysics of Social Kinds ［J］. Philosophy Compass，2016，11（12）：841-850.

④ MASON R. The Metaphysics of Social Kinds ［J］. Philosophy Compass，2016，11（12）：841-850.

别这个社会类来说，没有一种属性被所有女性作为女性（以及所有男性作为男性）所分享，因为什么是男性或女性随着时间并跨越文化甚至在一种文化中会发生变化。不管性别范畴如何被定义，它总是排除一些个体属于它们，也没有东西是所有女性共同拥有的。所以，不存在根据这些属性定义这个范畴。最后，社会类的本质属性也不是模态必然的，也即跨越不同的语境而必然具有。根据泰勒（Elanor Taylor）的观点，社会范畴具有语境的脆弱性。① 一些社会范畴是脆弱的，意指它们的应用是高度依赖于社会语境的特殊细节，包括地理位置和时间等因素，以及诸如特殊种类的等级结构的存在或特殊种类的职业的存在等特征。如果这些高度具体的语境条件发生改变，那么社会范畴将停止应用，例如，垮掉的一代（beatnik）和足球休闲装（the football casual）等社会范畴。

（三）社会类的心灵依赖性

社会类不是自然类的另一个重要理由在于社会类的心灵依赖性，也即社会类相比自然类（例如，物理、化学和生物类）更依赖于我们的精神状态，这种心灵依赖性进而导致社会类的反实在论。如果一个类 K 是心灵依赖的，那么 K 不是实在的。所以，社会类依赖于我们的心灵状态这个论点被认为蕴含社会类的反实在论。相反，根据传统本质主义，自然类是通过本质来定义的，这种本质是"从物的（de re）而不是从言的（de dicto），也即本质存在于事物本身而不是存在于我们关于它们的信念、思想、理论或话语"②。自然类本质主义直接蕴含自然类的实在论，即自然类拥有独立于心灵的客观存在。在一些哲学家看来，使一个类成为社会类的东西是它在什么程度上依赖于人们的主观态度。塞尔区分了两种主观性：本体论的主观性和认知的主观性。前者是指实体（或现象）的存在以某种方式依赖于主体，包括主体的信念、思想和实践，而后者是指关于实体（或现象）的描述的真值以某种方式依赖于主体。③ 在塞尔看来，社会世界是本体论上主观的但认知上客观的，也即存在这样的事物，它们仅仅是因为我们相信而存在，例如，货币、财产、政府和婚姻等，但是关于这些事物的许多事实却是客观的。④"按照货币是社会建构的方式，所有的实在也是社会建构的。关于货币的事实可以是认知上客观的，即使货币的存在是社会建构

---

① TAYLOR E. Social Categories in Context［J］. Journal of the American Philosophical Association，2020，6（2）：171-187.

② WILKERSON T E. Natural Kinds［M］. Aldershot：Avebury Press，1995：109.

③ SEARL J R. The Construction of Social Reality［M］. New York：The Free Press，1995：8.

④ SEARL J R. The Construction of Social Reality［M］. New York：The Free Press，1995：1.

的并因此在那种程度上是本体论上主观的。"①

根据塞尔的观点，社会类的一个重要特征是本体论上主观的，但关于它们的判断可以是认知上客观的。例如，货币是本体论上主观的，因为它的存在依赖于我们的精神态度，但一张纸币是 10 美元的钞票的判断则是认知上客观的，因为这个判断的真独立于我们的态度。在塞尔看来，社会类的存在依赖于集体意向性，也即社会类是以某种方式依赖于（个体或集体的）命题态度。具体来说，社会类是由于约定、规则或法律而拥有它们的特征，并且这些约定、规则和法律指定了某事物算作那个类的成员必须满足的条件。② 对于某个社会类 X 而言，成为 X 就是被视为、用作和相信是 X。例如，某东西是 10 美元的钞票，是对它而言被视为如此、用作如此和相信如此。卡哈里迪对社会类的本性做了进一步区分：一是社会类的存在是否依赖于我们拥有关于它们的命题态度；二是社会类的成员（或实例）的存在是否依赖于我们拥有关于它们的命题态度。基于对这两个问题的不同回答，卡哈里迪区分了三种社会类：第一种社会类是这些类的存在及其成员身份都不依赖于主体关于它们的命题态度，例如，是否存在经济衰退不依赖于人们是否认为存在经济衰退，而且某种经济状态是不是经济衰退也不依赖于人们关于它们的态度；第二种社会类是这些类的存在依赖于主体关于类本身的命题态度，但类的成员身份则不必依赖于主体关于它们的命题态度，例如，货币这个类的存在依赖于我们的态度，但一张纸币是不是货币这个类的一员则不必依赖于我们关于它的态度；第三种社会类是这些类的存在及其成员身份都依赖于主体的命题态度。③ 蕾贝卡·玛森（Rebecca Mason）也辩护社会类在这种意义上依赖于我们的精神状态，即它们存在，（部分地）因为某些精神状态存在，而这对于它们是本质的。④ 因此，社会类不同于自然类，因为它们在本体论上依赖于我们关于它们的态度。社会类的心灵依赖性使它们成为本体论上主观的，而本体论上的主观性阻止它们成为自然类，因为自然类应该是实在的客观特征，即独立于人类心灵。⑤

---

① SEARL J R. The Construction of Social Reality [M]. New York：The Free Press，1995：190.

② SEARL J R. The Construction of Social Reality [M]. New York：The Free Press，1995：32.

③ KHALIDI M A. Three Kinds of Social Kinds [J]. Philosophy and Phenomenological Research，2015，40（1）：96-112.

④ MASON R. Social Kinds are essentially Mind-dependent [J]. Philosophical Studies，2021，178（12）：3975-3994.

⑤ 陈明益，周昱池. 社会类的本体论探纲 [J]. 长沙理工大学学报（社会科学版），2020，35（2）：24-32.

第五章

自然类的多元论

　　根据自然类本质主义，类的所有成员占有一种共同的本质，这种本质是类成员的内在属性而不是外在的关系属性，本质不仅导致与类的成员典型相联系的属性，而且识别本质可以帮助我们解释和预测这些属性。自然类本质主义不仅蕴含自然类实在论，而且蕴含自然类一元论，也即存在唯一正确的方式（即根据本质属性）将世界划分成自然类。例如，普特南是一位自然类本质主义者，他将自然类定义为与类的范例型样本有相同性关系的个体组成的群体，这种相同性关系即本质属性。普特南的观点假定实体的类之间存在合适的划分，并且类之间划分的界线是客观存在于自然界当中并等待科学家去发现。因此，按照一元论，没有任何交叉划分的类可以被认为是自然类。如果在自然类之间存在重叠，那么其中一个应该是另一个的子类，换句话说，不应该存在交叉划分的类。例如，人类属于智人的类，但也属于哺乳动物和脊椎动物的类，因为智人是属于哺乳动物纲的一个种，它们又都属于脊椎动物的亚门。所以，自然类一元论与自然类的等级结构观点是相容的。不赞成等级结构观点的一元论者则主张我们可以仅在分类的最低层次上找到自然类，在那个层次上自然类之间不应该存在重叠。

　　最近几十年，科学哲学家越来越关注实际科学和科学实践，特别是物理学和化学之外的更大范围的科学分支。这些"专门"（special）科学揭示出多重方式来划分科学领域，而且它们的分类经常是彼此交叉和重叠的。这逐渐使哲学家形成一种共识，即类之间没有任何独特的自然划分可以从科学实践和理论中提取出来。越来越多的科学哲学家接受一种自然类多元论：自然差异允许划分世界的不同或多种多样的方式。这种多元论似乎破坏了哲学家对自然类的传统兴趣。普特南的工作至少提供了一种客观方式回答"这是什么种类的事物"的问题，并且假定存在某种本质属性使其成为那类事物。但是对于多元论者而言，一个事物可以属于许多不同的"自然"类。普特南的观点也假定识别一个实体所属的自然类将告诉我们什么样的归纳可以应用于它，但多元论似乎破坏了这种希望。不仅如此，自然类多元论还可能导致自然类消除主义（eliminativism）。

一、兴趣相对性的分类学

（一）兴趣相对的观点

尽管普特南将自然类的相同性关系视作自然类的本质，但是他进一步补充说，我们用来识别自然类的相同性关系是兴趣相对的（interest-relative）。例如，一个事物与其他事物有"相同液体"关系，如果它们都是液体并且这两个事物"在重要的物理属性上相一致"，而这种重要性是一种兴趣相对的观念。[1]

> 正常地说，一种液体或固体的"重要"属性是结构上重要的属性：指定这种液体或固体最终是由什么构成的属性——基本粒子，或氢和氧，或土、气、火、水，或其他任何东西——以及它们如何排列或组合以产生表面的特征。从这种观点看，一滴典型的水的特征是由 H_2O 组成。但是存在不纯性可能是重要的或者可能不是重要的。因此，在一个语境中"水"可能意指化学上纯的水，而在另一个语境中它可能意指密歇根湖中的物质材料。一位说话者可能有时将 XYZ 视作水如果他在使用它作为水。同样，正常的是水处在液体状态很重要，但有时候它是不重要的，人们可能将一个 H_2O 分子视作水，或者将水蒸气视作水（"空气中的水"）。[2]

因此，我们在日常语境中可以正确地说水是 H_2O，因为对于日常语境水的重要属性被化合物 H_2O 所捕获。但是，当我们在从事化学研究时，"相同液体关系"也指其他的分子结构，因为水除了 H_2O 之外还包括 D_2O、D_4O_2、D_6O_3 等。

普特南的观点为多元论留下了空间。本质主义在化学中的一个变种是微观结构主义，即微观结构属性构成化学类的本质。在化学元素的情形中，这可以是核结构，但仍然需要指出这种结构确切地是什么，或者如何确定什么构成微观结构的相似性。例如，如果我们关注核电荷，那么依据原子数（即原子核中的质子数）的分类就是相关的；如果我们关注核质量，那么中子的数量也是相

---

① PUTNAM H. The Meaning of 'Meaning' [M] // PUTNAM H. Mind, Language and Reality: Philosophical Papers, Volume 2. Cambridge: Cambridge University Press, 1975: 239.

② PUTNAM H. The Meaning of 'Meaning' [M] // PUTNAM H. Mind, Language and Reality: Philosophical Papers, Volume 2. Cambridge: Cambridge University Press, 1975: 239.

关的，并且我们将把分类建立在元素的更精致的同位素基础上；我们也可以通过关注放射性衰变模式并达到诸如放射性核素之类的范畴来划分实体，它交叉划分为化学元素。也就是说，不同的微观结构特征作为自然类的不同本质的可能性使这个问题保持开放：微观结构本质是否存在唯一正确的分类？如果我们假定本质主义自然类是固定的范畴，那么它不依赖于我们的兴趣或者不会随我们的兴趣而改变。一旦我们识别类的本质，我们就清楚地确立类的分界线，也就是说，类的划界和本质都是不会随着我们的兴趣而改变的东西。虽然在事物之间存在许多的相似性和差异，但是有一组相似性是有特权的，因为它们决定自然类的真实本质。自然类一元论虽然没有明确地在本质主义观点中陈述，但可以从自然类的等级结构观点中推论出来。因此，本质应当是在某种程度上特殊的或有特权的属性，并且一旦我们识别它，我们就知道将世界划分为自然类的唯一合适方式是什么。相反，强调分类应当服务于我们的兴趣这种进路是多元的，因为在不同语境和学科中，我们的兴趣可以变化，并且基于这些兴趣我们才认为这些类是自然的。因此，类的兴趣相对性观点几乎不可能产生自然类一元论。

基于兴趣相对性的分类不仅出现在科学分类当中，也经常发生在日常分类之中。在日常生活中，我们常常基于不同的兴趣或目的来划分对象。例如，假设你是一位学校摄影师，而我是一位学校厨师。你想给孩子们拍一张好的照片，而我想给他们做一顿好的午餐。对于你而言，你需要将孩子们按照身高进行排列，因为你需要将矮个子孩子排在前面，而把高个子孩子排在后面。对于我来说，情况则不同，我需要根据他们的饮食要求将他们进行分类，比如吃肉的、素食主义的、严格素食主义的、对食物过敏的以及有宗教信仰的等。对我来说，以这种方式将孩子们划分为不同群体是有意义的，因为它对于我的目的是最有用的。因此，这两个分类系统在它们的类群方面是不同的。假如张三和李四都吃肉（没有食物过敏或宗教信仰），并且张三是矮个子而李四是高个子。对于我来说，他们将被归入相同的类，但对于你来说则不是，所以我们所划分的类是彼此交叉的。我们都没有一种独特的关于孩子们的有特权的分类，你的分类对于你的目的是好的，而我的分类对于我的目的是好的。显然，这种分类学的差异将产生类多元论：当我们有不止一种分类系统，使得（1）这些分类系统在它们所产生的所有类群方面都不一致；（2）对于至少两个分类系统，它们不应该被拒斥为不合法的；（3）没有一种分类系统是"最好的""有特权的"或"客观上正确的"。前述摄影师和厨师的分类情形就是类多元论的一个例子，这也体现了分类学差异的一种特殊观点，即兴趣相对观点。根据这种观点，替代的分类系统是相对于某些兴趣而被评价：首先，不同的兴趣导致分类学的差异；其次，使替代的系统成为有效的东西是这个事实，即每种分类学的确对于那种特殊的兴趣是有用的；最后，由于每种分类系统对于它自己的目的是合法的，所以它们没有一个是客观上"最好的"，相反，每一个对于它所意图的兴趣才是有用的。①

（二）生物分类的兴趣相对性

兴趣相对性的分类学最明显地体现在生物分类实践当中。生物学家提供了"物种"这个词的各种不同定义，并将这些不同定义称作"物种概念"。生物学中存在许多不同的"物种"概念，这些物种概念甚至多达几十个。其中，最有代表性的物种概念有三个：生物学种概念（biological species concept）、系统发育种概念（phylogenetic species concept）和生态种概念（ecological species concept）。生物学种概念将一个物种定义为能够成功地杂交繁殖并产生可育后代的一群有机体；系统发育种概念（它本身有多个版本）将一个物种定义为被一个独特的祖先所约束的一群有机体，也即它基于祖先将有机体整理成物种；生态种概念将一个物种定义为分享一个与众不同的生态位的一群有机体，也即它基于分享相同生态位的世系将有机体划分成物种，一个生态位是由置于一个有机体之上的环境压力以及有机体发展出来应对那种环境压力的属性和行为所构成。② 也有学者强调这样三个代表性的物种概念：表现型物种概念（the phonetic species concept）、支序物种概念（the cladistic species concept）和基因流共同体物种概念（the gene-flow community species concept）。③ 表现型概念将生物物种当作拥有相似特性的有机体群体，其缺点在于特性是不同质的，使得相似度的量化变得不可能。支序概念将物种视作拥有共同祖先的有机体群体，也即拥有共同祖先的每个有机体属于同一个物种。所以物种是根据有机体彼此之间的宗谱关系来定义，但其缺点是地球上的所有有机体将有共同的亲缘，并且不清楚一个物种将在哪里终结而另一个物种将在何处开始。基因流共同体意指通过基因流动彼此内聚地联系的一个有机体群体，所以物种拥有基因池（gene-pool）的联系。基因流共同体概念类似于生物学种概念的生殖共同体。生物学种概念主张物种是相对隔离的基因池，也即物种是实际上或潜在地杂交繁殖的种群群

① TAYLOR H. Whales, Fish and Alaskan Bears: Interest-relative Taxonomy and Kind Pluralism in Biology [J]. Synthese, 2021, 198 (4): 3369-3387.

② ERESHEFKSY M. Species [EB/OL]. Stanford Encyclopedia of Philosophy, 2010-01-27.

③ KUNZ W. Do Species Exist?: Principles of Taxonomic Classification [M]. Hoboken: Wiley-Blackwell, 2012: 34-39.

体，并且这些种群必须在生殖上与其他种群相隔离。根据生物学种概念，一个物种将包括能够（实际上或潜在地）以一种相对自由的方式交换基因材料的有机体种群，并排除那些基因交换不可能或者高度受限制的种群。但是，基因流共同体概念没有要求物种的所有有机体能够相互繁殖，而只要求个体通过基因流彼此联系，它的缺点是限制于双亲（biparental）有机体，这使拥有两性生殖（bisexual reproduction）的有机体成为必要。

　　如果我们将上述不同的物种概念应用于相同的有机体群体，那么就会产生分类多元论的情形。例如，在美国阿拉斯加附近的一个小岛上生活着一个种群的熊。它们是雌性北极熊（白熊）与雄性棕熊成功杂交繁殖的后代，并且可以与白熊和棕熊进行交配。由于能够进行这种杂交繁殖，所以它们构成一个能够与棕熊和北极熊交换基因材料的种群。根据生物学种概念，它们与北极熊和棕熊这两个群体是同种的。然而，它们拥有对于其环境的行为适应性，这种行为适应性被棕熊所分享，但不被北极熊所分享。所以，根据生态种概念，它们应该被划分为与棕熊同种，而不是与北极熊同种。这种情形可以看作分类多元论的实例，而生物分类的兴趣相对观点可以解释这种分类多元论。例如，我们可能对解释生活在寒冷环境中的熊的进化有兴趣，在这种寒冷环境中存在许多海洋生命，但有很少的陆地或植物生命。如果这是我们的兴趣，那么我们将对生活在这种环境中的熊的特殊属性有兴趣。就这种兴趣而言，它对于我们将生活在我们感兴趣的特殊寒冷环境中的那些熊与发展出一种相似特性簇（例如，白色毛皮、建造特别好的隔热巢穴或捕食富含脂肪的海洋动物）来应付寒冷环境的那些熊分类在一起是有用的。这将类群限制于一个特殊的环境背景以及我们想要解释的特殊属性，这种限制是有用的，因为它设置了研究的解释性目标（即我们想要解释这些特征在这种特殊的背景中是如何有帮助的）。相反，这对于生活在其他环境（以及对于环境有不同适应性）的熊将是没有意义的，因为那不是我们的关注点。如果我们将生活在其他环境中的那些熊包括在内，那么我们的解释将涵盖错误的有机体类群。这种类群将包括北极熊但排除阿拉斯加附近小岛上的熊，因为它们没有生活在这样一种环境中，并且它们也没有满足这种生态位的动物所独有的属性（也即生态种概念在起作用）。

　　其他生物学家可能对其他解释目标感兴趣，例如，解释某些特性如何进入种群。例如，我们可能对为什么阿拉斯加附近小岛上的熊拥有像北极熊那样的线粒体 DNA 图谱但拥有棕熊的毛发颜色感兴趣。为此，我们将会把可以成功地传递彼此基因信息的那些种群的熊归类在一起。这些种群对于我们的解释是必需的。一旦我们知道雌性北极熊参与和雄性棕熊的繁殖行为，我们就可以解释阿拉斯加附近小岛上的熊如何获得它们的棕色皮毛，也即它们通过基因材料的交换或交配行为而从雄性棕熊那里获得的。它们有北极熊的线粒体 DNA 图谱，因为线粒体 DNA 是从它们所起源的雌性北极熊传递下来的雌性线（female line）。根据这种分类学，棕熊、阿拉斯加附近小岛上的熊和北极熊被归类在一起。如果我们不把棕熊和北极熊包括进能够交换基因信息的有机体种群中，我们将不会有关于北极熊线粒体 DNA 和棕色毛皮如何出现在相同种群的阿拉斯加附近小岛上的熊身上的解释。按照这种方式，兴趣相对观点很好地解释了分类多元论的情形：一种分类学（生态分类学）没有将阿拉斯加附近小岛上的熊与北极熊归类在一起，而是将它与棕熊归类在一起；按照另一种分类学（杂种繁殖分类学），阿拉斯加附近小岛上的熊是与北极熊和棕熊归类在一起；对于兴趣相对观点来说，这些不同的分类系统产生出来是因为生物学中不同的解释兴趣，并且每一个分类系统对于它所意图的兴趣是有用的。① 生态概念和杂种繁殖概念代表了类差异的明显例子，同样也可以应用于系统发育概念。在相同的总体计划内我们为了不同的解释目标要求不同的物种概念。如果我们对棕色皮毛特性如何进入种群感兴趣，我们必须谈论杂种繁殖行为；当我们对棕色皮毛如何在种群内扩散并成为支配性的皮毛颜色感兴趣，我们将不得不谈论生态位（以及共同祖先）。这些解释目标可能不是明确地分开，并且它们之间的差别可能极其微妙。因此，根据生物学的许多替代解释目标，兴趣相对观点可以解释类多元论，但这没有暗含解释目标中的分歧是类多元论可以在生物学中产生的唯一方式。

（三）兴趣相对性与分类任意性

根据兴趣相对观点，任何种类的兴趣差异都可以潜在地产生类多元论，甚至是那些与解释无关的兴趣。这可能引发一种担忧：如果任何兴趣可以原则上导致类多元论，那么兴趣相对的观念可能会导致分类的任意性或"一切都行"。换言之，如果兴趣相对观点对于兴趣（无论兴趣是不是解释性的）的差异可以产生分类学的差异这种可能性保持开放，那么这种观点可能太过自由。显然，兴趣相对观点不应该使所有可能的分类学都有效，特别是它应当能够拒斥一些分类学是不合法的，也即它可以拒斥至少一些有问题的分类学。根据兴趣相对观点，替代的分类系统应该被接受，只要它们满足某种兴趣。所以，以下两个标准是合理的：（1）如果一个分类系统不能实现它所意图的兴趣，那么这个分

① TAYLOR H. Whales, Fish and Alaskan Bears: Interest-relative Taxonomy and Kind Pluralism in Biology [J]. Synthese, 2021, 198 (4): 3369-3387.

类系统应该被拒斥为不合法的；（2）对于一个分类系统为了一个特殊目的被接受，它必须是这种情形，即没有竞争的分类系统可以更好地实现讨论中的目的。①

我们以占星术为例来说明第一个标准。占星术将太阳和月亮视作行星，根据兴趣相对观点，这不是一种合法的分类系统。占星术有一组特殊的兴趣，也即预测人类生活中的未来事件和人格特征。但是，它所产生的类群对于那种兴趣不是有用的，因为占星术所使用的分类系统实际上并没有帮助预测事件或人格特征（没有任何天体的归类可以做到）。所以，由于其自身原因，它不是有用的，进而应该被拒斥。同样，兴趣相对观点还应该避免使伪科学的分类系统合法化，这对于伪科学之外也适用。例如，生物分类学中的表现型学派或表现型主义（pheneticism）基于有机体的总体相似性将它们划分为物种。这种分类系统的目的是以一种理论上中立的方式来划分生命体。然而，这种进路通常被认为是失败的，因为一个人挑选哪些属性是理论推动的，以一种理论上中立的方式建立一种分类学的希望就被违背了。我们可以借助第二个标准来判断竞争的分类系统。兴趣相对观点可以通过它们实现某些兴趣的能力来判断分类学。假设我们有两种分类学 A 和 B，A 对于实现某种目的是有用的，而 B 对于实现那种相同目的更有用。既然 A 对于这种目的不是那么有用，它就可以被拒斥而 B 可以被接受。以癌症分类学为例，癌症是通过它们的起源器官（organ of origin）来分类的。但是，最近的研究发现通过它们的表观遗传分子图谱（epigenetic molecular profile）来分类对于癌症治疗更有用。假设这种新的分类学真正对于这种目的更有用，那么在这种情形中虽然前一个分类系统对于癌症治疗是有用的，但是新的分类系统更有用。所以，新的分类系统（至少为了那个目的）应该被优先选择，而前一个分类系统应该被拒斥。

分类学的兴趣相对观点可以与生物学中的类多元论相联系。不同的兴趣传递不同的类群，这个事实解释了为什么拥有不同类群的不同分类系统出现在生物学当中。前述两个标准解释了两种分类学是合法的意指什么，也即是说，两种分类学都是合法的，它们不能被任何一个标准所摒弃。这两个标准也解释了为什么不存在任何客观上正确的有机体分类学。这两个标准不是对分类学的兴趣相对观点的实质性补充。兴趣相对观点认为不同的分类学源于不同的兴趣，而这两个标准通过它们实现不同兴趣的能力来判断不同的分类学，所以它们是

---

① TAYLOR H. Whales, Fish and Alaskan Bears: Interest-relative Taxonomy and Kind Pluralism in Biology [J]. Synthese, 2021, 198 (4): 3369-3387.

兴趣相对观点的一种自然延伸，而不是一种特设性修正。当然，有用性可以以程度的形式出现：一些类群可以或多或少对于一个特殊目的是有用的。既然兴趣相对观点根据有用性来解释合法性，所以合法性也以程度的形式出现。兴趣相对观点同样与自然类理论相联系。在科学哲学中，自然类理论试图解释某些群体的实体拥有什么样的结构，这种结构又被用来解释什么使科学中的某些说明和预测实践变得高度成功。任何一种自然类理论的核心主张都是：存在某些范畴，这些范畴对于科学说明和预测特别有用，并且这些范畴指称拥有某种共同结构的类（这种共同结构被不同的自然类理论有差别地阐述）。① 从这种意义上看，自然类理论的核心主张与兴趣相对观点是一致的：无论对于说明和预测特别有用的类是否有某种共同结构，替代的分类学应该基于它们的有用性被判断。有些自然类理论主张我们应该偏好于匹配世界中的自然类的范畴化实践。换句话说，对于科学说明和预测特别有用的所有范畴共同拥有某种结构，并且这些范畴是自然类。如果这是真的，那么我们应该偏好依附于自然类的范畴。一些哲学家因此给自然类强加一组认知限制，由此我们可以将一些类判断为优于其他类。他们将自然类视作科学类，并认为科学类在认知上优于常识类，因为对于科学解释和预测的兴趣是优越的。然而，兴趣相对观点是检验一般的类的合法性的一种方式，包括非科学的类。上述两个标准提供了类（包括非科学的类）的合法性的一种好的解释。虽然科学类对于这些兴趣是最好的类，但科学类仍然可能在绝对意义上没有优越于常识类。

二、物种多元论

生物学中的不同物种概念实际上提供了不同的兴趣标准将生物有机体划分为相应的类。物种概念的丰富性通常被称作"物种多元论"②。物种多元论是相对于物种一元论来说的。物种一元论者认为生物分类学的一个目的是识别一个正确的物种概念，也许那个概念是在当前所提出的物种概念当中，而我们需要决定哪个概念是正确的物种概念；或许我们还没有找到正确的物种概念，所以我们需要等待生物学的进步。相反，物种多元论者采取一种不同的立场，他们认为不存在一种正确的物种概念，并且生物学包含许多合法的物种概念，唯一

① 这种自然类理论实际上被称作自然类的认知理论，本书将在第七章介绍。
② HULL D L. On the Plurality of Species：Questioning the Part Line ［M］// WILSON R A. Species：New Interdisciplinary Essays. Cambridge：The MIT Press，1999：23-48.

正确的物种概念的目标应该被放弃。① 物种多元论有不同的形式，其中以基切尔、杜普雷和马克·艾瑞舍夫斯基的本体论多元论最有代表性。② 物种多元论同样涉及关于物种的另外两个重要问题：物种的本体论地位问题与物种的实在性问题。

（一）物种作为集合

基切尔的物种多元论首先试图解决物种的本体论地位问题。在前一章中，我们看到物种个体论者拒斥物种作为自然类。在基切尔看来，"物种可以看成是生物有机体的集合（set），使得生物有机体与物种之间的关系可以解释为熟悉的集合—成员关系（set-membership）"③。基切尔似乎将集合与类当作同一种实体，并辩护物种是类的传统观点。但是，基切尔并没有把集合看作有本质的自然类，他对物种分类单元是否有本质保持不可知论，而且他认为自然类只是我们在给出说明过程中挑选出来的集合，对应在我们的说明模式中占重要位置的谓词，也即类可能但不必然是出现在定律中的谓词的外延。④ 将物种视作集合是一种本体论上中立的立场，因为它允许一些物种是时空上受限制的有机体集合，即个体；同时允许其他物种是时空上不受限制的有机体集合，即类。根据基切尔的观点，物种本质主义和物种个体论都不可接受，承认物种是集合与否认这些集合的成员具有共同性质之间没有矛盾。基切尔没有直接提出支持物种是集合的正面论证，而是考虑物种个体论者否认物种是集合的反面论证。

物种个体论者的第一个论证：物种是进化的，集合是非时间性实体，不能进化，所以物种不是集合。基切尔认为这个论证存在不完全翻译谬误：集合不能等同于非时间性实体，进化实体也不等同于时空连续性实体。物种进化可以看作基因型（或基因型加表现型）的频率分布在不同阶段的改变，一个物种产生几个世袭种（descendant species）意味着这些世袭种的奠基群体（founding-populations）包含来自祖先种的奠基群体的生物个体。因此，只要将物种定义为由一个奠基群体及其后裔构成的集合，就可以更好地表达物种进化行为。物种

---

① ERESHEFKSY M. Species［EB/OL］. Stanford Encyclopedia of Philosophy，2010-01-27.
② 杜普雷的物种多元论将在下一部分中专门介绍。杜普雷的观点与基切尔的观点在很多方面有相似之处。基切尔的多元论允许一些物种是时空上连续的实体（即个体），同时允许其他物种可以是时空上无限制的实体（即自然类），杜普雷的多元论持类似观点。此外，他们的物种多元论既是关于物种单元，也是关于物种阶元，并且他们的物种多元论与物种实在论相结合。相反，马克·艾瑞舍夫斯基的物种多元论则是一种物种反实在论立场。
③ KITCHER P. Species［J］. Philosophy of Science，1984，51（2）：309.
④ KITCHER P. Species［J］. Philosophy of Science，1984，51（2）：315.

个体论者的第二个论证：自然类是按照定律运行的事物，如果物种是时空上不受限制的类，那么物种就是可以按照定律运行的事物，像"所有天鹅都是白色的"概括式若为真就是真正的自然定律。如果形如"物种 X 具有性质 Y"的陈述是自然定律，就不能允许有例外，但是这个陈述有例外，所以物种不是按照科学定律运行的事物，也即不是时空上不受限制的类。基切尔认为这个陈述不是自然定律，不是因为它有例外，而在于它是关于进化的偶然结果，关于单个物种的定律是可能的。物种个体论的第三个论证：如果物种是类，那么物种是历史不连续的，不存在历史不连续的物种，所以物种不是类。基切尔列举非历史联系的物种实例来反驳这个论证，也即单性蜥蜴起源的例子。

为什么基切尔认为一些物种是个体而其他物种是时空上不受限制的集合？跟随生物学家恩斯特·迈尔（Ernst Mayr），基切尔认为生物学中存在两种根本的解释类型：引用接近因（proximate causes）的解释与引用终极因（ultimate causes）的解释。接近因解释引用一个特性的更直接原因，例如，导致一个有机体的特性出现的基因或发育通道（developmental pathways）。终极因解释则引用一个物种的特性的进化原因，例如，导致熊猫和它们祖先的拇指进化的选择力（selection forces）。对于每一种类型的解释，基切尔认为存在"物种"这个词的对应定义（即"物种概念"）。接近因解释基于结构相似性（例如，基因、染色体和发育的相似性）引用物种概念，这些物种概念假定物种是时空上不受限制的有机体集合。终极因解释引用指派物种进化作用的物种概念，这些物种概念假定物种是世系（lineages）并因此是个体。在这个方面基切尔是正确的，即生物学家试图以两种方式来解释有机体的特性：有时他们引用一个特性的终极或进化的原因，其他时候他们引用拥有那种特性的有机体的结构特征。但是，基切尔对生物学实践的描述也存在问题。自达尔文以来，生物学家将物种当成进化单元，物种的进化进路是生物学中关注的焦点。对应基切尔的结构概念的群体并不被分类学家认为是物种。拥有基因的、发育的、行为的和生态的相似性的有机体群体在生物学中是自然类，但它们不被认为是物种。例如，雄性在生物学中是一个类，但它不是一个物种。基切尔断言物种是集合的动机，是允许时空上不受限制的有机体群体形成物种，但是这种动机没有被生物学理论或实践所证实。①

① ERESHEFKSY M. Species［EB/OL］. Stanford Encyclopedia of Philosophy，2010-01-27.

（二）物种的多元实在论

按照基切尔的说法，

物种是通过复杂的、生物学上有兴趣的关系彼此联系的有机体集合。有许多这样的关系可以用来划分物种单元，但是没有哪一种关系是有特权的，即按照这种关系划分的物种单元能够满足所有生物学家的要求并应用于所有有机体群体。也就是说，物种阶元是异质的。物种阶元是异质的，因为存在两种划分物种单元的主要进路，并且每种进路都有许多合法的变化。一种进路是通过结构相似性来归类有机体，由此产生的物种单元在某些生物学研究和说明中是有用的。然而，存在不同的层次，在这些层次上结构相似性可以被找到。另一种进路是通过系统发育关系来归类有机体。从这种进路产生的物种单元可以用来回答不同的生物学问题。但是，还存在替代的方式将系统发育（phylogeny）划分成进化单元。物种单元的多元论观点可以得到辩护，因为有机体当中的结构关系和有机体当中的系统发育关系提供了满足不同分类单元的要求的共同基础。①

从基切尔的论述中，我们可以看到基切尔主张一种物种多元论，他的物种多元论不仅是物种单元（species taxa）的多元论，也是物种阶元（species category）的多元论。物种单元与物种阶元是基切尔在提到物种多元论时频繁使用的。恩斯特·迈尔曾经区分过物种在分类学中的两种不同意义，即作为分类单元的物种与作为阶元或范畴的物种。② 作为分类单元的物种是具体的动物或植物对象，例如，老虎、栎树等个体的类群都是物种单元；物种阶元则是一种类别，通常是林奈（Carolus Linnaeus）七个等级系统中的某一阶层：界、门、纲、目、科、属、种（或亚种）。物种单元是物种阶元的成员，分类学家所采用的物种阶元定义就决定他必须将哪些分类单元安排为物种，所以物种阶元的问题纯粹是一个定义的问题。如果我们令 F 表示某个基于生物学目的划归在一个物种单元之下的类群，例如，狗的真实群体，那么物种单元问题可以表达为"一个有机体根据什么是物种 F 的成员"，它是关于有机体的属性问题；而物种阶元问题可

---

① KITCHER P. Species [J]. Philosophy of Science，1984，51（2）：309.
② 迈尔. 生物学思想发展的历史 [M]. 涂长晟，等译. 成都：四川教育出版社，2010：166-167.

以表达为"物种 F 根据什么是一个亚种、种、属等",这是关于属性的更高层次问题。① 由此可见,物种单元问题与物种阶元问题是非常不同的两个问题。

基切尔的物种多元论是根据生物学兴趣的多样性和物种单元的划分方法得出的结论。现有的生物学研究兴趣是多样的且没有哪一个是更基本的,不同的生物学兴趣对应着不同的物种单元划分,多样的物种单元划分对应着多样的物种阶元。为了论证多元论的可能性,基切尔考察了一元论的情形,也即根据一种生物学上有兴趣的关系划分的物种单元能否回答所有生物学家的所有问题。生物学种概念强调生殖隔离的标准,可以适合于许多物种单元的划分。例如,蚊属的各个姊妹种之间在形态上是相似的,但在繁殖上是隔离的。但是,生物学种概念不能满足古生物学家的目的,因为我们没有直接手段来判断已经灭绝的各类型之间是否在生殖上彼此隔离,这时进化谱系上的物种相继关系主要利用形态学材料来给出。不仅如此,生物学种概念几乎不能应用于无性繁殖的生物。基于这样的事实,基切尔说,"生物学种概念给出了自然界多样性的一种模式。虽然把生物有机体划分为生殖上彼此隔离的群体在理论上是重要的,但这不是生物多样性唯一重要的模式"②。因此,基切尔认为,物种阶元是多样的,每一个物种概念都可能是合法的并为不同的分类单元划分所满足。生物学家使用物种阶元的目的是多种多样的,生物学家要达到的目的不同,所使用的物种概念也不同。生物学家的研究可以区分为两类:结构的和历史的。这两种研究相应地要求两种不同的物种概念:物种的结构概念和物种的历史概念。这两种物种概念提供不同的解释模式,也即结构解释和历史解释,但是这两种解释模式没有哪一种更基本。

基切尔的物种多元论既是物种单元的多元论,也是物种阶元的多元论,并且他认为物种单元的多元论与物种实在论是相容的,从而他也间接地表达物种阶元也是实在的。基切尔认为多元论与实在论不冲突。"物种单元的多元论与物种实在论相容,而且它还提供一种理顺关于'物种是存在于自然界中的真实实体,其起源、持存和灭绝需要说明'的各种主张的途径。"③ 在基切尔看来,如果物种实在论被看作是关于物种独立于人的认识而存在的判断,任何接受关于集合的温和实在论的人都能接受物种实在论。生物存在,生物集合也存在。作

① DEVITT M. Resurrecting Biological Essentialism [J]. Philosophy of Science, 2008, 75 (3): 357.

② KITCHER P. Species [J]. Philosophy of Science, 1984, 51 (2): 319

③ KITCHER P. Species [J]. Philosophy of Science, 1984, 51 (2): 309.

为物种的生物集合的存在独立于人的认识。所以，物种实在论是平庸地真。但是，基切尔认为物种实在论更多的是关于生物有机体划分为物种是否对应自然界的客观结构中的某东西。在基切尔看来，这种意义上的物种实在论与物种多元论同样是相容的。"多元实在论所依赖的观念与我们的客观兴趣可能不同，我们在进行不同解释目标的生物学研究时可以是客观上正确的，进而不同生物学领域的自然图景可以把自然界的组成部分交互分类。"① 然而，物种单元的多元论容易理解，因为存在于自然界的生物类群本来就是遵循不同的自然秩序形成的，能够作为物种的自然类群，就是一个物种单元。但是，物种阶元的多元论就很难理解：

> 一个物种阶元的定义总是对应于一个或一组理论假定，规定了自然类群作为物种的标准。选择了一种理论假定，也就确定了一个物种阶元的定义。在同一个理论下，不能有多个物种阶元的定义，至少不能有逻辑上不相容的物种阶元定义。②

按照基切尔的看法，物种阶元的多元论（即物种阶元的异质性）具体体现为生物学中现存的物种阶元定义是同样合法的。既然现有的生物学研究兴趣是多样的且没有哪一个是更基本的，而且不同的生物学兴趣对应着不同的物种单元划分，所以多样的物种单元划分对应着多样的物种阶元。但是，基切尔的论证前提存在问题。生物学研究兴趣是多样的，并不意味着没有一个基本的生物学理论假定。基切尔受恩斯特·迈尔关于两种生物学（即研究远因的进化生物学和研究近因的功能生物学）的划分的启发，区分两种生物学研究：结构解释和历史解释。基切尔认为，这两种解释模式没有哪一个是更基本的，因为"对具体生物的研究可以提出一系列问题，有些是结构的，有些是历史的，对这些问题的结构回答会产生新的历史问题，而历史的回答也会引起新的结构问题"③。然而，尽管这两种生物学研究兴趣不可偏废，但这只是在两种生物学研究兴趣基于同样的理论假定时才出现的情况。今天的生物学家，不论他们关心的是分类学、生态学还是进化论，每当他们使用物种概念时，大都接受达尔文的共同由来学说，也即相信物种来自物种，即使是数值分类学，也要在鉴定物

---

① KITCHER P. Species [J]. Philosophy of Science, 1984, 51 (2): 330.
② 董国安. 物种多元论的认识论意义 [J]. 自然辩证法研究, 2010, 26 (10): 20.
③ KITCHER P. Species [J]. Philosophy of Science, 1984, 51 (2): 321

种时考虑亲缘关系。当基于物种不变假定的结构解释与基于共同由来假定的历史解释相矛盾时，我们必须做出有利于共同由来假定的选择，物种的历史本性必须放在首位。

（三）物种反实在论与消除主义

物种多元论与物种一元论之间的根本分歧在于是否存在唯一合法或正确的物种概念。物种多元论认为存在许多不同的物种概念，这些概念在划分生物有机体和理解生命史过程中是同等合法和有用的，而物种一元论认为只有唯一正确的物种概念对于生物学是根本的。物种概念是多元的，这也是基切尔的物种多元论和杜普雷的混杂实在论的出发点和重要依据。如前所述，存在三种典型的物种概念：表现型物种概念、支序物种概念和基因流共同体物种概念。一元论者认为未来科学（尤其是生物学）的发展仍然可能产生一种统一的物种概念，它可以有效整合形态相似性、生殖隔离和宗谱世系三个标准。例如，威尔逊就尝试用物种的生殖隔离解释和宗谱解释来达到一种一元论的物种概念。[1] 但是，杜普雷指出将宗谱世系与生殖隔离相结合存在困难。在杜普雷看来，虽然这三个标准之间存在许多的联系，但是很难期望它们汇聚到相同的分类单元，而且，即使不排除未来出现唯一的物种概念的可能性，但当前的证据更支持混杂实在论和物种多元论。[2] 事实上，不仅生殖共同体概念与系统发育概念不相容，表现型概念与生殖共同体概念所给出的物种定义也是不相容的。表现型概念根据特性相似性来定义物种。由于雌性野鸭在表现型上非常不同于雄性野鸭，反而更接近于雌性针尾鸭，所以根据表现型概念，雌性野鸭与雄性野鸭是不同的物种，而与雌性针尾鸭是相同物种，但事实上雌性野鸭与雄性野鸭才是相同物种。生殖共同体概念根据有机体的相互交配来定义，不互相交配的有机体属于不同物种。按此标准，由于雄性野鸭与雌性野鸭交配，而野鸭不与针尾鸭交配，所以通过交配可以解释雄性野鸭和雌性野鸭属于相同物种。因此，特性相似性的物种概念与繁殖相容性的物种概念是两个不同的物种概念，它们不能随意结合。

即使有许多物种概念并存，物种多元论还是面临不少困难，特别是物种多元论在本体论上如何与物种实在论相容。物种多元实在论认为，各种不同的物种概念提供有机世界的同等真实的划分。基切尔既允许物种单元的存在，也允许物种阶元的存在。因此，他的多元实在论既是物种单元的多元实在论，也是

---

①　WILSON R A. Promiscuous Realism［J］. The British Journal for the Philosophy of Science, 1996, 47（2）：303-316.

②　DUPRE J. Promiscuous Realism：Reply to Wilson［J］. The British Journal for the Philosophy of Science, 1996, 47（3）：441-444.

物种阶元的多元实在论。然而，

　　在物种阶元的意义上，多元论与实在论不能相容；在物种单元的意义上，多元论可以与实在论相容，但多元实在论命题过于平庸，因为物种单元是一个可观察的实体，对于它我们不提出是否实在的问题。物种阶元的多元论与实在论不能相容在于主观兴趣的多样性与客观的自然图景的单一性不能相容。①

　　更进一步说，物种概念的多样性和不相容性表明物种概念必定是虚构的，也即物种概念是人类的建构物，而不是代表存在于自然界中的真实实体，因为这么多不相容的物种概念不可能都同时正确地描述存在于自然界中的物种。物种多元论认为，作为物种单元的有机体群体根据某个解释目的算作物种（阶元），而根据其他解释目的被划分为不同的物种（阶元），如果物种单元是为了不同解释目的来定义，那么它们在什么意义上是自然界中的真实实体呢？因此，当定义物种名称的各种方式不一致时，我们有理由怀疑物种的实在性。从这种意义上看，物种阶元的多元论更容易走向物种反实在论。斯坦福（Kyle Stanford）从基切尔的物种多元论出发就认为物种多元论必定导致物种反实在论。② 在斯坦福看来，生物学理论发生变化，所以我们识别为物种单元的有机体群体也发生变化。有机世界或多或少保持不变。因此，物种单元仅仅存在于我们的理论兴趣当中。显然，斯坦福的物种多元论反对物种单元的实在性。

　　马克·艾瑞舍夫斯基同样辩护物种多元论，但是他认为物种多元论有一个大胆的后果，即物种概念不是理论上有用的。虽然各个具体的物种概念（例如，生物学种概念、系统发育种概念和生态种概念）所定义的不同物种阶元是实在的，但这对于"物种"这个一般词项所指称的范畴不能成立。马克·艾瑞舍夫斯基将他的激进解释称作"消除主义多元论"（eliminative pluralism）。③ 马克·艾瑞舍夫斯基的多元论是本体论的。按照他的观点，任何单个有机体可以被划分为不同的物种范畴，这个事实是有机世界的一个真实特征。当前的系统发育和进化的理论描述了不同的机制，这些机制塑造了有机体的历史和内聚。根据

① 董国安. 物种多元论的认识论意义 [J]. 自然辩证法研究，2010，26（10）：21.
② STANFORD K. For Pluralism and Against Realism about Species [J]. Philosophy of Science，1995，62（1）：70-91.
③ ERESHEFSKY M. Eliminative Pluralism [J]. Philosophy of Science，1992，59（4）：671-690.

马克·艾瑞舍夫斯基的解释，在进化中存在三种不同的真实力量将生命之树划分为不同单元：杂种繁殖创造出符合物种的杂种繁殖解释的某些单元；系统发育解释挑选出被共同亲缘所描述的单元；物种的生态解释所关注的单元是通过生态选择产生的。这三个不同的具体物种概念分别对应生物学种、系统发育种和生态种。虽然这三个概念指称真实的范畴，但是马克·艾瑞舍夫斯基主张不存在（一般的）物种范畴，"物种"这个词项应该被消除并且用多个更精确的词项来取代它。①

马克·艾瑞舍夫斯基随后将这种物种消除主义立场概念化为物种反实在论，即物种概念不是理论上有用的，因为不存在物种范畴。② 所以，他反对物种阶元的实在性而不是物种单元的实在性。马克·艾瑞舍夫斯基用他的异质性论证来辩护这个结论。一个范畴存在的标准是其成员分享某种共同性，这种共同性是群体之外的成员所没有的。不同的物种概念关注不同的机制（例如，杂种繁殖、共同亲缘和生态选择）。因此，符合多个物种概念所划分的物种单元没有分享一种生成机制（generating mechanism）或任何其他的重要特征。根据马克·艾瑞舍夫斯基的观点，不存在所有不同物种单元所分享的共同性，这种共同性将它们与其他分类单元区分开来。这就意味着"不存在统一的本体论范畴称作'物种'"③。但是，各种不同的物种单元是实在的，因为属于分类单元的个体是被产生分类单元的机制所统一起来的。分类单元有一种统一的本体论结构，因此，我们称作"物种"的单元可能是真实的并且存在不同类型的物种，但是物种阶元的异质性表明物种阶元并不存在。物种多元论暗示物种概念不是理论上有用的，它应该被摒弃以支持许多具体的物种概念，这些具体物种概念才指示真实的范畴。虽然各种不同的具体物种概念所定义的不同物种范畴是真实的，但这对于"物种"这个一般词项所指称的范畴不成立。在马克·艾瑞舍夫斯基看来，物种多元性反映了世界的真实性质，而不是我们关于世界的知识状况，这使我们有理由怀疑物种阶元的存在。物种概念的多元性不在于我们对于物种概念的定义来自不相容的科学目的，而在于各种分类单元之间没有统一的特征。这种多元论的反实在论否认物种阶元概念所指称的单元的真实存在，进而否认物种阶元的理论有用性。换言之，物种反实在论只是反对物种阶元的存在，而不否

① ERESHEFSKY M. Eliminative Pluralism [J]. Philosophy of Science, 1992, 59（4）: 681.

② ERESHEFSKY M. Species Pluralism and Anti-Realism [J]. Philosophy of Science, 1998, 65（1）: 103-120.

③ ERESHEFSKY M. Species Pluralism and Anti-Realism [J]. Philosophy of Science, 1998, 65（1）: 113.

认物种单元的真实性。物种阶元的不存在并不意味着物种单元是人为的，因为物种单元是真实的分类群体。物种单元是多元的，即物种单元有不同的类型，各个类型的物种单元之间没有共同的性质，所以，没有一个物种阶元概念能够适用于所有类型的物种单元，物种阶元概念在理论上没有作用。

三、混杂实在论

在批评普特南的自然类本质主义过程中，杜普雷基于生物分类的特殊情形，提出自然类的一种替代理论，他称作混杂实在论。① 在随后的著作中，杜普雷又详细阐述和辩护这种混杂实在论立场，并将这种立场作为攻击科学哲学中广为接受的观点的重要部分，特别是反对自然类的传统本质主义和统一论（unificationism）。② 虽然杜普雷在很大程度上关心生物学，但是他认为他的混杂实在论能提供自然类的一种替代观点，这种观点在实践上比传统实在论更适合于科学。

（一）常识分类与科学分类

在杜普雷看来，生物实体的常识范畴具有本体论的随意性（ontological profligacy），常识关心的不是达到一幅统一的世界图景，而是为了收集关于世界的更多信息，所以关于自然对象（包括生物有机体）的常识范畴是多而杂乱的。杜普雷进一步发现常识范畴并没有通过科学的相应分类学来改进，换句话说，在常识范畴（或日常语言分类）与科学分类之间存在不一致性，而自然类本质主义（正如普特南的语言分工所论证）认为日常语言分类从属于并符合科学分类。在常识与科学之间还存在许多自然类。杜普雷借助一个例子来说明这一点：我们普通人使用词项"百合"来指称某些种类的花，但是这些花实际上属于许多不同的属，而且每个属包含许多我们不算作百合的东西，比如洋葱和大蒜。③因此，常识和生物学提供给我们多元的方式来划分生物实在，并且常识分类与科学分类之间存在明显的不一致性。不仅如此，杜普雷还进一步指出常识与科学在自然类的解释中发挥相同作用，也即常识或日常语言能够提供一种替代性的或有竞争性的自然类成员身份标准和整理自然类的方式。在这种意义上，常识与科学就能够提供同等合法的方式将世界划分成自然类。

---

① DUPRE J. Natural Kinds and Biological Taxa［J］. The Philosophical Review，1981，90（1）：66-90.
② DUPRE J. The Disorder of Things：Metaphysical Foundations of the Disunity of Science［M］. Cambridge：Harvard University Press，1993：chapter 1-3.
③ DUPRE J. The Disorder of Things：Metaphysicl Foundations of the Disunity of Science［M］. Cambridge：Harvard University Press，1993，90（1）：28.

在杜普雷看来，自然类更多地与人类兴趣有关。① 常识（或日常语言）与科学分别满足不同的合法兴趣或目的将世界划分成自然类。杜普雷发现我们日常语言的分类服务于许多不同的目的或兴趣。一些名称是从生物学家那里借来的，或者是生物学分类所抛弃的遗物；一些分类反映了农民的兴趣；其他分类反映了厨师和美食家的兴趣，或者木材商人的兴趣，或者花艺设计师的兴趣，或者园丁、毛皮商、猎人、动物管理员等人群的兴趣。每种分类都有适合于它们的目的，并典型地反映了这些目的。一些分类可能对于其他目的是完全无用的，例如，厨师和园丁会坚持大蒜和洋葱与装饰用的葱属植物物种之间有显著区分，而生物学家不会做出这样的区分。动物管理员关于动物习惯问题与动物标本剥制师关于动物标本适合填充与保存的问题也存在差异。因此，每种分类都集中于某些相似性和差异，但没有哪一种相似性或差异是有特权的，或者说特别重要。许多相似性和差异只是相对于专门的兴趣才重要，例如，农民、园丁或厨师的兴趣。然而，在本质主义者（例如普特南）看来，满足生物学家的兴趣的相似性和差异是有特权的，并且这些相似性和差异在某种程度上标志着自然界的真实关节点。杜普雷反对这样一种本质主义观点，转而提出自然类的混杂实在论："实在论得自这个事实，即按照与各种关注相关的方式存在许多的相同性关系用来区分有机体的类；而混杂性来自这个事实，即这些关系没有一个是有特权的。"②

混杂实在论是一种实在论，而不是反实在论。按照杜普雷的观点，使农民、园丁、厨师和动物标本剥制师感兴趣的特征是世界的真实特征，这些特征是关于世界的事实，而不是关于我们的事实。例如，一些动物可以生产牛奶，一些植物可以存活过英国的冬天，一些植物是可以食用的。与我们相关的唯一事实是：如果我们是农民，我们将关注一些真实特征；如果我们是园丁，我们将关注一些不同的真实特征；如果我们是动物管理员，我们将关注另一些真实特征。混杂实在论并非仅仅关注生物分类，它同样可以应用于物理分类和化学分类。按照混杂实在论，存在许多可行的分类，每种分类都反映了一种特殊的兴趣。例如，在关于金属的分类上，除了物理学家和化学家的兴趣之外，还有筑桥师的兴趣，他们致力于寻找能够承受负重并抵抗恶劣天气的廉价材料；还有钢琴制造商和其他乐器制造商的兴趣，他们关心制造引人注意的声音；还有电工的

① DUPRE J. Wilkerson on Natural Kinds [J]. Philosophy, 1989, 64 (248): 248-251.
② DUPRE J. Natural Kinds and Biological Taxa [J]. The Philosophical Review, 1981, 90 (1): 82.

兴趣，他们想要好的导体；还有雕刻家、金匠、银匠、铁匠等工人的兴趣，他们各自关注相应的美学效果。所有这些分类都是完全实在的，它们相互交叉，但没有哪一种兴趣是有特权的，我们应该使用适合眼前目的的任何一种分类。在杜普雷看来，

> 我们应该承认科学和日常生活可能要求许多或多或少交叉的分类系统。既然这些分类可能表征被分类对象的完全真实特征，那么就没有理由将这样一种多元论观点与关于被区分的类的实在论相分离。……我甚至赞成在这样一种多元观点的语境中"自然类"这个词项的复兴，虽然明显是在剥夺它的传统本质论含义的意义上。①

（二）生物分类的多元性

在杜普雷看来，自然类的多元论不仅可以通过反思常识与科学分类之间的差异得到支持，而且可以从审视科学（尤其是生物学）本身得到支持。杜普雷认为，在研究物种本性的生物学哲学中的三个争论都提供了混杂实在论为真的证据。第一个争论：物种是个体，还是自然类。杜普雷认为，关于物种真正是什么，不存在一个答案，只存在相对于生物学的不同解释事业的答案。物种在传统上被视作自然类的范例，但是这个观点被迈克尔·格瑟琳和大卫·霍尔强有力地挑战，他们提出物种是个体的替代理论。杜普雷不相信物种作为个体的观点完全取代了物种作为自然类的传统观点。他认为我们同时需要这两种观点，"我从这些考量中得出结论，即在我们将理论嵌入当作考虑物种的本体论地位问题的正确方式的程度上，我们被推向一种多元论答案：在一些语境中物种被视作个体，而在其他语境中物种被视为类"②。当然，杜普雷的多元论结论不能简单地表达为物种既是个体又是类，因为个体与类属于根本不同的本体论范畴。杜普雷将他的结论表述为："真正的问题是相同集合的个体是否能够同时提供一个类的外延和一个更大个体的构成部分。这个问题的答案明显是肯定的。"③ 物种既是个体又是自然类，它们分别是相对于不同的生物学研究语境来说的。

---

① DUPRE J. Natural Kinds［M］// NEWTON-SMITH W H. A Companion to the Philosophy of Science. Hoboken：WileyBlackwell，2001：318.

② DUPRE J. The Disorder of Things：Metaphysical Foundations of the Disunity of Science［M］. Cambridge：Harvard University Press，1993：43.

③ DUPRE J. The Disorder of Things：Metaphysical Foundations of the Disunity of Science［M］. Cambridge：Harvard University Press，1993：58.

第二个争论：什么标准应该用作物种成员身份的标准。杜普雷认为，不存在物种成员身份的单个标准可以服务于生物学所使用的物种概念的所有目的，关于物种成员身份的多元论是可以采用的最合理观点。杜普雷分析了生物学中决定物种成员身份的三个主要标准：形态学的、生物学的（或生殖的）和系统发育的（或宗谱的），并认为每个标准都是为了某些生物学目的但不是其他目的而适合于物种划分。因此，没有哪一个标准可以算作物种的本质。相反，依赖于人们从事什么样的生物学领域（例如，古生物学、微生物学、生态学）以及人们关注什么类型的有机体存在不同的标准。物种成员身份的多元标准意味着不存在唯一决定物种成员身份的标准，也不存在唯一方式来排序或组织物种。杜普雷强调，这种多元论与类和个体的实在论态度可以保持一致，就像根据不同的划分标准可以将分类树切割成不同的部分。

第三个争论：物种是否有本质。虽然杜普雷有时承认"一种真正容忍的多元论应该允许真实本质的似真候选者的偶尔出现"①，但是他的论证仍然拒斥物种有本质。杜普雷认为无论我们采取形态学、生物学还是系统发育的物种概念，本质主义都是失败的。多元论者否认存在唯一正确的分类模式。按照形态学种概念，表现型或基因型属性似乎可以算作本质的候选者，但是进化论表明种内的这些属性都会发生变化。按照生物学种概念，本质属性的唯一候选者是生殖隔离，但是生物学种概念的一个明显局限性是不能应用于无性物种，而且更根本的问题在于生殖隔离并非总是绝对的，例如，生物世界（尤其是植物、鱼类和两栖类）出现的杂交化现象（hybridization）。杂交化现象阻止我们将生殖能力看作物种的本质属性，因为有的个体有机体根据这个标准不能归入任何物种，属于不同物种的个体有机体之间存在生殖联系，属于相同物种的个体有机体之间反而不存在生殖联系。此外，环物种（ring species）的情形也表明繁殖可育后代的能力不是传递的，一个环物种的两个相邻成员之间能够产生可育的后代，但是终端的成员之间不能杂种繁殖。按照系统发育物种概念，唯一可能的本质属性的候选者是起源于某个祖先群体的关系属性，但这样一种属性同样不可能是本质的。在拒斥生物分类的本质主义过程中，杜普雷说：

> 不存在上帝给予的、唯一的方式来划分进化过程的无数多样的产物。存在许多合理的和可辩护的方式来这样做，并且这样做的最好方式将依赖

---

① DUPRE J. The Disorder of Things：Metaphysical Foundations of the Disunity of Science［M］.
Cambridge：Harvard University Press, 1993：55.

于分类的目的和讨论中的有机体的独特性，无论那些目的是属于传统上认为的科学的部分还是日常生活的部分。①

（三）混杂实在论的困难

自然类的传统本质主义主张存在唯一正确的方式（即本质标准）将世界中的事物划分为自然类，并且科学分类是唯一正确的分类系统。杜普雷的混杂实在论反对自然类本质主义的一元论，同时也反对自然类的还原论和统一性。根据杜普雷的观点，自然类和科学分类学的传统实在论观点是错误的。他进而提出他的多元实在论观点："在反对自然类的本质主义学说过程中，多元论是这个主张即存在许多同等合法的方式将世界划分成类，我称这个学说为'混杂实在论'。"② 混杂实在论主张：（1）不存在唯一一种关于自然类的成员身份标准，也即类的本质提供的标准；（2）不存在唯一方式将世界中存在的自然类进行整理使得它们构成一个统一体。由此可见，混杂实在论否认自然类成员身份标准和自然类有序化（ordering）的唯一性。在杜普雷看来，混杂实在论是一种"激进的本体论多元论的形而上学"。"我的论点是存在无数合法的、客观上有理由的方式来划分世界中的对象。而这些划分方式可能经常以无限复杂的方式彼此交互分类。"③更重要的是，每种方式划分的自然类都反映世界的客观结构。因此，杜普雷的混杂实在论与自然类的传统本质主义是相反的但不是矛盾的立场，因为它并没有反对后者的全部内容，特别是自然类的客观实在性。④ 杜普雷同时对物种的本体论地位问题给出这样一种回答：物种在一些生物学研究语境中是（非本质主义意义上的）自然类，但在其他生物学研究语境中是个体。按照他的观点，本体论的多元论是关于物种问题应当采取的最合理立场。⑤

自然类的传统本质主义将本质属性作为区分自然类与非自然类以及决定自

---

① DUPRE J. The Disorder of Things：Metaphysical Foundations of the Disunity of Science［M］. Cambridge：Harvard University Press，1993：57.

② DUPRE J. The Disorder of Things：Metaphysical Foundations of the Disunity of Science［M］. Cambridge：Harvard University Press，1993：6-7.

③ DUPRE J. The Disorder of Things：Metaphysical Foundations of the Disunity of Science［M］. Cambridge：Harvard University Press，1993：18.

④ 自然类的反实在论观点则不同，它认为我们归给世界的特征严格地说是我们自己和我们信念系统的特征，不能融贯地视为世界本身的特征。虽然自然类通过本质来定义，但反对自然类有本质不一定要反对自然类的实在性。

⑤ DUPRE J. The Disorder of Things：Metaphysical Foundations of the Disunity of Science［M］. Cambridge：Harvard University Press，1993：44.

然类成员身份的标准，混杂实在论则提供了至少部分实用的标准。混杂实在论认为存在许多客观的、同等合法的方式将世界划分成类，因为每种方式都最好地满足一种不同的合法兴趣或目的，而一种合法的兴趣或目的必须是允许我们识别存在于自然界中的类的兴趣或目的。杜普雷将"自然类"定义为共同占有某个理论上重要的属性（一般但未必是微观结构的属性）。① 因此，某个实体属于相应的自然类就必须具有理论上重要的属性，而这种理论上重要的属性似乎是兴趣相对的。按照杜普雷的混杂实在论，自然界的对象之间存在许多真实的相似性和差异，它们在逻辑上不同于我们关于它们的思想和信念。但是我们能够发展出许多不同的分类系统来反映这些相似性和差异，并且没有哪一种分类系统是首要的、基本的或有特权的。自然类就是彼此承担某些相似性的对象群体。一些自然类被各个不同领域的科学家所描述，而其他的自然类被各种各样的非科学家根据他们的日常兴趣来描述，任何一种自然类对于其他自然类都不是有特权的。例如，物理学、化学和生物学的分类相比其他的分类处于更低层次，但这并不意味着它们是有特权的，我们应该选择适合于我们局部的或临时性目的的任何一个分类系统。动物管理员、园丁、厨师、农民、花圃工、木材商人、动物标本剥制师、木匠等人群的分类都挑选出自然界的真实相似性和差异，就像职业分类学家一样。这些分类彼此交叉，但没有哪一个是首要的、基本的和有特权的，我们应该选择对我们眼前工作最有用的任何一种分类。

因此，混杂实在论提供的实用性标准有助于将我们从自然类的传统本质主义"紧身衣"中解放出来，并使得自然类观念具有更大的包容性。首先，我们应该放弃自然类传统本质主义解释中的还原论，也即不应该认为所有合法的分类都必须可还原为职业物理学家、化学家和生物学家的分类，或者被后者的分类所蕴含，或者依赖于后者做出。其次，一旦放弃还原论，我们就应该放弃自然类的科学统一性图景。特别是，如果我们放弃物理学、化学和生物学在事物的理智模式中有特权地位的思想，我们就可以允许科学"百花齐放"，任何严肃的、带有实验和预测成功的信用记录的说明学科（例如，经济学、政治学、心理学）就可以获得科学的地位，并且它们不能被还原为物理学、化学或生物学，或者被后者蕴含，或者依赖于后者。最后，社会类（包括心理类）的地位不再有问题。按照自然类的传统本质主义，社会类不是自然类，不仅因为它们是被关系属性而不是内在属性决定，这些关系属性可能是规范的，由语境（包括规

---

① DUPRE J. Natural Kinds and Biological Taxa [J]. The Philosophical Review, 1981, 90 (1)：68.

则和约定的复杂框架）决定，例如，公民、议员、家长，而且因为社会类是多重实现的。但是，混杂实在论拒斥任何形式的还原论，拒绝给予社会科学次要或派生的地位，它允许社会科学分析和说明社会现象，并做出和检验预测，就像物理学家、化学家和生物学家那样。①

尽管混杂实在论有上述优点，但是它仍然存在一些问题。首先，混杂实在论还留下太多东西未解释，特别是其论证中所使用的核心语词的意义有待澄清。杜普雷认为自然类更多地与人类兴趣有关，但是"兴趣"（interest）这个词项的含义不是很明确。威尔克逊清楚地指出这一点："尽管存在许多不同且常常重叠的日常语言分类，每种分类都反映农民、园丁、厨师、美食家、园艺设计师、动物标本剥制师、动物管理员以及职业生物学家的独特兴趣，但是指称每个群体的兴趣或目的是有歧义的。"②"兴趣"本身是一个有歧义的词项。在一些情形中，当我们说某个人对某事物有兴趣，我们的意思是说他对这件事考虑很多，关于这件事花费了很多的时间和精力，例如，球迷对足球的兴趣，集邮家对邮票的兴趣。在另外一些情形中，当我们说某个人对某事物感兴趣，我们指这件事具有眼前的实际好处。这可以通过"兴趣"的两个反义词区别开来："无兴趣的"（uninterested）和"公正的"（disinterested）。譬如，一件法律诉讼与我无关，但它充满很强的刺激性和诽谤性内容，所以我很感兴趣，但我对此保持公正态度（disinterested）；如果我是当事人并且讨厌这件法律诉讼，那么我可能对此没有兴趣（uninterested），但是有利益（interest）涉入其中。因此，杜普雷的论证可能不公正地利用了"兴趣"的这种歧义性。不仅如此，在杜普雷关于日常语言分类（OLC）和科学分类（TC）的比较中所使用的语词"人类中心主义"（anthropocentric）和"拟人的"（anthropomorphic）也存在歧义性。杜普雷说道：

> 日常语言分类的功能毫不令人惊奇的是完全人类中心主义的。一个有机体群体可能由于任何一种理由在日常语言中被区分：由于它是经济学上或社会学上重要的（例如，科罗拉多甲壳虫、蚕和舌蝇）；由于它的成员是理智上有吸引力的（例如，不结网的蜘蛛和鼠海豚）；由于有毛皮和移情作用（例如，仓鼠和树袋熊）；或仅仅是由于非常引人注目（例如，老虎和大

---

① WILKERSON T E. Recent Work on Natural Kinds [J]. Philosophical Books, 1998, 39 (4): 225-233.

② WILKERSON T E. Natural Kinds [M]. Aldershot: Avebury Press, 1995: 128.

红杉）。①

但是，科学分类与日常语言分类不同。

　　科学分类避免了这种人类中心主义观点。物种名称的数量在这里意图反映真实存在的物种数量。然而，甚至这里仍然存在一种拟人的方面。因为一种恰当的分类学必须不仅满足理论的限制，而且应该是实践上可用的。②

　　首先，在这两段论述中，杜普雷可能混淆了许多不同的含义。在一些情形中，当我们说一种分类是人类中心主义的，我们可能意指它是逻辑上人类中心主义的，也即分类总是涉及某个现实的或可能的人。例如，人工物的名称就是逻辑上人类中心主义的，因为它总是或明或暗地指称一个现实的或可能的人，像房子是为人类提供的住所，硬币是人为约定交换的工具，野草是园丁不想要的植物。在另一些情形中，当我们说分类是人类中心主义的，我们意指我们的分类用法与实践中的人类兴趣有直接的因果联系。例如，动物标本剥制师按照某种特殊方式分类毛皮和尸体，因为他们想要找到能够适于保存和填充的毛皮，厨师的分类是致力于找到可食用的东西，动物管理员的分类是想要娱乐游客并保育濒危物种，木材商人的分类是希望获取较高的利润。在另外的情形中，当我们说分类是人类中心主义的，我们可能意指分类是由分类学家发明和使用的。
　　其次，杜普雷忽视了日常语言分类与科学分类之间存在的重要差异。正如威尔克逊指出，日常语言的许多分类与纯粹的实践兴趣紧密相连，例如，获取丰厚的利润，获得可口的食物，满足美的欲望，当没有这样的实践兴趣时，这些分类就没有多大的意义。③ 日常语言分类的词项都隐含地指称人类的欲望和兴趣，所以日常语言的许多分类是人类中心主义的。一方面，它们是逻辑上人类中心主义的，即暗含地涉及人类，例如，"野草""室内植物""牛""宠物"等名词；另一方面，它们是因果上人类中心主义的，即它们的引入和使用在因果

① DUPRE J. Natural Kinds and Biological Taxa ［J］. The Philosophical Review, 1981, 90 (1): 80.
② DUPRE J. Natural Kinds and Biological Taxa ［J］. The Philosophical Review, 1981, 90 (1): 81.
③ WILKERSON T E. Species, Essences, and the Name of Natural Kinds ［J］. The Philosophical Quarterly, 1993, 43 (170): 13.

上依赖于人的欲望和实践兴趣，例如，"灌木丛""地被植物""看门狗""家禽"等名称。相反，科学分类在逻辑和因果的意义上都不是人类中心主义的。科学分类既没有暗含地指称人的欲望和实践兴趣，也没有在因果上依赖于这些实践兴趣。我们很难说生物学家的实践兴趣是什么：正确的生物分类、有用的分类、获得荣誉、让大众感到惊奇、羞辱同事？科学分类的意义在于它记录自然界中的重要区分。不过，在克里斯·达利（Chris Daly）看来，通过是否与人类兴趣相关来对日常语言分类与科学分类做出清晰区分似乎并不恰当，科学分类并不是完全与人类欲望和实践兴趣无关，也并非日常语言分类的所有词项都与人类兴趣有关。① 一些应用科学（例如，应用医学、土壤力学和司法科学）以及当今时代的"大科学工程"都无不是在人类的各种实践兴趣和欲望的刺激下产生的。一个典型的例子是 19 世纪奥地利医生塞麦尔维斯（Ignaz P. Semmelweis）为了降低产房的高死亡率而引入一个自然类词项"死亡因子"（cadaverous matter）来指称从太平间不经意地传染到产房的病菌。塞麦尔维斯的实践兴趣就是降低产房的高死亡率，在这种实践兴趣的驱使下他发现了导致产房高死亡率的病菌。因此，我们似乎应该将分类模式本身与做出分类所持有的欲望和兴趣以及所使用的词项区分开。例如，不论我们引入词项"马""树"或"死亡因子"的日常生活或科学目的或兴趣是什么，马、树和死亡因子都存在，并且它们都是相应的自然类（马、树和死亡因子）的成员，也就是说分类所挑选出的对象是独立于我们的（日常语言或科学）分类所使用的词项和我们的欲望或兴趣。然而，尽管科学分类不可能完全脱离人类的实践兴趣，但是科学分类归根到底不是建立在人类兴趣的基础之上，而是致力于发现事物的本性和内在结构。所以，即使抛开科学分类的兴趣动机，科学分类仍然有很大的意义。但是，日常语言的分类在很大程度上仅仅着眼于事物的表面价值特性和功用，离开了人类的兴趣和欲望，日常语言的分类既缺乏动力也无意义。科学分类与日常语言分类之间仍然有着根本差异。

最后，日常语言分类与科学分类在揭示自然界真实存在的自然类方面并不具有同等地位。按照威尔克逊的观点，科学致力于说明我们周围的世界，并预测世界如何行为，这就要求对事物的因果力的兴趣，换句话说，科学家关心的是揭示实在世界的因果结构。科学家对自然类感兴趣，是因为自然类有助于严肃的科学研究，而那些非自然的类不是与事物的因果力相联系，所以无助于严

---

① DALY C. Defending Promiscuous Realism about Natural Kinds ［J］. The Philosophical Quarterly, 1996, 46（185）：496-500.

肃的科学研究。例如，桌子、椅子、树木、灌木丛、冰川、云朵，我们没有关于它们的科学，因为这些分类没有划分因果力，而它们遵守因果力，只是相对于自然类的分类系统。桌子的因果力源于构成它的细胞膜质，树木的因果力源于构成它的红枫，冰川的因果力在于冰冻的 H_2O。因此，

> 混杂实在论忽视了日常语言分类与科学分类之间的一个重要差异，即只有科学分类才是一种揭示事物因果力的分类，科学分类所揭示的自然类不同于日常语言分类所发现的类，它们支持严肃的科学研究。①

即使基于不同的兴趣有很多不同的分类，但是，除了物理学家和化学家的分类之外的所有其他分类都只关心无助于严肃科学概括的表面特征。虽然筑桥师、钢琴制造商、电工和其他人都做出关于他们的职业对象成功的预测，但是这些预测的成功直接依赖于物理学和化学的成功。他们的归纳知识或者是从物理学和化学借来的，或者是建立在物理学和化学的基础上，物理学家和化学家的分类是有特权的，因为他们的分类是或明或暗地关注事物的潜在因果力。

当然，一些人可能也会怀疑，日常语言所做出的一些分类同样关注事物的因果力，并非它们的因果力都要追溯到构成它们的材料。例如，桌子的因果力是能够支撑正常人体重的东西，这种因果力不同于构成桌子的细胞膜质的因果力，树木的因果力在于抵抗被大风连根拔起、从土壤吸收水分并进行光合作用等，这种因果力也不同于构成树木的某个属（例如，红枫）的因果力。此外，日常语言的分类同样能够提供世界的说明以及世界如何行为的预测，例如，关于树木、灌木和多年生植物的知识可以提供自然界的一些现象的说明和预测。而且，这些说明和预测相比科学提供的说明和预测不一定就是有限的或表面的。但是，无论如何，只有科学分类才揭示真正的自然类，而日常语言分类所揭示的类很多都是非自然类。如果自然类对应世界的基本结构，那么发现自然类就是科学的目的和重要任务。即使日常语言分类有时发现一些自然类与科学分类相契合，但是日常范畴仅仅是在通过一些特性来识别自然类，而无法说明自然类是什么。正确的分类就是发现世界中的自然类，进而从变化的世界表象把握其中不变的规律和内在结构，只有科学才能做到这点。科学所取得的巨大理论和实践的成功表明科学在帮助我们认识和改造世界方面发挥着不可替代的作用。正如威尔逊指出，如果根据混杂实在论，常识和科学按照满足不同的合法兴趣

① WILKERSON T E. Natural Kinds ［M］. Aldershot：Avebury Press，1995：130.

或目的提供同等合法的方式将世界划分成自然类，那么它们必须分别将世界划分成自然类。但是，常识和日常语言并没有尝试将世界划分成自然类，因为划分自然类并不是它们的职责。常识和日常语言在本体论承诺方面具有随意性，它们不像科学，不是以揭示自然界中真实存在的自然类为目的，而只有科学分类才是通过发现相关类型的本质来达到发现自然类的目的。① 日常语言分类除非提供不同于科学分类的类，否则它们所揭示的类就没有不同于科学的类。

四、自然类的消除主义

当一个科学概念的指称物是异质的或者当这个概念发挥多重理论作用时，这个概念通常被分解为多个更精确的概念。例如，"物种"概念被细分为 30 多个不同的概念，这些概念又经常被归为生物学种、系统发育种和生态种三个不同的具体物种概念。马克·艾瑞舍夫斯基据此认为，物种多元论使我们有理由怀疑物种范畴的存在，因为我们称作"物种"的各种分类单元缺少共同的统一特征，进而"物种"这个词对于生物学家之间的交流不是有用的。马克·艾瑞舍夫斯基也由此主张物种的消除主义，即取消"物种"概念而代之以各种更精确的物种概念。正如物种多元论会导致物种消除主义，自然类多元论同样会面临自然类消除主义的结果。在过去几十年，有大量的自然类哲学理论被提出来，每种理论对自然类似乎给出不同的解释。换言之，"自然类"概念包含着不同的意义，哲学家对于什么是自然类并没有达成共识。如果一个科学概念没有促进它所参与的那个领域的认知目的，那么这个科学概念应该被消除；反之，如果这个科学概念发挥一种有价值的认知作用，那么这个概念及其精确的子概念应该被保留。像物种概念一样，一些哲学家在自然类概念的碎片化和表面的无用性基础上主张自然类的消除主义。他们认为，自然类概念应该被消除，因为它没有发挥一种有效的理论作用甚至伤害了科学分类的哲学研究。面对自然类的激烈争论，哈金和路德维希（David Ludwig）都号召消除自然类这个概念。

（一）自然类的消除主义论证

按照哈金的观点，在 20 世纪 70 年代之后，自然类的哲学慢慢退化成大量不相容的派别，以致到了这种程度即不存在定义完备的或可定义的类，其成员都是自然类。"简言之，虽然一些分类当然比其他分类更自然，但是不存在像自

---

① WILSON R A. Promiscuous Realism [J]. The British Journal for the Philosophy of Science, 1996, 47 (2): 307-308.

然类这样的事物。"① 哈金在其较早的文章中更详细地表达了这种自然类消除主
义观点：自然类概念应该在科学哲学及一般哲学中被放弃。② 哈金的自然类消除
主义正是针对自然类多元论的不满而提出来的。这种自然类多元论表现在两个
方面：一是自然类概念的异质性，二是自然类理论的异质性。一方面，哲学家
们以许多不相容的方式来使用"自然类"这个词，并且"将他们最想要的分类
称作自然类"，这使得当代自然类的争论陷入混乱。在哈金看来，如果存在许多
自然类概念，并且这些概念指称不同的自然类范畴，那么什么使它们都属于自
然类？事实上，自然类概念被用来指称许多类，而这些类没有共同的东西。自
然类的标准例子包括通过祖先—后代关系所联结的一群有机体（例如，老虎），
拥有一种特殊原子结构的金属（例如，黄金），来自热力学系统的能量转换（例
如，热），以及一簇免疫介导的疾病（例如，多发性硬化）。虽然这些类中的每
一个对于可预见的未来都发挥一种有用的作用，但是既没有一个定义完备的类
也没有任何有用的含混类以哲学家希望的方式将这些异质的例子收集在一起。
例如，老虎命名一类动物，柠檬命名一类水果，黄金命名一种元素，并且在另
一种意义上命名一种金属。"自然类的范例的纯粹异质性导致怀疑论。"③ 尽管
哲学家们有好的理由想象存在一种确定的、独立于人的自然类的类，但它不是
一个被当成理所当然的概念。由于各个不同的科学领域使用了非常多不同种类
的类，而这些类彼此之间没有很多的共同之处，所以"自然类"的类本身并不
是一个自然类。自然类的多元论概念不能被认为标记了自然范畴与非自然范畴
之间的任何重要划分。因此，对于哈金而言，自然类概念的多元性等同于根本
不存在自然类范畴。"我的论证是存在如此多的极端不相容的自然类理论使得这
个概念本身是自我摧毁的。"④

　　另一方面，哈金对自然类当前情境的诊断是存在大量几乎不相关的自然类
研究观点。不同的哲学家谈论自然类时意指不同的事物并且对于什么是自然类
有非常不同的解释。关于什么是自然类的不同哲学预设导致不同的哲学计划。

---

① HACKING I. Natural Kinds, Hidden Structures, and Pragmatic Instincts ［M］// AUXIER R
　E, ANDERSON D R, HAHN L E. The Philosophy of Hilary Putnam. Chicago：Open Court,
　2015：337-357.
② HACKING I. Natural Kinds：Rosy Dawn, Scholastic Twilight ［J］. Royal Institute of
　Philosophy Supplement, 2007, 61：203-239.
③ HACKING I. Natural Kinds：Rosy Dawn, Scholastic Twilight ［J］. Royal Institute of
　Philosophy Supplement, 2007, 61：207.
④ HACKING I. Natural Kinds：Rosy Dawn, Scholastic Twilight ［J］. Royal Institute of
　Philosophy Supplement, 2007, 61：205.

由于"自然类"这个词在不同的哲学计划中有不同的作用，也不存在一种"自然类"对于任何哲学或科学目的是有用的，因此关于类和分类的多元论观点被解读为在某种程度上承认自然类概念的无用性。在哈金看来，"自然类"在根本上是一种哲学发明，它依赖于我们对类的自然性存在于什么的假定，而这种假定本身是无根基的。所以，这个概念对于解决传统的哲学问题（例如，自然律的地位或归纳问题）有很少用处。哈金将自然类的起源追溯到19世纪的英国经验论，特别是惠威尔和密尔的著作以及这个时期的自然史领域。但是，他认为"自然类概念从来没有在西方科学中发挥任何作用——它仅仅对于英语科学哲学中的一个增长阶段是独特的"①。按照哈金的看法，自然类理论在克里普克和普特南之后陷入"暗淡"。克里普克和普特南的工作产生了一门哲学分支学科，但是也带来无尽争论和无数批评并且关于自然类留下了大量几乎无关的研究观点。当前关于自然类的争论是经院式的（scholastic），也即一种退化的哲学研究纲领，"它越来越与一个更大的语境中产生的问题无关"②。根据哈金的观点，真正的问题大量存在着，但是根据自然类来讨论这些问题没有任何好处。"自然类"这个词带有许多不同的看法和大量相互不可通约的理论。谈论自然类实际上将真正的困难变成不必要的混淆。因此，称一个类为自然类，根本没有增加关于那个类的任何信息。哈金由此主张"接受任何有助于增进我们对自然界或科学的理解的讨论。不再提及任何的自然类。我猜测这项工作将由此被简化、澄清并对于理解或知识是一种更大的贡献"③。哈金主张放弃自然类概念，这似乎源于他对这个概念与旧的哲学问题相纠缠的不满，因为自然类对于解决这些问题似乎有很少的帮助。

路德维希在哈金的论证基础上进一步发展了自然类的消除主义论点。④ 他认为，在哈金关于自然类传统的批评性文章发表之后的近十年中，哲学家们仍然相继提出了自然类的许多理论，这些理论包括成功与限制条件解释、范畴瓶颈

① HACKING I. Natural Kinds：Rosy Dawn, Scholastic Twilight ［J］. Royal Institute of Philosophy Supplement，2007，61：233.

② HACKING I. Natural Kinds：Rosy Dawn, Scholastic Twilight ［J］. Royal Institute of Philosophy Supplement，2007，61：229.

③ HACKING I. Natural Kinds：Rosy Dawn, Scholastic Twilight ［J］. Royal Institute of Philosophy Supplement，2007，61：229.

④ LUDWIG D. Letting Go of "Natural Kind"：Towards a Multidimensional Framework of Non-Arbitrary Classification ［J］. Philosophy of Science，2018，85（1）：31-52.

解释、稳定属性簇解释和因果网络中的节点解释。① 与哈金的批评形成对比，自然类的解释理论呈现出一种繁荣景象，并且"自然类"对于无数科学实体的哲学约定仍然保留一种核心概念。在路德维希看来，自然类解释的多样性实际上加剧了哈金的担忧，也即自然类的一般观念已经成为理解分类实践的一种障碍。路德维希的论证集中于人种生物学分类（ethnobiological classification）。② 根据路德维希的观点，人种生物学分类具有典型的多元特征。他识别了七种非任意的人种生物学类：（1）特殊目的类（special purpose kinds），它被定义为这样的类，其外延是直接依赖于人类使用的属性，例如，可食用的或有毒的蘑菇就是一个特殊目的类，其外延是直接依赖于用法；（2）一般目的类（general purpose kinds），它被定义为这样的类，其外延不是直接依赖于人类使用的属性，而是依赖于基本的生物学属性（如形态学或生态学属性）；（3）独立于心灵的趋同类（mind-independent convergent kinds），这种类重复出现在不同的文化当中，因为它们依附于世界中的相似特征；（4）认知依赖的趋同类（cognition-dependent convergent kinds），它是在许多因果不相联的文化中发现的，由于生物学属性与认知机制之间的相互作用；（5）实践依赖的（趋同或发散）类 ［practice-dependent（convergent or divergent）kinds］，它是被经验属性和参与这些属性的文化实践所塑造的类；（6）环境依赖的发散类（environment-dependent divergent kinds），它是通过其依赖于仅仅在一种具体环境的语境中是稳定的属性和模式来定义；（7）生物社会类（biosocial kinds），这些类是通过生物学属性和社会属性来定义的。路德维希认为，虽然所有这些类都是非任意的，但它们是以兴趣上

---

① 这些自然类理论都可归在自然类的"认识论唯一的"进路或自然类的认知解释名下。本书随后将分析这几种自然类认知理论。自然类的成功与限制条件理论将自然类定义为一个给定领域内唯一一适合于归纳和解释成功的范畴，它包括（1）要求一个研究领域中的归纳和解释成功的成功条件；（2）要求替代的分类学是不成功的限制条件。自然类的范畴瓶颈理论将自然类定义为对于大范围的行为者有用的范畴，也即自然类等同于范畴瓶颈，它约束概念选择并因此导致非常不同的参与者当中的相同范畴的认可。自然类的稳定属性簇理论则把自然类视作占有一种特殊稳定性的一簇属性。自然类的因果网络节点理论将自然类视作因果网络中的节点，它不仅仅是属性的互相关联，而且是属性的有秩序的层次结构。这种理论反映了这个假定，即一种简单的簇集解释是欠缺的，因为它遗漏了与一个类相联系的属性之间的关系。

② 人种生物学（ethnobiology）是一门研究原始人类社会与其环境的动植物间关系的学科。它通常被定义为研究特殊的种族群体的生物学知识——关于植物和动物以及它们相互关系的文化知识。

不同的方式而做到这样。①

上述七种人种生物学分类单元拥有明显不同的划界标准，所以这些分类单元的多样性构成了自然类概念的挑战：自然类的不同观点或理论如何能够解释不同的人种生物学类？在路德维希看来，新近出现的四种典型的自然类理论不应该被视作自然类的相互竞争的解释，而应当视作澄清非任意分类的不同维度。首先，按照自然类的成功与限制条件解释，自然类必须相对于一个研究领域来理解，所以这个框架包括拥有特殊目的的范畴，而这些范畴在其他的自然类解释中被排除。此外，这种解释的领域相对性还可以作为一种有价值的工具来分析实践依赖的（趋同或发散）类、环境依赖的发散类和生物社会类。虽然这些人种生物学分类单元不能满足自然类的传统标准（例如，心灵或兴趣独立性且拥有本质）而没有资格算作自然类，但是成功与限制条件解释可以将其中的许多类视作自然类。其次，范畴瓶颈解释提供了一种替代进路来分析跨文化分类趋同的情形。范畴瓶颈在某种程度上是立场独立的，因为它反映了"我们宇宙的强劲的簇结构"，同时它仍然是相对于一系列认知目的并最终相对于我们来定义，所以这种解释提供了一种有帮助的工具来从事关于跨文化趋同的人种生物学证据而无须沉迷于完全独立于心灵的理想。但是，这种理论不能解释实践依赖的类，因为它们是依附于经验属性与特殊文化实践之间的相互作用。再次，自然类的稳定属性簇理论可以解释实践依赖的类，因为它通过自然类与世界中的稳定属性簇的联系来解释自然类的成功。稳定属性簇解释通过识别大量涉及属性的稳定簇集的人种生物类而提供一种补充工具来参与人种生物学的分类。但是，这种解释不能包含上述所有七种人种生物分类单元，因为一些特殊目的类和认知依赖类可能不涉及稳定属性簇。最后，自然类的因果网络节点理论可以提供人种生物分类单元的一种更实质的理解，但是它排除了算作稳定属性簇的许多类，因为属性簇有时候是约定地而不是因果地相联系，由此不构成因果网络中的节点。例如，生物社会类有时候至少部分是约定的。同样，局部稳定的环境依赖的发散类可能是稳定属性簇但不能算作因果网络中的节点。因此，因果网络节点理论提供了一种有用工具来参与人种生物分类单元，既因为它集中于超出稳定属性簇范围的因果结构，也因为它识别人种生物学中更有限集合的因果结构类。

路德维希认为自然类的当前四种解释可以整合进一种多维的框架来提升对

① LUDWIG D. Letting Go of "Natural Kind"：Towards a Multidimensional Framework of Non-Arbitrary Classification [J]. Philosophy of Science，2018，85（1）：31-52.

人种生物学中的分类实践的理解，并且这样一种多维框架没有为"自然类"的一般观念留下任何实质的工作。在路德维希看来，前述四种典型的自然类理论对于理解七种人种生物学中的一些类是有用的，但没有一个理论能够解释所有类。虽然每一种解释提供了有帮助的资源来分析人种生物分类，但没有哪一种解释在所有相关语境中是可偏好的。因此，这些不同的自然类理论应当看作非任意分类的一种多维框架中的补充者而不是竞争者。换言之，存在许多不同种类的类，但没有一个自然类理论能够解释它们所有。路德维希认为，正是非任意分类的这种多重维度对于理解人种生物学中的复杂分类图景是有价值的。"如果自然类的哲学解释预先选择一个维度作为根本，那么它们将太僵化而不能解释人种生物分类中的多元化实践和标准。"① 通过将这些自然类解释看作相互补充的，我们就可以获得一种更细微差别的框架来分析分类实践，例如，一个人种生物分类单元可以根据一些维度（比如稳定属性簇）但不是其他维度（比如范畴瓶颈）是非任意的。自然类的不同解释可以整合进一个框架当中，这个框架指定各种不同维度的非任意分类。也即，类不是任意的，因为它们满足成功和限制条件，构成范畴瓶颈，涉及稳定属性簇，或者有资格算作因果网络中的节点。路德维希指出，自然类的这种多维解释框架意味着"不存在任何有趣的认知或形而上学工作留给一种基本的自然类观念"②。通过接受一种更细微差别的多维框架以及不再相信一种基本的自然类解释计划，我们除了不再依附于传统的"自然类"标签，并没有丧失任何东西。寻求一种基本的自然类解释已经成为阻挡分类哲学进步的障碍，因为自然类的一种基本解释赋予某个维度的非任意性比其他维度更大的特权，而如果我们赋予"自然类"定义中这些维度的某一个维度以特权，那么我们将陷入忽视其他重要维度的危险之中。虽然一种多维的框架可以适应不同情形的具体情况，但是自然类的一种基本解释通过预先选择一个维度作为根本维度而很容易阻碍哲学理解。因此，通过不再相信一种基本的自然类解释，我们不仅不会丧失任何东西，而且我们实际上会获得必要的灵活性来参与多样背景中的分类实践。路德维希意识到他的消除主义可能被认为是一种不必要的过度反应，因为这些竞争性的自然类基本解释可以被整合进一种多元论观念，也即谈论"自然类的一种多维框架"而不是"非任意性的一种多维框架"。因此，多元论似乎可以避免消除主义的结论。但是，路德维

① LUDWIG D. Letting Go of "Natural Kind"：Towards a Multidimensional Framework of Non-Arbitrary Classification ［J］. Philosophy of Science, 2018, 85（1）：46.

② LUDWIG D. Letting Go of "Natural Kind"：Towards a Multidimensional Framework of Non-Arbitrary Classification ［J］. Philosophy of Science, 2018, 85（1）：47.

137

希认为只要这种多元论被这个假定所限制，即"自然类"在一门给定学科内仍然有一种统一的意义，那么它将不能提供人种生物学案例研究的一种令人满意的解释，这种解释要求关注非常具体的学科语境内的不同维度。路德维希认为，我们不应该问一个类是不是一般意义上的自然类，而应该问它是否相对于一个相关维度是一个自然类。多维框架不是自然类的基本解释的一种低劣替代物，而是提供一种更恰当的框架来参与科学之中（和之外）的分类实践。①

（二）回应物种消除主义

自然类多元论是否导致自然类消除主义呢？在回答这个问题之前，我们先探讨物种多元论是否导致物种消除主义。按照马克·艾瑞舍夫斯基的观点，物种多元论意味着物种概念不是理论上有用的因而应该被放弃，相反我们应该支持许多具体的物种概念，因为这些具体的物种概念才指示真实的范畴。马克·艾瑞舍夫斯基的物种消除主义论证可以归结为三个合法的物种概念（即生物学种、系统发育种和生态种）所定义的分类单元没有共同的特征，因为它们是通过不同的生成机制来定义的，并因此有不同的本体论结构；既然任何范畴的存在都需要一种共同的特征，而物种范畴没有共同的特征，所以物种范畴并不存在。然而，布里甘地（Ingo Brigandt）通过指出物种概念在生物学中是一个有用的和理论上重要的概念来反对物种消除主义。② 在他看来，我们可以接受物种多元论，但这并不蕴含物种概念本身是理论上无用的或者应该被放弃。尽管存在不同的具体物种概念，但是物种概念是重要的并且理解一种基本的物种概念是可能的。布里甘地认为，马克·艾瑞舍夫斯基的物种消除主义论证存在两个问题：第一，马克·艾瑞舍夫斯基只是将"物种"这个词的当前用法视作某个具体和合法的物种概念的简略表达或某种需要被填充的占位符，而忽视了物种概念的历史用法，因为物种概念对于生物学的理论化一直很重要；第二，马克·艾瑞舍夫斯基的物种多元论认为存在许多物种概念而不是仅仅一个合法的物种概念，他还必须解释为什么他所提出的物种概念（即"生物学种""系统发育种"和"生态种"）事实上都是物种概念而非三个不相关的概念。为什么不同的物种概念事实上都是物种概念的问题的答案可能揭示出某种共同性，这种共同性可能使物种概念在理论上变得更有用，但马克·艾瑞舍夫斯基没有强调这个问题。马克·艾瑞舍夫斯基将物种范畴当作一个析取概念：

① LUDWIG D. Letting Go of "Natural Kind"：Towards a Multidimensional Framework of Non-Arbitrary Classification［J］. Philosophy of Science，2018，85（1）：50.
② BRIGANDT I. Species Pluralism Does Not Imply Species Eliminativism［J］. Philosophy of Science，2003，70（5）：1306.

物种或者是杂种繁殖种或者是系统发育种或者是生态种。换言之，成为一个物种就是成为这些种类的物种中的一个。……物种范畴的析取定义没有告诉我们为什么各种不同的分类单元是物种，它也没有提供物种范畴存在的证据。它仅仅强调我们对"物种"这个词的用法。换言之，析取定义缺少本体论的重要性。所以虽然将物种范畴当作一种析取概念可能很好地描述了我们的语言习惯，但是它没有证实那个范畴的存在。①

尽管马克·艾瑞舍夫斯基将"物种"这个词用于不同的物种概念作为一种"语言习惯"而没有本体论的重要性，但是他仍然没有给出这种语言习惯的一种解释。

在布里甘地看来，物种概念是一种研究类（investigative-kind）概念。② 一个研究类是一个事物群体，它是由于某种潜在机制或结构属性被归集在一起。换句话说，一个研究类是被某种非平庸的潜在特征或过程所指定，这种特征或过程解释了所观察的相似性。当一类对象当中的某个模式被观察到并且建立在某种理论上重要的但未知的相关机制之上（这种机制产生了这种模式），一个研究类概念就由此产生。一个研究类概念是与寻找这个类的基础相联系，关于这个基础的本性的假设可能存在并推动一个研究类概念的引入以及指导科学研究。不过，研究类概念可能在整个科学研究中改变它的指称，也即最初属于其外延的对象可能被证明不是这个类的成员。如果存在许多相关的机制，这些机制在某种程度上解释了对于这个词项的引入很重要的观察模式，那么这个概念可能分裂。简言之，一个研究类概念伴随着一种科学探求，它可能是开放的。布里甘地认为，不同于马克·艾瑞舍夫斯基的本体论立场，他的立场是认知的并且可称作研究解释（investigative account）。对于马克·艾瑞舍夫斯基而言，基本的物种概念不过是三种具体物种概念的析取，但是研究解释认为基本的物种概念设定了什么算作一种好的物种概念的标准，也即一个具体的物种概念应该挑选出物种分类单元并有助于解释物种的进化以及生态的行为和属性。

在布里甘地看来，基本的物种概念是一个研究类概念。物种概念起源于有机体当中某种感知模式（the perceived pattern）。尽管有机体之间存在个体的差异和相似性，但是仍然存在这样的有机体群体，它们有非常清晰的相似性并形

---

① ERESHEFSKY M. Species Pluralism and Anti-Realism [J]. Philosophy of Science, 1998, 65 (1): 115.

② BRIGANDT I. Species Pluralism Does Not Imply Species Eliminativism [J]. Philosophy of Science, 2003, 70 (5): 1309.

成某种生物单元，并且我们能够独立于某个物种定义在足够的主体间性程度上认出物种分类单元。一个物种分类单元的成员在形态学和行为上都非常相似，并与其他物种形成对比。物种有典型的生态关系，甚至在跨文化语境中物种分类单元之间也存在大量的一致性。物种概念是一种研究类概念这个事实意味着我们需要机制或特征的一种理论解释，这些机制或特征在有机体之间产生感知模式。在生物学研究中，关于物种以及有机体具体归类为物种分类单元的理解可能会改变。例如，物种会发生杂交化，并且物种与更高分类单元之间的边界有时不是很清晰。此外，不同的具体生物特征可能重叠并逐渐融合，这些特征也可能是物种的一种理论解释的候选者。这可以部分地解释为什么我们有不同的物种概念。一些研究者关注共同亲缘，其他人关注基因交换，还有人关注生态竞争，这些因素都会影响到物种分类单元的产生。不同的物种定义是相同科学研究的例示，尽管存在不同的感知模式和寻找一种潜在基础的动机，但是不同的理论解释对于给出这种情境的某种理解来说可能是同样似真和重要的。把物种概念视作研究类概念可以回应马克·艾瑞舍夫斯基的论证存在的第一个问题，即使一个研究类概念的理论解释可能改变，但并不意味着过去没有这样的概念或者说它是理论上无用的。

布里甘地没有使用本体论标准而是使用认知条件来决定一个概念的有用性。在他看来，如果两个条件成立，那么一个研究类概念需要被消除：第一，如果原始概念不能像它认为的那样能够参与理论概括，那么它将需要被消除；第二，如果原始物种概念的理论动机由于经验发现被证明是不恰当的，而不同的新概念关注独立的动机，那么原始概念就需要被消除。① 布里甘地认为一个研究类概念需要被消除的情境对于物种概念并不成立。马克·艾瑞舍夫斯基的三个具体物种概念是建立在三种不同生成机制的基础上，但这是对物种的当前解释和定义的一种过度简化，因为许多不同的物种概念都属于这些机制中的每一个。例如，在杂种繁殖进路内，有生物学种概念、基因种概念等。但是，马克·艾瑞舍夫斯基没有告诉我们为什么忽视现存物种概念的种类而不是消除"生物学种""系统发育种"和"生态学种"等词项来支持生物学文献中存在的最突出的物种概念。由于导致物种单元的机制也存在重叠，共同亲缘、生态选择和杂种繁殖对于维持一个物种的融贯性以及不同进化机制之间的重叠和连续过渡很重要，所以什么算作一种独特的和分离的因素并不明显。马克·艾瑞舍夫斯基的本体

① BRIGANDT I. Species Pluralism Does Not Imply Species Eliminativism [J]. Philosophy of Science, 2003, 70 (5): 1311.

论解释的关键假定是存在三种机制，他支持消除主义是因为这些机制被认为是不同的并且是独立的。但是，这并不符合当前的物种概念，因为许多物种概念都结合了马克·艾瑞舍夫斯基当作独立的机制的要素。布里甘地认为，不同的生成要素部分地重叠并彼此加强，这对于马克·艾瑞舍夫斯基的本体论解释是一个问题，但对于他的研究解释来说则不是问题。

布里甘地认为，我们还可以在生物学领域而不是物种概念的层次上讨论相同的观点。生态选择对于生态学很重要，但是生态学也不能忽视诸如系统发育和杂种繁殖等其他机制，这是因为所有这些机制塑造了生态学所研究的生物单元（即物种）。生态过程也被系统发育和杂种繁殖的效果所影响，而这些机制对种群的结构和生态行为也产生了影响。因此，并非一个具体物种概念只能用于一个生物学分支，例如，生态学概念或生态种概念不是仅仅被生态学关注。布里甘地认为，这表明他的认知消除条件在物种概念的情形中没有被满足。由于产生物种的机制的重叠和强化，不同物种定义的外延显示出大量的重叠，所以基本物种概念跨越不同的生物学分支参与理论概括和解释。① 在系统分类学中，物种是基本的分类单元；物种在进化论中发挥重要作用并被视作进化中的一个单元，它不仅在进化过程中产生并修改，而且也影响了进化进行的方式；物种对于生态学理论化和保育生物学（conservation biology）也是重要的理论实体；物种概念在研究生态竞争和生物多样性过程中也是至关重要的理论工具。基本的物种概念通常应用于所有这些任务和理论，"这是物种概念的重要性的一个关键论证"②。根据布里甘地的看法，如果不同的具体物种概念仅仅应用于生物学理论的不同部分，那么马克·艾瑞舍夫斯基有理由把它们分开。但是，并非评价保育生物学中的生物多样性只能使用生态学的物种概念来做到，或者物种形成理论只能意指生物学种概念意义上的"物种"；相反，许多生物学理论和分支都能够接受使用"物种"这个词而无须具体指定一个物种定义。布里甘地强调物种概念的理论作用的统一效果。根据参与不同的生物学理论，基本物种概念对于什么算作一种恰当的具体概念或物种定义设定了标准。一个好的物种概念需要挑选出物种分类单元来解释自然界中所感知到的模式，并实现它作为一个物种概念在分类学、进化和生态理论化中的作用。物种概念的研究解释有助于揭示不同的具体物种概念之间的关系：为什么它们都是物种概念，以及什么使

① BRIGANDT I. Species Pluralism Does Not Imply Species Eliminativism [J]. Philosophy of Science, 2003, 70 (5): 1313.
② BRIGANDT I. Species Pluralism Does Not Imply Species Eliminativism [J]. Philosophy of Science, 2003, 70 (5): 1313.

它们成为恰当的物种概念。

在布里甘地看来，就物种概念作为一个研究类概念的基本作用来说，我们可以解释为什么我们有更好的物种概念，而非仅仅不同的物种概念。意识到当前不同的物种概念不是独立的创造物很重要。"如果人们不考虑一个基本的物种概念推动这些定义，那么人们就不可能理解为什么它们是先进的以及它们是不是恰当的。"① 关于物种概念的恰当性争论也指出我们需要一个基本的物种概念。因此，布里甘地反对马克·艾瑞舍夫斯基的物种消除主义，即物种概念是理论上无用的并且没有指示一个类。他试图使用不同的标准来辩护物种概念，也即基本的物种概念是一个研究类概念，它被一种感知模式所推动并被寻求这种模式的潜在机制所描述。物种概念跨越不同的生物学分支参与理论概括，并且以这种方式设定了什么算作一种恰当的具体物种概念的标准。一个概念的分裂暗示消除原始概念的条件，但是这些条件没有应用于物种概念。物种概念对于推动物种的具体定义和理解它们的理论作用很重要。不仅如此，基本的物种概念可以参与许多理论解释，因为生物学理论不能只用一个具体概念来工作。

我们还可以从物种概念本身所包含的理论一致性与实践可操作性之间的矛盾来辩护一种基本的"物种"概念。虽然当前三种典型的物种概念之间存在不可通约性，不可能有一个统一的物种定义来同时结合基因流动、亲缘内聚和特性相似等特征，但是存在一元论的田野指导来帮助我们识别特殊的动植物群体。如果存在许多不同的物种概念，那么我们需要知道在什么时候使用哪种概念。一般来说，形态学标准广泛应用在植物学和微生物学中（尤其是无性生殖的生物），生殖和宗谱标准广泛应用在动物学中。实际上，不同的个体有机体被不同的标准所分类，而不是相同的个体有机体被不同标准所分类，但是两者都称作"物种"。这并没有暗示物种概念的多元论，而是暗示物种阶元的异质性以及研究生物世界的科学家之间的相应分工。对于物种这个概念来说，我们需要区分两个不同的问题：一个是决定物种是什么的本体论问题，另一个是诊断或识别一个有机体属于哪个物种的认知问题。识别一个物种的前提是这个物种已经存在，识别一个物种的方式是借助有机体的固定特性。如果一些有机体不具有这些特性，那么或者之前使用的特性不恰当，或者这些特性需要改变或扩充，我们不能简单地说不具有固定特性的有机体属于一个新的物种。许多不同物种有几乎相同的特性，而相同物种的有机体存在许多特性差异。所以，特性相同的

① BRIGANDT I. Species Pluralism Does Not Imply Species Eliminativism [J]. Philosophy of Science, 2003, 70 (5)：1314.

有机体不是自然地属于一个物种，而拥有不同特性的有机体也不一定属于不同的物种。如果两个有机体群体属于不同物种，那么识别特性有助于区分这些物种。如果两个有机体群体在某些特性方面不同，它们未必是不同物种。特性的相似性使识别一个物种成为可能，但不是一个物种所是的东西。特性只告诉我们如何识别物种，而不能告诉我们物种的本质是什么。换言之，特性只能给出物种的操作定义，而不能给出物种的真正定义。例如，刀是用来切割东西的东西，这只是一种操作定义，切割东西只是刀的特性，它可以帮助我们识别一把刀，但没有告诉我们刀是什么。白天是地球上明亮的时间，黑夜是地球上黑暗的时间，这也是一种操作定义，明亮和黑暗是白天和黑夜的特性，它们没有告诉我们白天或黑夜是什么，白天的真正定义是地球表面朝向太阳的时期，黑夜的真正定义是地球表面背离太阳的时期。因此，识别一个有机体是一个物种的成员的诊断目标与知道一个有机体群体是一个物种的本体论目标之间有显著差异。① 这种差异还可以通过一个例子来说明：两个单卵的双胞胎并非因为它们是相似的才是双胞胎，而因为它们是双胞胎，它们才是相似的。相同特性不是双胞胎的本体论定义，因为非双胞胎也可以有相同特性。双胞胎之所以是双胞胎，因为它们起源于单个卵子，相同特性只是双胞胎的结果。因此，物种的诊断差异不是物种的本体论差异。

关于物种是什么的问题，不同的生物学家使用语词"物种"可能意指不同的事物。分类学家对有机体之间的特性差异、亲缘关系或性内聚给予不同的重要性，无论强调哪个标准都会导致困难。物种概念因此在分类学中有两种不同的意义：一种是生物多样性可以整理成可管理的单元，人类使用这些单元来达到目标并满足实践需求；另一种是建立在进化论中发挥作用的单元。物种问题并不是源于物种概念的多元论，例如，表现型物种概念、生殖共同体物种概念和生态学物种概念等，而是关于如何区分不同的物种理论概念与实践指示之间的差异。物种在前一种分类中的目标是执行一种可行的、服务于科学家与外行人之间交流的分类，在后一种分类中是关于在进化过程中发挥作用的生物单元，这个生物单元会遭受自然选择。自然界将有机体组织成为孤立的内聚群体，这样的群体就是自然的物种，它们是生物多样性的一个单元，可以在没有人类强加的秩序原则的情况下存在，也即物种单元。在另一种意义上，实践分类学将物种看成满足实践需求的单元，它是关于人工制造的类，不同的有机体可以根

---

① KUNZ W. Do Species Exist? Principles of Taxonomic Classification [M]. Hoboken：Wiley-Blackwell, 2012：41.

据特性相似性或基因距离成为这样的人工类。这样的类形成依赖于人类自身的需求，虽然分类标准（例如，特性标准）存在于自然界中，但分类的结果（即物种）未必存在于自然界中。这样的物种是制造的，而不是发现的。但是，真实存在于自然界中的物种要求内聚联系，有机体通过这种联系来联结。真实的物种不需要被整理，它们在人类发现之前就已经群集在自然界中。因此，两种不同意义的物种之间的差异非常重要，许多分类学家没有意识到自己其实是物种的发明者，而把自己看成物种的发现者。理论上一致的并建立在进化的自然定律基础上的物种概念不适合实践的分类应用。作为真实单元的物种，由于缺少实践的可操作性而不适合于分类学家彼此之间的交流。但是，作为实践上有用的单元的物种由于缺乏理论一致性也是不可接受的。物种概念包含的两难困境是：越寻求一致性，划分物种就越不可能是实用的；但越寻求实用性，划分物种就越不能表征一致性思维。实践的分类学不能容忍理论的一致性，将理论一致性引入实践分类学的尝试都是失败的。自然和人工的物种概念都有权存在，且并行使用。如果我们承认物种概念的这种二重性，那么许多分歧就可以避免。①

（三）回应自然类消除主义

自然类多元论是否会导致自然类消除主义呢？哈金和路德维希都认为，自然类概念没有在哲学中发挥一种有用的理论作用。在哈金看来，"自然类"在不同的语境中拥有许多不同的意义，既然对于所有自然类没有共同的东西，就不存在这个概念可以指称的基本属性。在路德维希看来，存在多个精确的自然类理论可以解释自然类的不同方面：如果我们的研究关注心灵独立的趋同类，那么范畴瓶颈解释就是最好的；如果我们的研究关注实践依赖的类，那么稳定属性簇观点更有帮助，但是其他的类需要其他的理论或理论的结合。因此，为了说明分类实践，我们可以使用所有这些精确的理论而不是自然类的统一理论，这就没有给自然类的基本概念留下任何发挥作用的空间。既然我们有这种"非任意分类的多维框架"来做理论工作，自然类的基本概念就没有增加"丝毫内容"。自然类概念的理论无用性导致它的可消除性。路德维希和哈金更进一步认为，自然类概念不仅是无用的，而且是有害的。按照路德维希的观点，提出自然类的一种基本解释的尝试都倾向于赋予非任意分类的一个方面相对于其他方面的特权。按照哈金的观点，自然类的当前理论构成了自然类争论的"学术黎

① KUNZ W. Do Species Exist? Principles of Taxonomic Classification ［M］. Hoboken：Wiley-Blackwell，2012：44.

明"，同时暗示一个更残酷的结论：自然类的哲学工作涉及"一组退化的问题，这些问题越来越与出现在一个更大语境中的问题有很少关系"①。既然自然类概念没有发挥任何理论作用并且破坏了分类的哲学研究，所以哈金和路德维希都主张消除自然类概念。

马勒德（Miles MacLeod）和雷顿（Thomas Reydon）对哈金的自然类消除主义提出批评。他们认为，放弃自然类概念还为时过早，因为它仍然能够做重要的工作。②自然类概念已经牢固确立在哲学和科学的文献中，没有看起来消失的迹象，这是因为在一种非常基本的层次上，科学家和哲学家都分享一种区分自然的（例如，客观的、存在于世界、真实的、稳定的、唯一的等）与人工的方式将事物归类在一起。科学家和哲学家似乎都认为，在根据人类目的所制造的范畴与以某种方式表征世界中独立于心灵的范畴之间存在根本差别。因此，自然类与其他的类之间的区分构成所有分类语境中的一种基本二分。基于此，哈金的观点可以给予一种不同的解读，即并非支持"自然类"观念的废除，而是要求哲学家使这个概念不仅对于哲学讨论是相关的和有信息量的，而且对于科学研究和科学理解也是相关的和有信息量的。

马勒德和雷顿试图将自然类概念转变为对于哲学家（尤其是科学哲学家）和科学家的一种有用工具：自然类观念符合一种非常基本的直觉，即一些分类除了服务于我们或其他人的某种目的之外还表征世界中的某事物，而其他分类被它们所服务的目的所穷尽。即使这种直觉不能被保证并且在表征世界中的事物的分类与没有表征世界中的事物的分类之间没有做出清楚的区分，一些分类事物的方式相比其他方式不是那么任意，前者更多地告诉我们自然界中存在什么东西，并且在服务于认知目标（例如，解释、预测和概括）等方面更有用。因此，保留自然类的一个理由是一些分类比其他分类不那么任意并且更有信息量，而自然类应该抓住分类与世界中的事态（至少关于世界被划分的那个部分）之间的关系。保留自然类的另一个理由是根据自然类在科学哲学中所发挥的作用来评价科学工作领域的地位。例如，一个领域在整个科学中所占据的位置，它作为一门科学的地位，它与其他领域的独立性和关系，它作为一种统一和独立的工作领域，等等，都是在自然类的标签下被讨论。所以，自然类构成了科学哲学中言谈的节点，在这个节点处各种核心问题汇聚在一起。在科学哲学语

---

① HACKING I. Natural Kinds：Rosy Dawn, Scholastic Twilight［J］. Royal Institute of Philosophy Supplement，2007，61：229.

② MACLEOD M, REYDON T A C. Natural Kinds in Philosophy and in the Life Sciences：Scholastic Twilight or New Dawn? ［J］. Biological Theory，2013，7（2）：89-99.

境中讨论自然类，我们需要关注"自然类"概念是否可以与科学知识和科学实践联系起来以抓住研究者本人的关注点，并因此能够用作科学哲学家试图理解科学如何运作的一种有用工具。

马勒德和雷顿从生命科学的分类实践出发指出自然类理论不应该呈现一种一元概念以提供自然类的哲学问题的答案，相反我们可以接受自然类的一种灵活的多维观点的价值。

> 自然类概念不必像传统本质主义和 HPC 理论那样试图根据一个类的要素与它们的属性之间的物理关系来统一不同的科学概念。相反，自然性与人工性之间的区分是语境依赖的，以许多形式出现，并且反映不同的科学目的。①

按照他们的观点，通过放弃与传统哲学计划的联系，我们可以将注意力集中于自然与人工的区分的一种以实践为导向的研究。这种进路直接考虑自然类与其他的类之间的区分如何在研究实践中显示出来。不同的学科可能以不同方式揭示"自然的"观念，但是可能有基本的东西联结这些概念化。自然性可以视作一种多维的、家族相似的概念，它的不同方面在不同的实践语境中被强调，并且通过它在各门学科中如何被使用而得到更多精确意义。

马勒德和雷顿认为，由于在自然类的讨论中科学统一性以某种形式被强烈地假定，所以哈金反对自然类的论证是令人信服的。但是，如果我们不首先接受这种统一性，那么批评自然类概念不能统一地应用于像"磷"和"老虎"等词项就是误导的。② 自然类概念从来没有提供跨越学科的概念统一性，而是提供了探索跨越一种本质上不统一的科学的重要和有意义的差异的平台。所以，这种进路为生命科学中的类群概念研究提供了一种有用和有信息量的研究纲领，这个纲领是以自下而上而不是自上而下的方式起作用。它通过审查生命科学各个领域中的分类实践开始，然后从这些分类实践中提出哲学问题，而不是从这些哲学问题开始然后寻找科学中合适的例子。根据马勒德和雷顿的观点，自然类的一种新的研究纲领是必需的。首先，这个研究纲领强调自然类概念是否太严格地被定义。其次，这种纲领主要关注类概念的认知方面，而不是它们的形

---

① MACLEOD M, REYDON T A C. Natural Kinds in Philosophy and in the Life Sciences: Scholastic Twilight or New Dawn? [J]. Biological Theory, 2013, 7 (2): 96.

② MACLEOD M, REYDON T A C. Natural Kinds in Philosophy and in the Life Sciences: Scholastic Twilight or New Dawn? [J]. Biological Theory, 2013, 7 (2): 96.

而上学或物理维度。特别是类概念如何被有差别地应用于支持理论建构和推理，提供解释，推动研究，等等。换句话说，更有效的进路并非试图提供"自然"类的一种独特的形而上学解释，而是在于各种自然类概念如何并且为了什么目的被应用于科学推理的认识论研究。最后，我们还需要决定关于类群的自然—人工区分是否事实上是类群概念之间需要做出的最有信息量的区分。

另一些哲学家则借用布里甘地的研究类概念来辩护自然类概念。① 他们认为，尽管最近关于自然类的哲学争论很少有共同之处，并且哲学家们分别对自然类的不同方面感兴趣，但是仍然有一个目标联结了不同的自然类理论的哲学贡献，也即它们都致力于理解科学中类的功能发挥。这些理论尝试澄清自然类在科学中所发挥的作用以及它们如何能带有这种难以置信的成功来发挥这种作用。自然类概念的作用直接与理解科学类这个基本目的相联系，科学哲学家使用自然类这个概念来指称对科学分类实践感兴趣的一种现象，也即科学家和哲学家在一种非常基本的层次上分享一种需求来区分将事物归类在一起的自然方式（如客观、真实、稳定等）与将事物归类在一起的人工方式。在许多学科中科学家似乎都认为一些类是世界的反映，而其他类则仅仅是实用的工具。例如，分类学家中一种流行的观点是作为进化单元的物种在某种意义上是真实的，而更高的分类单元则不是。理解科学中的分类就要求说明这种"自然类现象"。但是，自然类现象经常看起来有所不同，例如，生物学中的自然分类经常是基于因果历史，而化学和心理学中的自然分类经常基于因果机制。自然类现象还包括类似于科学家的语言实践、他们为推理和表征所使用的范畴以及他们所隐含的本体论等不同的事物。所以，自然类现象是一簇现象而不是单个现象。尽管存在这种多样性，但这种簇现象看起来以引起进一步研究的方式统一起来：科学家认为自然的类通常对于解释、预测和理解有用，它们联结大范围的属性，因为它们抓住了因果机制，并且参与科学定律的词项经常被认为指称自然类。因此，如果我们想要理解科学中的分类实践，那么理解自然类现象似乎特别重要。② 自然类概念是不精确的，因为它指称一簇现象，这正是路德维希提出他的消除主义论证的背景。按照路德维希的观点，数十年的哲学研究已经揭示出自然类与非自然类之间所观察到的区分包含不同种类的类，并且没有一个自然类理论能够解释所有的类。这就意味着看起来一簇牢固统一的现象实际上是由各

① CONIX S, CHI P S. Against Natural Kind Eliminativism [J]. Synthese, 2021, 198 (9): 8999-9020.

② CONIX S, CHI P S. Against Natural Kind Eliminativism [J]. Synthese, 2021, 198 (9): 9003.

种不同的模式构成，这些不同的模式最好通过更精确的概念来研究。

然而，在柯尼斯（Stijn Conix）和池佩珊（Pei-Shan Chi）看来，尽管自然类概念存在不精确的特征，但是它在认知上促进了我们对科学分类的理解。自然类概念发挥着一种有价值的认知作用，即"研究"（investigative）作用，这种作用与哈金和路德维希所关注的理论作用不同。即使消除主义者认为自然类概念不是理论上有用的，消除主义论证仍然不成立，因为自然类概念作为一种研究概念（investigative concept）或研究类（investigative kind）发挥了另一种认知上有用的研究作用。自然类概念在哲学中是认知上有效的，因为它方便了科学分类的研究，或者更准确地说，方便了自然类与非自然类之间所观察到的区分。这种区分似乎存在于科学分类中各种有趣模式的交叉点，而参与自然类概念并追寻它所暗示的问题构成了阐明这种区分以及与其相联系的模式的一种方式。根据这种方式，自然类概念提供了科学分类实践的一种研究入口。具体说，自然类概念给科学哲学家一种研究入口来从事科学分类实践。例如，尽管物种概念被划分成 30 多个概念，但是一种基本的物种概念仍然在生物学中发挥一种有效的研究作用。尽管许多有效的科学概念太含混而不能参与精确的理论，但是这种概念混淆没有阻止它们发挥一种有效的研究作用。自然类概念的主要作用不在于解释非任意分类的特殊实例，而在于它使研究科学中的自然类现象成为可能的方式：

> 第一，自然类概念通过提出自然类现象的不同方面之间的联系的问题以及通过推动这些现象中的基本模式的研究直接决定研究的内容；第二，"自然类"这个短语间接地使有效的研究成为可能，因为它被视作一个联结跨越不同研究领域的研究者的平台。[1]

柯尼斯和池佩珊认为，自然类概念同样在哲学中发挥一种类似的研究作用。为了说明这一点，他们强调自然类概念直接促进自然类现象研究的两种方式。第一种研究关注自然类的竞争性解释之间的关系。例如，波依德的自然类因果簇观点与斯拉特尔（Mattew H. Slater）的非因果簇观点都将自然类定义为属性簇，但是前者要求这种簇集是基于一组因果机制。[2] 消除主义者认为两种观点都

---

① CONIX S, CHI P S. Against Natural Kind Eliminativism [J]. Synthese, 2021, 198 (9): 9006.

② 波依德关于自然类的自我平衡属性簇理论（HPC）与斯拉特尔关于自然类的稳定属性簇理论（SPC）将在下一章中介绍。

强调非任意的类与世界之间的不同但有趣的关系：一些科学类是因果的，而一些类是非因果的。但是消除主义论证掩盖了在因果类与非因果类之间存在实质重叠的事实。例如，菌种经常在基因相似性（非因果的）与系统发育学（因果的）的基础上被描述。因果类与非因果类之间还存在更有趣的关系：非因果类经常用作科学研究的目标直到其因果本性被理解。由此，在非因果基础上被定义的类后来经常在因果基础上被重新定义，反之则很少见。

自然类概念的第二种研究作用在关于自然类的基本主张中很明显。这些基本主张阐明了一簇观察到的现象但没有建构自然性的一种基本的理论解释。它们通过指向簇中有趣的模式而做到这点，这些有趣模式没有被任何一个清晰的自然类概念所澄清。例如，一些哲学家认为科学哲学中的分类争论太多地关注自然类在支持概括中的作用，这种关注经常配以对类的形而上学的特殊注意力，而以涉及自然类的其他认知策略的注意力为代价。换言之，这些哲学家对归入自然类现象的类所发挥的多样作用做出基本主张，这种主张是有效的，因为它揭示了我们当前对这些现象的理解的一个缺点，并建议继续研究它们的一种方式。另一些哲学家则讨论了化学类和纳米材料的分类问题，并指出科学哲学家忽视了科学分类的尺度（scale）的重要性。① 在那些领域内不同的科学领域和不同的兴趣要求不同尺度上的分类，并且考虑不同的属性或结构对于分类是相关的。将尺度纳入考量对于理解不同研究背景中分类之间的差异是关键的。因此，上述哲学家都做出关于自然类现象的基本主张，这些主张深化了我们的洞察力而没有直接提供自然类的一种理论解释。他们都以一种没有被其不清晰的本性所伤害的方式来使用自然类概念：即使不清楚什么恰好算作一个自然类并且为什么算作自然类，但是描述的尺度很重要并且自然类发挥各种不同的认知作用则是清楚的。自然类概念不是被视作对一组特殊的类的清晰描述，而是指示哲学家研究目标的那簇观察的现象。虽然研究结果可能最终促进了类的理论解释，但是自然类概念本身除了方便研究之外没有对自然类理论做出贡献。

在柯尼斯和池佩珊看来，自然类概念除了通过提供一种研究入口来促进科学分类的哲学研究之外，它还以另一种方式使哲学研究成为可能，这种作用是社会的，也即自然类概念通过将研究共同体和研究传统联结在一起来促进研究。② 他们借助文献计量学的研究方法发现，自然类概念不仅将哲学中的研究共

① BURSTEN J R. Smaller than a Breadbox：Scale and Natural Kinds［J］. The British Journal for the Philosophy of Science，2018，69（1）：1-23.

② CONIX S，CHI P S. Against Natural Kind Eliminativism［J］. Synthese，2021，198（9）：9008.

同体联结在一起，而且将哲学共同体与其他领域中的研究者联系起来。一方面，"自然类"这个短语在整合科学分类的哲学研究共同体过程中发挥重要作用，自然类的研究者形成了一个联系紧密的共同体。另一方面，"自然类"这个短语通过将哲学研究与其他科学领域联系起来发挥一种认知上有效的社会作用。哲学家通常用"自然类"这个短语来指称被其他科学家认作合法的科学范畴的类。但是，在研究者共同体中还存在非哲学家讨论自然类，包括心理学家和伦理学家等，他们也使用自然类概念。自然类的论文被许多不同主题领域的论文所引用，而且大约30%的文章有不同于哲学、科学史与科学哲学、伦理学的主题范畴。因此，"自然类"这个短语构成了哲学家与其他学科的研究者之间的联系，这也构成保留自然类概念的理由。既然自然类研究发生在一个联系紧密的哲学研究纲领中，并且这个研究纲领与哲学之外的研究相联系，那么与非哲学家之间的联系就非常依赖于自然类概念。如果他们与自然类研究纲领的联系被移除，那么大多数非哲学家将与哲学没有其他的联系了。① 这些都意味着如果我们将"自然类"这个短语从哲学中消除，那么一种重要的社会研究作用将会丧失。

---

① CONIX S, CHI P S. Against Natural Kind Eliminativism [J]. Synthese, 2021, 198（9）:
9015.

第六章

自然类的属性簇理论

按照传统本质主义观点，所有的类成员都占有一种共同的本质，本质等同于类成员身份的一组必要和充分条件。"如果这些条件必须是完全清晰的，那么这就等同于这个假定即自然类必须有精确的边界。"① 根据埃利斯的观点，自然类必须是彼此绝对不同，也即对于任何个体实体，必须很清楚它是不是某个类的一员。② 否则的话，如果自然类是连续的并且不是绝对不同，那么将由我们来决定在哪里划出类之间的界线，这就使得自然类的划界成为一个约定的问题。传统本质主义认为自然类之间的界线是由世界的真实特征所决定，自然类应当挑选出世界的真实特征。正是在这个方面，自然类的属性簇观点被引入。根据簇观点，许多自然类不是绝对不同的。簇观点试图提出一种更包容性的解释，并抓住许多实际的科学范畴，例如，生物物种。物种的成员倾向于分享许多共同的属性，但没有一种属性对于它们是独特的。譬如，斜黑色条纹是老虎的特征，但也有老虎没有斜黑色条纹。因此，描述一个簇类的一种具体属性或一种定义完备的属性集合，对于一个实体属于那个类不是一个必要条件，进而自然类的边界可以是含混的。正因为簇观点能够非常好地解释生物物种，所以它在生物学哲学中非常流行。自然类的属性簇解释可以追溯到指称的簇观点（例如，专名的簇理论），这种观点是对传统的（弗雷格—罗素式）描述主义的一种改进，因为它认为类词项的意义是被属性的合取所给予的。③ 换言之，簇观点不要求所有的描述属性都被一个特殊专名的承担者所占有，而仅允许一个名称可能

---

① MAGNUS P D. Scientific Enquiry and Natural Kinds：From Planets to Mallards ［M］. London：Palgrave Macmillan，2012：19.

② ELLIS B. Scientific Essentialism ［M］. Cambridge：Cambridge University Press，2001：19.

③ 有学者认为，类的簇理论实际上最早由惠威尔（1794—1866）提出。惠威尔主张类是通过相似性来联结，许多类没有本质，并且类之间存在"间隙"。他建议分类学家寻找不同分类模式之间的一致性，并进一步将自然类等同于属性簇。参见 WARD Z B. William Whewell，Cluster Theorist of Kinds ［J］. HOPOS：The Journal of the International Society for the History of Philosophy of Science，2023，13（2）：362-386.

与仅仅一簇描述语相联系，但没有一个对于成功的指称是必要的。但是，指称的簇观点仍然难逃克里普克的批评。① 在此之后，属性簇解释进一步在维特根斯坦的家族相似性理论中得到体现。然而，自然类的属性簇理论的真正复兴则归功于波依德等人所提出的自我平衡属性簇（HPC）理论。由于 HPC 理论相比传统自然类本质主义的许多优点，它迅速成为当代科学哲学中最成功并被广泛接受的自然类解释。

一、家族相似性与属性簇

传统自然类是由真实本质决定的，本质是区分自然类与非自然类的标准。虽然非自然类没有本质属性，但它们可以通过属性簇来决定。属性簇是属性的集合，但这个集合是开放的。属性簇不是根据充分必要条件来决定类，而是将类描述为这些属性倾向于簇集在一起。例如，桌子是一个非自然类，我们不必根据充分必要条件来定义它，而是把它看成一些属性簇集在一起，例如，平坦的表面、有某些柱状物作为支撑、有一定的高度和长宽度、由某种材料制成等。既然进化论表明物种没有本质属性，那么决定物种的属性不是本质，而是属性簇。例如，基因属性就是一个属性簇，没有哪一个属性对于决定物种是充分必要的。因此，虽然生物物种没有传统的本质，但是我们可以把属性簇看作物种的本质，这在某种意义上弱化了传统本质的观念。如果这种进路是可行的，那么属性簇也可以推广来解释自然类。

（一）家族相似性理论

借助属性簇来解释生物物种和自然类的想法直接源于维特根斯坦的家族相似性观念。许多分类学家都赞成把物种看成维特根斯坦所称的"家族相似性"概念。② 维特根斯坦对人类语言的本性十分感兴趣，他认为人们经常从事"语言游戏"的活动，个体之间的相互影响使语词的意义的重复社会协商成为可能。维特根斯坦解释了他所称的"语言游戏"意指什么。

> 的确如此——我没有提出某种对于所有我们称之为语言的东西为共同的东西，我说的是，这些现象中没有一种共同的东西能够使我把同一个词用于全体，但这些现象以许多不同的方式彼此关联。而正是由于这种或这

---

① 指称的簇观点在第三章关于指称的描述理论及其困难中已经详细介绍过。

② PIGLIUCCI M. Species as Family Resemblance Concepts: The (dis-) Solution of the Species Problem? [J]. Bioessays, 2003, 25 (6): 596-602.

些关系，我们才把它们全称之为"语言"。①

维特根斯坦注意到我们无法给出许多类的本质定义，没有哪一个属性或属性集合（无论是合取还是析取的集合）对于这些类的成员身份是充分必要的，例如，语言、游戏、数字等。我们使用"游戏"这样一个复杂的概念意指什么？在维特根斯坦看来，不可能存在一个关于游戏是什么的包括一切的定义，这是因为称作游戏的事物完全不同，它们没有分享一种本质特征，换言之，没有属性或属性集合对于游戏是充分必要的。一些游戏是竞争性的，一些游戏不是；一些游戏是在棋盘上玩，一些游戏不是；一些游戏是娱乐性的，而一些游戏是非常严肃的；一些游戏有输赢胜负，而一些游戏没有；一些游戏有清楚明确的规则，而一些游戏没有。游戏没有某种共同的东西，只有相似之处和亲缘关系。

试考虑下面这些我们称之为"游戏"的事情吧。我指的是棋类游戏，纸牌游戏，球类游戏，奥林匹克游戏，等等。对所有这一切，什么是共同的呢？——请不要说："一定有某种共同的东西，否则它们就不会都被叫作'游戏'"——请你仔细看看是不是有什么全体所共同的东西——因为，如果你观察它们，你将看不到什么全体所共同的东西，而只看到相似之处，看到亲缘关系，甚至一整套相似之处和亲缘关系。再说一遍，不要去想，而是要去看！——例如，看一看棋类游戏以及它们的五花八门的亲缘关系，再看一看纸牌游戏，你会发现，这里与第一组游戏有许多对应之处，但有许多共同的特征丢失了，也有一些其他的特征却出现了。当我们接着看球类游戏时，许多共同的东西保留下来了，但也有许多消失了。——它们都是"娱乐性的"吗？请你把象棋同井子棋比较一下。或者它们总是有输赢，或者在游戏者之间有竞争吗？想一想单人纸牌游戏吧。球类游戏是有输赢的；但是如果一个孩子把球抛在墙上然后接住，那这个特点就消失了。看一看技巧和运气所起的作用，再看看下棋的技巧和打网球的技巧的差别，现在再想一想转圈圈游戏那类的游戏。这里有娱乐性这一要素，但是有多少别的特征却消失了！我们可以用同样的方法继续考察许许多多其他种类

---

① 维特根斯坦. 哲学研究［M］. 李步楼，译. 陈维杭，校. 北京：商务印书馆，2000：46.

的游戏，可以从中看到许多相似之处出现而又消失了的情况。①

因此，没有特征对于所有游戏是共同的和独特的，游戏是通过一簇特征来定义的，这种簇特征就是维特根斯坦所言的"家族相似性"。

> 这种考察的结果就是：我们看到一种错综复杂的互相重叠、交叉的相似关系的网络；有时是总体上的相似，有时是细节上的相似。我想不出比"家族相似性"更好的表达式来刻画这种相似关系，因为一个家族的成员之间的各种各样的相似之处：体形、相貌、眼睛的颜色、步姿、性情等，也以同样方式互相重叠和交叉。——所以我要说："游戏"形成一个家族。②

按照维特根斯坦的观点，类的特征就是家族相似性，自然类是由真实本质决定的，只不过这种真实本质是家族相似性，家族相似性可以用来划分自然类。

如果我们把"物种"当作像"游戏"那样的概念，那么生物物种也可以通过家族相似性来定义，家族相似性可看作物种的本质。在这种意义上，生物物种就是自然类。维特根斯坦还进一步指出家族相似性概念可能产生的实践问题，也即如果我们对于物种是什么不能达成一致，那么我们如何能够使用物种概念？维特根斯坦说道：

> 我们应当怎样向别人说明什么是游戏呢？我相信，我们应当向他描述一些游戏并且可以补充说："这些和此类似的事情就叫做游戏。"对于游戏，我们自己难道知道得比这更多些吗？难道只是对别人我们才不能确切地说出什么是游戏吗？③

不过，维特根斯坦认为这种情形不构成一个问题，因为我们在实践上能够非常有效地使用游戏（或物种）概念。"但这并不是无知。我不知道边界是由于

---

① 维特根斯坦．哲学研究 [M]．李步楼，译．陈维杭，校．北京：商务印书馆，2000：47-48．

② 维特根斯坦．哲学研究 [M]．李步楼，译．陈维杭，校．北京：商务印书馆，2000：48．

③ 维特根斯坦．哲学研究 [M]．李步楼，译．陈维杭，校．北京：商务印书馆，2000：49．

没有划出过边界。再说一遍，我们可以——为了特定的目的——划一条边界。"①

按照维特根斯坦的观点，生物学家可以为了不同的目的而针对特殊物种使用相应的物种概念，这依赖于生物学家考虑什么样的分类群体。例如，在区分无性繁殖或单性繁殖的分类单元过程中，强调生殖隔离的生物学种概念就很可能是无用的，而相同的标准特别适合于异型杂交（obligate outcrossers）。既然生物学家（例如，古生物学家和遗传学者）可能有不同的目的和兴趣，生物有机体也存在许多不同的类群（例如，细菌和爬行动物），所以物种可能是由松散的属性簇构成的概念，在一些条件下，一些概念是有用的，而一些概念是无用的。如果我们坚持用某一个物种概念给出的标准来定义物种（例如，本质主义的物种概念，或者生物学种概念的杂种繁殖标准），那么这样的定义标准对于生物有机体来说要么过于严格，要么过于松弛。既然物种没有独特的本质属性（比如基因属性或染色体数目），那么物种的成员就不是分享单个共同特性，而是分享许多特性。物种可以通过共变的属性簇来描述，而不是通过占有任何共同的本质属性来描述。如果物种是一个家族相似性概念，那么它的基础结构可以在一系列特征中找到，例如，系统发育关系、基因相似性、生殖相容性和生态特征。根据家族相似性理论，物种可以描述如下：假如 a，b，c，d，e 是同一个物种中的五个生物有机体，每个有机体分别拥有五种属性 P，Q，R，S，T，但是，每个有机体不是通过这五种属性来描述，而是仅仅通过其中的任意四种属性来描述，见表6-1。

表6-1　家族相似性现象

有机体/属性	P	Q	R	S	T
a	√	√	√	√	
b		√	√		√
c	√		√	√	√
d	√	√		√	√
e	√	√	√		√

① 维特根斯坦. 哲学研究［M］. 李步楼，译. 陈维杭，校. 北京：商务印书馆，2000：49.

（二）物种和自然类的家族相似性解释

采用维特根斯坦的家族相似性概念来解释物种和自然类的进路可能有以下优点。首先，既然本质主义不能解释生物物种，那么我们可以从物种本质主义传统中解脱出来，转而采取一种更现实的簇概念观点。这是一种哲学的转变，这种转变得益于我们拥有关于物种的大量经验信息。其次，家族相似性观点能够提供物种问题的部分解答。根据物种的家族相似性概念，物种表征一大簇自然实体，它们是独立于人类观察者的兴趣。① 因此，物种问题在某种程度上是由于人脑（或人类语言）所认知的范畴与真正存在于自然界中的自然范畴之间的不匹配。再次，我们可以基于实践目的而划出家族相似性概念的边界，这就消解了生物学家关于最好的物种概念是什么的无休止争论。家族相似性概念拥有足够的灵活性，它能够应用于许多真实的物种情形，并且它也能够适应生物世界中的变化。由于我们不能在某个地方划出清晰界线，所以家族相似性概念或簇概念常常被视作一种模糊概念而不受欢迎。但是，这并不意味着家族相似性概念不存在差异和区分，可以完全容纳一切东西。实际上，家族相似性概念或簇概念不是要放弃寻求定义，而是不需要对定义过于严格要求。簇概念不同于多元论，多元论认为存在同等合法的、概念上独立的物种概念可以被使用，这依赖于研究者的兴趣。例如，如果一个生物学家关心系统发育关系，那么涉及系统发育的物种概念就是有用的。如果生物学家的兴趣转向功能生态学，那么生物学和生态学的物种概念的混合物更合适。最后，除了很好地应用于解释生物物种之外，家族相似性也能够被应用来说明其他类。例如，疾病就可以看作由家族相似性定义的类，疾病有许多症状来描述，但并非所有症状都必须同时出现，在一个病人身上可以缺少某个症状，这个病人仍然有这个疾病。

然而，自然类和生物物种的家族相似性进路仍然存在一些困难。首先，通过家族相似性来决定类的成员身份，其结果必然导致分类的完全任意性。② 例如，职业足球运动是一个游戏，小孩子玩的"丢手绢"也是一个游戏，借助一系列不同的交叉相似性，我们也可以说写一篇学术论文是在玩游戏，因为写学术论文与孩子们玩丢手绢都是度过无聊下午的好方式。由此看来，只要任何两个事物在一些方面是相似的，我们都可以一直联想下去。既然写学术论文和参加学术会议都是学术生活中必要的部分，那么参加学术会议也可以视作玩游戏。

---

① PIGLIUCCI M. Species as Family Resemblance Concepts：The（dis-）Solution of the Species Problem? [J] Bioessays, 2003, 25 (6)：596-602.

② WILKERSON T E. Natural Kinds [M]. Aldershot：Avebury Press, 1995：122.

如此推理下去，任何一个事物都是一个游戏。其次，通过家族相似性来解释自然类会导致自然类的反实在论。后期维特根斯坦在哲学上持有一种反实在论观点：我们归给世界的属性在某种意义上不是世界的属性，而是我们的属性，由此我们的分类系统没有反映事物本身存在的方式，而是反映了我们划分事物的方式。根据这种反实在论观点，我们无法找到真实的自然类，也即事物本身如何存在的方式。进而，我们不能指出有一个正确的分类系统，它标记着自然界的结合点。我们只能说这是我们所做出的分类，自然类的边界不是由自然界固定，而是被我们固定。家族相似性的一个关键特征是开放性，任何根据家族相似性来解释世界都是反实在论的。① 最后，物种的家族相似性解释也存在一些问题。其一，赞成物种是家族相似性概念的分类学家当然不会质疑物种的实在性，但是如果根据家族相似性解释的物种是实在的，那么这与维特根斯坦的（自然类）反实在论观点相冲突。其二，根据家族相似性解释的物种也不是一个自然类。通过家族相似性定义的类仍然是建立在属性相似性的基础上，没有哪一个属性对于类的成员身份是本质的，也没有单个要素决定有机体属于这个类而不是其他类。这样一来，通过家族相似性定义的类不支持自然定律，而且家族相似性本身也不支持律则概括，所以根据家族相似性定义的物种也完全不同于化学元素那样的自然类。其三，家族相似性不能给出物种的成员身份标准，因而不能回答实践生物学家所要求的经验问题："这个生物有机体属于物种 X 或 Y 吗？"②

二、自我平衡属性簇理论

自然类的自我平衡属性簇（HPC）理论最初是作为科学哲学和伦理学中一种重要的实在论观点的一部分而引入的，这种实在论被克里普克和普特南的新指称理论重新焕发活力。在科学哲学和伦理学中支持反实在论或反自然主义观点的关键论证都依赖于当时占主导地位的指称的描述理论，例如，诉诸科学理论的不可通约性论证或道德词项的不可定义性论证。根据指称的描述理论，名称是等价于限定描述语，并且其指称是以那些描述语为中介的。克里普克和普特南的指称的因果理论不仅削弱了这些论证，而且构成了科学实在论者的建构性工作的重要方式。波依德是这种新形式的科学实在论的支持者，并且在科学

---

① WILKERSON T E. Natural Kinds [M]. Aldershot：Avebury Press, 1995：125.
② PIGLIUCCI M. Wittgenstein Solves (Posthumously) the Species Problem [J]. Philosophy Now, 2005 (50)：51.

精确性、科学中的隐喻和自然类的解释中运用了这种方式。波依德关于自然类的 HPC 解释有两个重要创新，这两个创新不仅标志着它背离了传统自然类本质主义，而且显示出它相比传统本质主义的一系列优点。HPC 理论的第一个创新是提供生命世界的内在异质性的一种形而上学解释，这种解释说明了类成员通过它们的本性而变化的意义，而不是将变化视作偏离正常；第二个创新是说明了非传统意义上的（即必要和充分条件定义的）自然类如何仍然能够具有真实的和解释的完整性，并允许它们用作生物解释和预测的基础。① 自然类的 HPC 理论的这两个创新使它在自然灵活性与解释完整性之间达到一种平衡。例如，生物类的观点必须是自然灵活的，因为它必须允许人们解释生物学家对内在异质性的接纳，同时它必须具有解释的完整性，因为它将自然类描述为世界的内聚特征，这种特征允许生物学中解释和预测成功的管控。自然灵活性要求趋向多元论，而解释完整性要求则朝向自然类的实在论。通过在这两个要求之间取得平衡，HPC 理论不仅区别于它所取代的自然类的激进和保守观点，而且避免将自身与它所描述的科学实践相疏远。

（一）属性簇与因果机制

HPC 理论之所以能够迅速成为最成功和广泛接受的自然类解释，是因为它提供了两个重要问题的有吸引力的答案：第一，什么是自然类；第二，既然自然类通常被认为支撑经验科学中的归纳推理，那么它是如何能够提供这样的支撑。关于第一个问题，HPC 理论认为自然类是被可投射的属性簇所归集的事物范畴，并且这种簇集是由于自我平衡机制的结果。关于第二个问题，HPC 理论认为正是属性的自我平衡簇集，也即它们稳定地倾向于共同出现这个事实，允许我们做出从它们的一个（或几个）属性的例示到另一个属性（或几个属性）的例示的推理。波依德写道："我认为存在大量的科学上重要的类（属性、关系等），它们的自然定义是非常像日常语言哲学家所假定的属性簇定义，除了在定义簇中的属性的统一性主要是因果的而不是概念的。这些自我平衡属性簇之一的自然定义是被一簇经常共现的属性的成员和产生它们的共现的（自我平衡）机制所决定的。"②

按照 HPC 理论，一个自然类词项（NKT）是通过 F 与 H 相结合来定义的。"F"是指被发现在自然界中重复簇集的所有属性集合（即"属性家族"），并

---

① WILSON R A, BARKER M J, BRIGANDT I. When Traditional Essentialism Fails: Biological Natural Kinds [J]. Philosophical Topics, 2007, 35 (1-2): 197-198.

② BOYD R. Realism, Anti-Foundationalism and the Enthusiasm for Natural Kinds [J]. Philosophical Studies, 1991, 61 (1): 141.

且这种簇集可能是不完美的和有例外的；"H"是确保这种簇集的因果要素集合（即"自我平衡机制"）。因此，对于一个给定的自然类，没有属性集合对于这个类的所有成员是独特的并且能够描述这个类的所有成员，也即 F 不能穷尽地定义这个类，否则的话就退化为某种形式的传统类本质主义。同时，HPC 理论将 H 增加到这个定义上并假定 F 和 H 的结合可以唯一地定义一个类：一个类是通过被发现重复地簇集在一起的属性加上导致这种簇集的潜在因素来定义的。从 HPC 理论的两个构成要素（即属性簇"F"和自我平衡机制"H"）的特点来看，HPC 理论以一种开放的方式来定义自然类。没有属性对于 F 是独特的，也没有因果要素对于 H 是独特的。一个类的 F 可能包括新的属性，而现有的属性可能不再是类的成员，因果要素可能开始或停止运作。更具体地说，没有属性的"核心集合"是类的所有成员都展现出来的，也并非类的所有成员都受某种潜在的因果要素的影响。因此，HPC 理论能够提供自然类的一种替代解释，并且能够灵活地适应在各门科学中起重要作用的所有类以及更传统的自然类。

因此，HPC 类有两个重要特征：（1）类的成员分享一簇共现的相似性，没有一种相似性对于类的成员身份是必要的，但这样的属性必须足够稳定以允许成功的归纳；（2）在类的成员当中发现的相似性的共现是由那个类的自我平衡机制导致的。例如，家犬这个类的成员分享许多相似特征，这些相似特性是由家犬这个物种的自我平衡机制导致的，比如杂种繁殖、共享的祖先和共同的发育机制等。在波依德看来，自然类都是 HPC，自然类的自然性和实在性在于它们能够做出成功的归纳和说明，生物物种就是典型的 HPC 类。HPC 类发挥传统本质主义自然类的归纳和说明作用，但不同之处在于它不要求本质属性是内在的，或者本质属性对于类的成员身份是充分必要的。换言之，与传统自然类相比，自我平衡属性簇不要求自然类通过本质属性来定义，它把自然类理解为分享若干稳定相似性的要素群体，虽然类的成员共同拥有这些相似性，但这些相似性不需要都出现在类的所有成员当中，所以它们不是本质属性。不过，这些相似性必须足够稳定使它们出现在类的成员当中，而不仅仅是巧合或偶然。

（二）HPC 类与归纳

HPC 理论相比传统本质主义的一个重要优点是它能更好地解释科学中的自然类的说明力（explanatory force）。按照传统本质主义，自然类具有说明价值，而非自然类没有，所以自然类是认识论上有特权的。自然类能提供科学说明的基础，因为它是通过形而上学根本的属性来归类事物，而科学说明依赖于这些根本属性。事物的"真实本性"或者在自然律中出现的那些属性就是形而上学的根本属性。因此，传统本质主义将自然类理解为根据事物的本性（内在属性、因果力或微观结构等）来归类的事物群体。基于此，自然类问题是一个形而上学问题，也即世界中存在什么种类的事物，并且"自然类的成员身份是由自然界决定，而不是被我们决定"①。此外，自然类还应该有助于解释我们归纳实践的成功。在通常的描述中，我们经常能够成功地从"这个 F 是 G"得出"所有的 Fs 很可能是 Gs"，这种推理有时至少是基于这个事实，即这些 Fs 形成一个自然类。但问题是我们应该如何解释自然类性，使得自然类符合这种理论预期。这个问题的流行答案是所有自然类都有一种内在本质，也即一组对于一个实体算作类的成员所充分和必要的内在属性。这个答案直到 20 世纪 90 年代早期似乎都被视为一种默认答案。本质的存在导致或解释了 Fs 的所有属性的存在，由此我们能够做出成功的归纳推理。

正如我们看到的，这种诉诸内在本质的观点产生的一个问题是许多自然类并没有本质，最显著的例子是生物物种。但是，我们经常辩护这种推理，比如从某个物种成员的相关表现型特性的存在，推出相同物种的其他成员的那些相同特性很可能存在。同样，传统本质主义在解释自然类的说明力过程中存在循环论证。从传统本质主义的角度看，自然类提供可靠推理和说明的基础不应该是一个奇迹。如果世界是按照某种确定性的客观方式由事物的类构成，那么我们对一个给定现象的说明最终都依赖于这些客观存在的事物类。一旦我们获得世界中存在的各种类的清单，并且拥有关于它们的一种形而上学解释，我们就有一种类的理论，这些类在我们的说明中起重要作用。但是，我们无法直接洞悉世界的内在结构，因而无法获得世界的构成要素所要求的清单。我们必须求助于科学的各个领域，弄清这些科学领域当前所采取的本体论。科学家采取特殊的本体论，不是因为他们以某种方式直接观察到在科学中起重要作用的类的存在，而是因为这些类在特殊的理论语境中有意义，也就是说，因为这些类在本体论中发挥重要作用，并且拥有成功地作为概括、说明和预测的基础的记录。但是，这又回到刚开始的问题：特殊科学领域所认可的类的说明力存在于哪里？

根据波依德的 HPC 理论，自然类被理解为我们可以做出可靠归纳的事物群体。也就是说，HPC 理论实际上将自然类问题看作一个认识论问题：哪种归类事物的方式是最适合于帮助我们做出推理和说明现象。波依德认为，"这是一个自明之理，即自然类的哲学理论是关于分类模式如何有助于归纳和说明实践的

---

① ELLIS B. Scientific Essentialism [M]. Cambridge：Cambridge University Press，2001：19.

认知可靠性"①。根据 HPC 理论，自然类的成员身份更多地被我们决定，而不是被自然界决定。HPC 理论可以避开传统本质主义在解释科学类的说明力过程中存在的循环，因为它一开始就试图说明类如何在实际的科学实践中是认识论上重要的。根据 HPC 理论，在科学中起重要作用的大多数类不是拥有确切相同（微观结构或因果）属性的事物群体，而是彼此承担各种程度的因果支持的相似性的事物群体，也就是说，这些类由于很大程度上相同的原因而展现出很大程度上相似的属性。② 因此，类不应该通过其所有成员毫无例外地展现出来的分开必要和联合充分的本质属性来定义，而应该通过属性簇来定义。这些属性簇被发现有规律地但不是无例外地在自然实体中簇集在一起，同时与潜在于这种属性簇的因果要素集合（即自我平衡机制）相结合。因此，HPC 理论试图在没有内在本质的情况下做出归纳，这正得益于 HPC 所满足的两个重要条件：作为共现的簇集和自我平衡。正是这两个条件解释了自然类如何帮助奠基归纳推理的任务。

（三）物种作为 HPC 类

HPC 理论相比自然类传统本质主义的另一个重要优点是它可以非常好地应用来解释生物物种，也即物种是自我平衡属性簇的自然类。HPC 是世界中的属性的结构性重复，这种属性重复是通过一种潜在的因果过程来维持的，生物物种就是典型的 HPC。物种的成员通过一簇典型特性来描述，这个特性簇是通过生物体内外的因果过程在有机体中聚集在一起。例如，金凤蝶（Common swallowtail）有许多共同特性：黑黄色图案的翅膀，在后翼上有一条像尾巴一样的东西和红蓝色的点，它们的蛹是通过一条丝带保持在直立位置当中。如果我们把金凤蝶这个物种理解为一个自我平衡属性簇，那么我们不要求每个金凤蝶有黑黄色图案的翅膀，后翼上有似尾巴的东西和红蓝色点以及通过丝带保持的蛹。由于存在突变的可能性，金凤蝶个体可能没有其中一些特性，所有这些特性对于金凤蝶这个物种的成员身份不是本质的。但是，我们可以预测一个金凤蝶实际上有这些特性，所有这些特性形成一个稳定的属性簇。这些属性簇的稳定性是由于内在的自我平衡机制导致的，这种因果机制可能包含如下几个生物学要素：第一，物种的成员彼此交换基因形成一个基因流共同体，这使物种的成员

① BOYD R. Homeostasis, Species and Higher Taxa [M] // WILSON R A. Species: New Interdisciplinary Essays. Cambridge: The MIT Press, 1999: 146.
② BOYD R. Homeostasis, Species and Higher Taxa [M] // WILSON R A. Species: New Interdisciplinary Essays. Cambridge: The MIT Press, 1999: 142-144.

在某个合理时间内保持相对同质；第二，物种的所有成员拥有共同的个体发育程序，因为它们都起源于共同的系统发育祖先；第三，物种的所有成员都遭受共同的选择条件，因为它们生活在相同环境中，因而保持相对不变和同质。HPC 理论不仅可以定义生物物种，还可以定义其他的生物范畴，例如属、科或目。

因此，HPC 理论没有要求物种根据传统的本质属性来定义。按照波依德的观点，物种是 HPC 类并因此是自然类，因为"物种是通过共享的属性和通过维持它们的自我平衡的机制（包括'外在的'机制和基因传递）来定义的"①。相比传统本质主义，HPC 理论提供了物种作为自然类的一种更有前途的解释。既然 HPC 类不必有共同的本质属性，所以物种本质主义的批评可以避免。HPC 理论允许外部关系在导致类的成员之间的相似性过程中发挥重要作用，而传统本质主义假定类本质是一个类的成员的内在属性，所以 HPC 理论更有包容性，因为它认识到有机体的内在属性和外在关系都是物种范围（species-wide）的相似性的重要原因。根据 HPC 理论，一旦我们注意到一个分类单元的成员由于大致相同的原因展现出很大程度上相似的属性，例如，种群之间的遗传和生殖隔离的常见系统，共享的发育机制，相同环境中的稳定化选择，等等，我们提出关于生物物种和其他分类单元的解释和预测上有用的概括的能力就不令人惊奇。②虽然不存在一个分类单元的所有成员有机体展现出来的任何属性，但是在一个分类单元的成员之间仍然存在很大的相似性，这种相似性的出现可以通过求助于前述提到的其他因素来解释。波依德认为，生物分类单元可以通过属性簇来定义，这些属性簇连同潜在于这种属性的簇集的因果要素集合被发现有规则地（虽然不是无例外地）在相同分类单元的有机体中一起发生。因为对于一个给定的物种或其他分类单元，不存在属性集合对于那个类的所有成员是独特的并且描述那个类的所有成员，所以共同出现的属性簇不能穷尽地定义这个分类单元。

在波依德看来，自然类的 HPC 解释广泛应用于生物学中的类以及其他特殊科学中的类。波依德认为，不仅物种和其他分类单元是 HPC 类，而且许多社会类同样是 HPC 类，例如，封建经济、资本主义经济、君主制、议会民主、各种宗教、行为主义和货币等。虽然没有令人信服的理由将定义 HPC 类的属性簇和因果机制视作构成分类单元的类本质，但是波依德暗示他的解释应该被看作一

---

① BOYD R. Kinds, Complexity and Multiple Realization: Comments on Millikan's "Historical Kinds and the Special Sciences" [J]. Philosophical Studies, 1999, 95 (1-2): 81.

② BOYD R. Homeostasis, Species and Higher Taxa [M] // WILSON R A. Species: New Interdisciplinary Essays. Cambridge: The MIT Press, 1999: 165.

种类本质主义：

> 本质的东西是，成功的科学（和日常）实践的类……必须被理解为被一种后天的真实本质所定义，这种后天的真实本质反映了我们在我们的分类实践中遵从关于世界的因果结构的事实的必然性。……我将论证物种（以及一些更高的分类单元）确实有定义性的真实本质，但是迈尔、霍尔和其他人所批评的那些本质是相当不同于传统中所预期的本质。①

虽然一些哲学家将潜在于一个类的因果要素（自我平衡机制）当作构成类的本质，但是如果要以一种本质主义的方式来解释 HPC 理论，那么根据波依德的解释，簇集的属性集合与潜在的因果要素集合应该一起被看作一个 HPC 类的本质，因为正是属性集合和因果要素集合的结合才构成类的定义。

三、自我平衡属性簇理论的困难

由于 HPC 理论的上述优点，科学哲学家们几乎达成一个共识，即自然类是 HPC。按照 HPC 理论的早期支持者科恩布利斯的看法，"波依德暗示有机体中的自我维持（即自我平衡）这种解释可能提供所有自然类的一种模型。一个自然类就是一簇属性，当这簇属性在相同实体中一起实现时，它们就致力于相互维持和加强，甚至在面对环境的改变过程中也是如此"②。科恩布利斯将 HPC 观点视作自然类的约定论与本质主义之间的第三条道路。然而，尽管 HPC 理论有上述优点，但是它仍然不能成为自然类的一种好的替代解释理论。

（一）自然类的定义问题

如前所述，HPC 理论广受欢迎的一个重要原因是它能够回答什么是自然类这个根本的形而上学问题。这个问题可以区分为两个方面：一是类的自然性问题或分类学问题，即区分自然类与任意范畴（或非自然类）的标准是什么，或者说什么使一个自然类是自然的；二是类身份问题或本体论问题，即世界的什么特征使一些范畴而不是其他范畴满足这些标准，或者说什么使一个自然类成为一个类。这两个问题有些差别，分类学问题可能有一个答案，比如我们将自

---

① BOYD R. Homeostasis, Species and Higher Taxa [M] // WILSON R A. Species: New Inter-disciplinary Essays. Cambridge: The MIT Press, 1999: 154−156.

② KORNBLITH H. Inductive Inference and Its Natural Ground: An Essay in Naturalistic Episte-mology [M]. Cambridge: The MIT Press, 1993: 35.

然类看作必然地在我们关于世界的说明中发挥作用，而本体论问题可能有许多答案，例如，像化学元素这样的自然类是通过类成员共同拥有的构成成分而统一在一起，并根据基本的因果定律相似地行为，像生物物种那样的自然类则是通过分享历史来源统一起来并由于共同原因而类似地行为。传统本质主义给出这两个问题的统一解答：本质既是区分自然类与非自然类的标准，也是将一个自然群体统一为一个类的东西。HPC 理论似乎也提供了自然类的分类学和本体论基础，它描述了什么标准区分自然类与任意范畴（即自然类是 HPC），并且解释了世界中的什么东西将自然类联结在一起（即对自我平衡负责的因果模式）。波依德认为，自然类是用于适应世界结构的科学说明中的范畴，它们在成功的归纳和说明实践中发挥作用，"自然类的自然性在于它们适合归纳和说明"①。因此，波依德根据成功的归纳和说明条件来回答分类学问题，并假定 HPC 来回答本体论问题。

　　然而，一方面，HPC 理论实际上并没有提供区分自然类与非自然类的标准。HPC 理论认为自然类都是 HPC，但实际上自然类不等于 HPC，并非所有的自然类都是 HPC，成为自然类对于成为 HPC 不是充分必要的。② 其一，HPC 理论不能用来解释物理粒子这样的自然类。基本粒子似乎没有属性一起出现在任何东西当中，就像物种那样的方式。例如，电子的质量是电子的精确和永久的特征而不是仅仅对于电子典型的特征。质量的值是标准模型中的参数，即宇宙的基本特征，而不是通过一种潜在的因果模式来维持的。所以，基本粒子不构成HPC，但是诸如电子这样的基本粒子不可能不是自然类。其二，HPC 理论也不能应用于化学元素。按照格里菲斯的看法，"在我对波依德的解读中，这种因果自我平衡机制对应自然类的传统'本质'。在化学元素的范例中，因果自我平衡机制是共享的微观结构"③。但是，事物的微观构成要素必须是其所是，无须一种潜在的因果机制。即使元素可以根据原子核的自我平衡结构来理解，电子和夸克也不能做如此分析。由此可知，不是所有自然类都是 HPC，既然作为传统上典型自然类的物理粒子和化学元素都不能通过 HPC 理论得到很好的解释，HPC 理论作为一种替代的自然类理论的地位就大打折扣。

　　另一方面，HPC 理论也没有清楚地告诉我们什么东西将自然类联结成一个

① BOYD R. Homeostasis, Species and Higher Taxa [M] // WILSON R A. Species: New Interdisciplinary Essays. Cambridge: The MIT Press, 1999: 147.

② MAGNUS P D. NK ≠ HPC [J]. The Philosophical Quarterly, 2014, 64 (256): 471-477.

③ GRIFFITHS P E. Squaring the Circle: Natural Kinds with Historical Essences [M] // WILSON R A. Species: New Interdisciplinary Essays. Cambridge: The MIT Press, 1999: 218.

类。尽管 HPC 理论常常被看作传统本质主义的一个变种，但是一些 HPC 不是通过本质联结起来的。例如，物种是通过共享的历史挑选出来的，但是我们不能说物种的历史属性就是它的本质。如果某事物的历史是它的本质，这就意味着外在的东西将事物联结成一个类。如果我们允许外在的力量将一个类联结在一起，那么也许像注册会计师这样的范畴也是自然类，因为他们依据历史事实分享属性，比如他们通过了相关的考试。但是，这样一来，我们不禁要问是否任何东西都可以是自然类。如果每个范畴都可以是自然类，那么我们就根本不需要一个自然类的概念。因此，如果 HPC 理论要回答本体论问题，它就必须首先回答分类学问题，即存在一种更基本的方式来理解自然类，它能够包括基本粒子、生物物种和任何其他东西。但是，即使 HPC 理论提供本体论问题的答案，它仍然允许将一个类联结在一起的东西存在重要差异。具体说，一些 HPC 类（例如，生物物种）是历史的，类的成员有生有死，并会产生新的成员。在这种意义上，HPC 类对应一个个体。波依德也由此认为，在 HPC 与个体之间没有任何严格的差异，"通过看到指称自然类所发挥的归纳和说明作用与通过指称个体所发挥的归纳和说明作用之间的相似性，我们可以看到为什么自然类与（自然）个体之间的差异仅仅是实用的"①。另外一些 HPC 类则不是历史的，却是自然类。例如，水是氢原子和氧原子之间的因果相互作用所构成的一个 HPC，但是，水仍然不同于物种或者个体。物种的任何两个成员必定分享一种历史联系，就像一个人生命中的任何两个时间片段，但不同星球上的水可以彼此独立地形成。因此，HPC 类的本体论基础是不同的。一种 HPC 类的成员分享共同的起源，正是这种历史联系使类的成员具有相应属性，这样的类可以看成历史个体；另一种 HPC 类没有历史联系，它的成员可以出现在任何时间或地方，只需要以正确方式聚集在一起。马古纳斯将这两种类型的 HPC 分别称作 token-HPC 与 type-HPC。② 前一种 HPC 类的每个成员属于相同历史的部分，而后一种 HPC 类的每个成员是被相同类型的独立原因联结在一起。因此，HPC 提供了自然类的本体论问题的答案，也即世界中的什么东西将自然类联结在一起。但其结果是，虽然有许多重要的自然类是 HPC，但并非所有的自然类都是 HPC。一些自然类不是 HPC，某事物是一个自然类对于它是一个 HPC 既不是充分的也不是必要的。

（二）类的成员身份标准问题

按照雷顿的观点，尽管不同的哲学家对于自然类争论实际上是关于什么以

---

① BOYD R. Homeostasis, Species and Higher Taxa [M] // WILSON R A. Species: New Inter-disciplinary Essays. Cambridge: The MIT Press, 1999: 163.

② MAGNUS P D. NK ≠ HPC [J]. The Philosophical Quarterly, 2014, 64 (256): 475.

及一种自然类理论确切地应该传达什么持有不同的观点，但是有两个要求似乎毋庸置疑：第一，任何的自然类哲学理论应该指定什么区分自然类与其他种类的类；第二，任何的自然类理论应该指定什么种类的因素决定一个给定实体的类成员身份。① 自然类的 HPC 理论不仅没有提供自然类与非自然类的区分标准，而且无法提供类的成员身份标准，即一个实体依据什么是一个自然类的成员。HPC 理论做不到这一点，因为它不能固定自然类的成员身份，进而也不能决定物种的成员身份。② 自然类的本质主义解释告诉我们自然界中的哪些因素决定类词项的外延。如果某个类的本质被识别，我们就立即有一个标准来评判一个给定实体是不是这个类的一个成员，也即这个实体是否例示类的本质，它是否展现出对于这个类的成员身份充分必要的所有属性。显然，自然类的传统本质主义能够提供自然类的成员身份标准，即使这个标准不是操作性的标准，但至少是一个原则上可使用的标准。但是，HPC 理论不能提供任何这样的标准。即使我们完全识别一个类的属性家族 F 的所有成员以及因果要素集合 H 的所有成员，我们仍然没有标准来决定类词项的外延，这是因为 HPC 理论的属性家族 F 和因果要素集合 H 都是开放的。换句话说，定义一个类的 F 和 H 会随着时间而变化，使得在后来的时间它们不再包含它们在较早时间包含的任何一个要素。

以生物物种为例。根据 HPC 理论，生物物种是 HPC 类的范例，因而是自然类。确切地说，物种是由成员有机体典型展现出来的属性以及确保这些属性簇集的机制（如共同亲缘、生殖内聚、稳定化选择等）所定义的自然类。但是，物种会不断地进化，物种内的有机体可能展现出新进化的属性，而旧的属性可能随着时间的流逝而消失，我们没有理由假定任何特殊的核心属性集合被保存下来。在物种形成过程中，一个新物种从它的祖先物种分化而来，新旧两个物种的成员有机体将在相当长的一段时间内被相同属性家族所描述。同样，决定属性家族 F 的因果要素集合 H 也会发生变化。如果相关的因果要素是环境的，那么环境可能在没有物种形成发生的生命周期中发生很大的变化，或者在祖先物种与它的一系列后代物种的生命周期中保持相同。因此，F 和 H 的结合还不够决定它应该定义的物种边界。自我平衡属性簇理论试图拯救生物物种作为一个"类"，但是这种进路与达尔文的进化论相冲突。进化不仅导致有机体的特性的永久变化，而且导致自我平衡机制的永久变化，所以物种的成员不仅改变它

---

① REYDON T A C. How to Fix Kind Membership: A Problem for HPC Theory and a Solution [J]. Philosophy of Science, 2009, 76 (5): 724-736.

② REYDON T A C. How to Fix Kind Membership: A Problem for HPC Theory and a Solution [J]. Philosophy of Science, 2009, 76 (5): 724-736.

们的个体特性，而且改变它们的自我平衡机制。既然物种成员经常遭受变化的自我平衡机制，HPC 理论就只能解释其外延已经独立地被其他方式所固定的类。一个好的自然类理论应该提供类成员身份的标准，但是 HPC 理论不能做到这一点，所以 HPC 理论不是一个自然类的理论，而仅仅是一个属性簇的理论。雷顿进一步指出，HPC 类的可应用性范围覆盖从生物类到经济和政治系统的类，这是通过以一种非传统的、开放的方式构想 HPC 类的定义本质来实现的。虽然这产生了类的一种解释，并且这种解释足够灵活以容纳在各门特殊科学中发挥作用的所有类以及更传统的自然类，但正是这种灵活性导致了 HPC 理论的问题。传统意义上的类本质可以提供自然类的成员身份标准，但是根据 HPC 理论，类本质不能用来决定事物的类成员身份。它们也不能用来作为对一个类的成员典型的可观察属性和行为的解释，因为 HPC 理论所识别的属性的原因不是类特定的，而是经常扩展到超出类的边界，或者仅仅限制于一个类的成员的亚群体。所以，这样的类本质将不能为自然律提供基础，或者支持与类相关的科学概括、解释和预测。尽管 HPC 理论具有广泛可应用性，但它的应用看起来仍然是有限的。①

玛纳拉·马提尼兹（Manolo Martinez）则认为，满足作为共现的簇集事实上对于一个属性簇奠基归纳推理是不必要的，即使当这个条件被满足，关注属性的共现也扭曲了自然类经常在归纳推理中所发挥的作用。② 在他看来，共现对应信息理论家所称的冗余（redundancy）：一个簇中的属性是冗余的，只要观察到它们中一些属性的存在使其余属性的观察是无信息量的（uninformative），但是科学实践经常挑选不是（或不仅仅是）冗余的而是协同的（synergic）属性的自然群体。在协同簇中属性的例示关于簇中其他属性的例示未必是有信息量的，相反，正是它们的共同例示对于自然类的引入发挥解释作用。利普斯基（Joachim Lipski）也指出在自然类的争论中，HPC 理论经常以两种方式被误解：它不仅被认为是导致自然类的一种规范标准，而且被认为要求自我平衡机制潜在于律则的属性簇以成为统一的。③ 这种误解存在于两种独立的过度概括：第

① REYDON T A C. Essentialism about Kinds: An Undead Issue in the Philosophies of Physics and Biology? [M] // DIEKS D, GONZALEZ W J, HARTMANN S, et al. Probabilities, Laws, and Structures. Berlin: Springer, 2012: 217-230.

② MARTINEZ M. Synergic Kinds [J]. Synthese, 2020, 197 (5): 1931-1946.

③ LIPSKI J. Natural Diversity: A Neo-Essentialist Misconstrual of Homeostatic Property Cluster Theory in Natural Kind Debates [J]. Studies in History and Philosophy of Science Part A, 2020, 82: 94-103.

一，HPC 意图应用于所有种类的自然类并因此可以用作类身份的一种规范标准；第二，描述类的可投射属性的簇集必须一般地获得使得它不仅应用于这个类的可投射属性，而且扩展到潜在于这种簇集的自我平衡机制的属性。利普斯基批评关于 HPC 理论的这两种过度概括。在他看来，前一概括假设某东西是一个自然类当且仅当它符合自然类的 HPC 观念。然而，虽然 HPC 所假定的可投射属性的自我平衡簇集提供了为什么自然类支持归纳推理的一种解释，但是采用 HPC 并不能足够断定自然类不可能有其他的方式来支持归纳推理，即一种不被 HPC 所覆盖的方式。换言之，HPC 可能很好地解释了一些特殊科学类的解释力，当它们是 HPC 类（即存在自我平衡机制来强调它们的可投射性），但是它本身没有排除支持归纳推理或解释力可以有不同的来源。"因此，HPC 不能提供自然类身份的一种标准化检验，而是解释可投射性的一种启发法，也即当面对可投射属性时，它们的可投射性的解释可能是通过寻找支撑可投射性簇集的机制来获得的。"①

（三）与科学实践的不一致性

尽管 HPC 理论在致力于自然类的形而上学研究的哲学家当中非常流行，但是它仍然面临一个严重挑战，即 HPC 解释没有符合实际的科学实践。一方面，虽然 HPC 理论公开承认的焦点正好是关注"推理实践对于相关的因果结构的适应性"②，但是科学类（也即在科学研究过程中所诉诸的那些类）并非总是致力于揭示因果结构。许多真实的科学类没有被 HPC 理论所覆盖，即使我们关注因果结构的描述，大量的因果结构也没有被自我平衡属性簇所抓住。另一方面，在 HPC 的解释中，描述因果结构过程的切入点是类实例当中的相似性（也即属性重叠）：自我平衡属性簇与类实例的集合紧密联系，在类实例的集合中相同的属性聚合被复制。但是对于许多自然类来说，实例当中的相似性至多有次要的重要性。例如，生物物种经常是多态的（polymorphic），并且变种当中的相似性不必特别高，而且有时极其低。在这样的异位差类（heterostatic kinds）（即带有稳定的不相似的实例的类）中，自然类性与相似性分开了。

虽然 HPC 理论比本质主义更好地抓住了物种的特征，但是 HPC 理论关于物

---

① LIPSKI J. Natural Diversity：A Neo-Essentialist Misconstrual of Homeostatic Property Cluster Theory in Natural Kind Debates ［J］. Studies in History and Philosophy of Science Part A，2020，82：96.

② BOYD R. Homeostasis，Species and Higher Taxa ［M］// WILSON R A. Species：New Interdisciplinary Essays. Cambridge：The MIT Press，1999：159.

种作为自然类的解释也存在两个问题。① 第一，HPC 理论的目标是要解释实体群体之内的稳定相似性的存在，然而，物种也被持续的差异所描述，多态性（即一个物种内的稳定变异）是几乎每个物种的一个重要特征。物种多态性很容易找到。例如，两性异形（sexual dimorphism），即在任意哺乳动物的物种内，雄性与雌性之间有明显的差异。再比如，有机体生命圈中的多态性。有机体的生命是由明显不同的生命阶段组成，例如，单个有机体的毛虫与蝴蝶阶段之间的差异。HPC 理论家认识到多态性的存在，但他们没有认识到多态性作为物种的一个中心特征需要解释，他们优先并且试图解释相似性。所以，除了波依德的"自我平衡"机制，我们需要认识到维持物种变异的"异位差"机制。HPC 理论的第二个问题涉及物种的同一性条件。物种成员在其特性方面会变化，它们在其自我平衡机制方面也会变化。跨越时间和地域，单个物种的成员经常暴露于不同的自我平衡机制。就这种变化来说，什么导致拥有不同特性且暴露于不同的自我平衡机制的有机体成为相同物种的成员？共同的答案是宗谱：一个物种的成员形成生命之树上的连续宗谱实体。物种的自我平衡机制是一个物种的机制，因为它们影响形成独特世系的有机体。波依德及 HPC 理论的支持者认识到宗谱的重要性并将历史关系看作一种自我平衡机制。但是波依德没有将宗谱看作物种的定义方面，这就违背了生物系统分类学的一个根本假定：物种首先是连续的宗谱实体。波依德很清楚相似性而不是宗谱联系是物种相同性的最终仲裁者。② 既然波依德相信物种是并且最终是在归纳中发挥作用的基于相似性的类，那么这个假定是有意义的。但是，物种同一性条件的这种观点与生物系统分类学中的标准观点（即物种是连续的宗谱世系）相冲突。

如果把 HPC 理论视作某种形式的新生物本质主义，那么 HPC 理论并没有成功地复兴生物类的本质主义，特别是它在解释生物物种的过程中遇到更多的困难，这些困难进一步表明 HPC 理论与生物学理论和生物分类实践的不一致性③。首先，HPC 理论根据相似性来分类，这与主要的生物分类理论（例如，支序分类学和进化分类学）支持的历史分类不一致。生物学家们通常有两种方式来划分一个生物有机体群体：一种方式是通过共享的相似性，另一种方式是通过共享的历史。HPC 理论选择通过相似性来分类生物有机体，但是生物分类学的主

---

① ERESHEFSKY M. Species [EB/OL]. Stanford Encyclopedia of Philosophy, 2010-01-27.

② BOYD R. Kinds, Complexity and Multiple Realization: Comments on Millikan's "Historical Kinds and the Special Sciences" [J]. Philosophical Studies, 1999, 95 (1-2): 80.

③ ERESHEFSKY M. What's Wrong with the New Biological Essentialism [J]. Philosophy of Science, 2010, 77 (5): 674-685.

要学派都支持历史分类。按照波依德的观点，"不论好坏，我不认为 HPC 类是通过指称成员当中的历史关系而不是通过指称它们共享的属性来定义的"①。因此，当通过相似性分类与通过历史连续性分类相冲突时，波依德认为我们应该选择前者。但是，生物分类学的支序系统学和进化分类学这两个学派都坚持历史分类。波依德认为所有科学的分类应该捕获相似性簇，这与生物分类学捕获历史的目的相违背。其次，HPC 理论没有提供识别分类单元本质的一种非循环手段。HPC 理论认为类的成员所具有的相似性簇以及导致相似性簇的因果自我平衡机制都随着时间而变化，这与物种的可变性是相一致的。但是，如果自我平衡机制也随着时间而变化，我们就无法决定哪些机制是 HPC 类的机制。根据 HPC 理论，类的本质对应一组因果自我平衡机制，这样一来就无法决定哪些机制是 HPC 类的本质的部分，HPC 理论又不得不诉诸与那个类相联系的稳定相似性簇来说明，进而存在解释循环之嫌。最后，一些 HPC 理论支持者将物种分类单元看作历史类，也即作为 HPC 类的分类单元是宗谱上独特和连续的世系，这种看法不仅与 HPC 理论坚持相似性分类的动机和目的不一致，而且混淆了类与个体之间的区分。个体通常被理解为历史实体，所以如果我们把物种分类单元看作历史类，也即拥有历史本质的个体，这就意味着物种分类单元既是一个类又是一个个体。波依德不相信类与个体之间的区分，他认为，"我们可以看到为什么自然类与（自然）个体之间的区分以一种重要的方式仅仅是实用的"②。但是，类与个体是一对矛盾的本体论范畴，物种分类单元不可能既是类又是个体。我们已经指出过，类与个体之间存在显著差别：个体的部分必须有因果联系，而类的成员必须是相似的。类与个体的区分强调世界的不同因果特征。如果物种既是类又是个体，那么这就忽视了世界被划分的不同方式。部分通过部分—整体的因果关系形成个体，而个体通过成员—类的相似性形成类。

四、稳定属性簇理论

在批评自然类的 HPC 理论过程中，有相当多的自然类解释理论被相继提出

①　BOYD R. Kinds, Complexity and Multiple Realization: Comments on Millikan's "Historical Kinds and the Special Science" [J]. Philosophical Studies, 1999, 95 (1-2): 80.

②　BOYD R. Homeostasis, Species and Higher Taxa [M] // WILSON R A. Species: New Interdisciplinary Essays. Cambridge: The MIT Press, 1999: 163.

来。① 斯拉特尔建议转变自然类的研究，也即不再强调自然类的形而上学研究而仅仅审查使自然类在科学研究中的使用成为合法的特征。为此，他提出自然类性（natural kindness）的一种解释，它是"事物可以拥有的一种地位（status），这种地位部分地支撑它们在我们的推理实践中的作用"②。在斯拉特尔看来，HPC 理论依赖因果自我平衡机制来解释描述自然类的属性簇集，但是这种机制实际上限制了 HPC 理论的应用，它对于自然类的认知作用既不是充分的也不是必要的。因此，斯拉特尔主张在定义自然类以及解释自然类的认知价值过程中放弃因果机制的作用，仅仅关注属性簇的稳定性。③

（一）因果机制的问题

斯拉特尔认为，HPC 理论作为自然类的一种基本解释是令人怀疑的。一方面，HPC 理论将本质视作维持一簇属性的稳定性的自我平衡机制，这令人感到奇怪。例如，按照传统本质主义，水的本质是拥有共同指示 H_2O 的分子结构，正是拥有这种结构，某事物才是拥有与那个类相联系的所有表面属性的水分子。但是，在什么意义上这种结构也是一种因果机制？ 这样的本质显然不符合机制的基本解释。另一方面，一些自然类根本不能被认为是通过因果上联结的属性来定义。根据斯拉特尔的观点，HPC 解释应该扩展到所有自然类，这就需要修改 HPC 解释的基础。斯拉特尔的建议是放弃自我平衡因果机制的要求以支持属性簇的一种灵活观念的稳定性。斯拉特尔尤其关注自然类在我们的认知实践中的作用。自然类的传统本质主义和波依德的 HPC 理论都重视自然类的认知作用。自然类的认知作用隐含在波依德的适应论点之中，即"自然类理论是关于分类模式如何有助于可投射假设的形成和识别"④。在自然类的本质主义那里，自然类的形而上学与认知作用被绑定在一起，因为自然类被"我们视作有解释重要性的事物类：这些类的正常区分特征是'联结在一起'或者被深深潜藏的机制所解释"⑤。这与波依德的观点非常一致，也即与类相联系的属性的这种

---

① 最近兴起的自然类认知解释理论似乎都是建立在对自然类的 HPC 理论的批评或改造的基础上，具体见第七章关于自然类的认知理论的介绍。自然类的稳定属性簇理论也属于一种自然类认知解释理论。

② SLATER M H. Natural Kindness [J]. The British Journal for the Philosophy of Science, 2015, 66 (2): 378.

③ 陈明益. 自然类是稳定属性簇吗？[J]. 自然辩证法通讯, 2019, 41 (7): 38-43.

④ BOYD R. Realism, Anti-foundationalism, and the Enthusiasm for Natural Kinds [J]. Philosophical Studies, 1991, 61 (1): 147.

⑤ PUTNAM H. Is Semantics Possible? [M] // PUTNAM H. Mind, Language, and Reality: Philosophical Papers, Volume 2. Cambridge: Cambridge University Press, 1975: 139.

"联结"是承担它们的解释和推理的重要性的东西。

斯拉特尔认为自然类的认知作用涉及两个问题：一是诸如"簇集""联结在一起""好交际性或亲密性"等隐喻现象的解释，以及这样的现象如何有助于我们的认知计划；二是寻求这些现象的形而上学解释。第一个问题指向阐述一种特殊的待解释项，即簇集现象的存在及其与我们的认知实践的联系；第二个问题是解释项，即什么解释了属性的簇集或好交际性，由此我们获得一定程度的归纳成功。传统本质主义和 HPC 理论都强调第二个问题。它们关注本质、自我平衡机制或世界的因果结构特征等东西必须潜在于或解释一组属性的好交际性。正如波依德所言，"对于归纳或解释有用的类必须总是在这种意义上'沿着关节点切割世界'，成功的归纳和解释总是要求我们将我们的范畴适应世界的因果结构"①。科恩布利斯也认为，"归纳推理在缺少神的干预下有效，只有当自然界中有某种东西将我们用来识别类的属性联结在一起"②。但是，斯拉特尔不同意这种奠基主张，即自然类的认知价值取决于某种具体的基础的存在，例如，某种本质、机制或者世界的因果结构特征，这些东西将"我们用来识别类的属性联结在一起"。本质主义者把微观结构本质看作将与一个自然类相联系的属性联结在一起，而 HPC 理论的支持者则把因果自我平衡机制看作发挥这种联结作用。在每种情形中，这种形而上学的奠基对类的认知潜能负责。在斯拉特尔看来，虽然从本质到机制的转换容许 HPC 类的更大灵活性，同时仍然适应我们的归纳实践，但是 HPC 理论所提供的因果机制的存在对于支撑簇类的可投射性的稳定簇集既不是充分的也不是必要的。

因果机制对支撑属性的稳定簇集不是充分的，这体现在描述 HPC 解释的循环性和后退问题上，同时我们也可以拥有相关种类的稳定性而无须因果机制。"因果自我平衡机制"或"世界的因果结构"概念本身就很少被清楚地阐释。即使存在一种具体的和无争议的因果机制解释，这样的机制是否能够发挥 HPC 理论家所预示的奠基和个体化作用令人存疑。克拉维尔（Carl F. Craver）就认为因果机制的当代解释缺少产生类之间的客观划分的资源，因为并非总是很清楚两个现象是不是相同种类的机制的表达，或者一个机制在哪里开始而另一个机

① BOYD R. Realism, Anti-foundationalism, and the Enthusiasm for Natural Kinds [J]. Philosophical Studies, 1991, 61 (1): 139.

② KORNBLITH H. Inductive Inference and Its Natural Ground: An Essay in Naturalistic Epistemology [M]. Cambridge: The MIT Press, 1993: 42.

制在哪里结束。① 在克拉维尔看来，"人类视角和约定会进入到关于机制应该如何被分类和个体化之中"②。既然 HPC 理论强调根据因果机制来划分 HPC 类的重要性，所以这就对 HPC 理论提出挑战。根据 HPC 观点，自然类将依赖于那些视角和约定，进而导致否认实在论的假定以及关于存在什么样的类的一种不可接受的约定论的多元论。克拉维尔还指出关于机制个体化的倒退的担忧，这种机制个体化深入到 HPC 解释的理论作用的核心。在划分机制过程中，HPC 理论将它们划分成类。但是，我们应该提供什么样的解释来理解这些机制类？

> 属性簇统一在一个类当中因为它们的簇集是通过一种机制来解释的。什么时候这些机制是相同种类的机制呢？如果人们回应说机制是相同种类的机制当它们是被一种机制所解释，这种倒退就是显而易见的。如果答案是相同种类的机制是由相同种类的实体、活动和有组织的特征构成的，那么我们就需要某种方式将实体和活动统一成自然类。无论哪种方式，我们仅仅只是避开或延缓了我们对自然类的无知。③

机制的倒退还表现在另一个方面。根据自然类的传统解释，本质发挥一种"形而上学胶合剂"的作用，它使某些有特征的认知努力成为可能。按照 HPC 解释，自我平衡机制接管本质的角色。但是，自我平衡机制本身不必是稳定的，因为在某些条件下机制可能失效或关闭。许多自我平衡机制都有这个特征，即只在某个时间或在一些条件但不是其他条件下运行。它们可以在一些方面是自我平衡的，但在其他方面是不可靠的。因此，因果自我平衡机制对于奠基我们的认知实践不是充分的。同样，它的必要性也是可质疑的。许多科学上重要的范畴，例如，基本粒子或化学种，是与属性簇相联系，但它们的稳定性不是通过因果自我平衡机制来维持的。同样，HPC 理论将物种视为自我平衡属性簇，也即许多自我平衡机制（如种群间基因交换、生殖隔离、共同选择等）所导致的有机体特征的结果。但是，物种属性簇的稳定性不一定要通过假定因果自我平衡机制来维持，它也可以借助系统发育惯性（phylogenetic inertia）（即缺乏机

① CRAVER C F. Mechanisms and Natural Kinds [J]. Philosophical Psychology, 2009, 22 (5): 575-594.

② CRAVER C F. Mechanisms and Natural Kinds [J]. Philosophical Psychology, 2009, 22 (5): 591.

③ CRAVER C F. Mechanisms and Natural Kinds [J]. Philosophical Psychology, 2009, 22 (5): 586.

制）来描述。在细胞类的 HPC 解释中，还可能存在由于机制的倍增导致类的过度增加问题。① 因此，要求某种潜在机制有些过分，甚至不清楚为什么缺少这样的机制会损害类的可靠性。

（二）自然类作为稳定属性簇

按照斯拉特尔的观点，当涉及一个类的可投射性时，本体论的基础（如本质、因果自我平衡机制等）仅仅是达到认知上有意义的目的的一种手段。在簇类的情形中，自我平衡机制是既非必要也非充分的手段。因此，斯拉特尔建议，自然类的解释可以更好地专注一簇属性占有的特殊种类的稳定性，由于这种稳定性它适合于归纳和解释，而不是专注于导致那种稳定性的某东西。② 斯拉特尔将这种观点称作自然类的稳定属性簇（Stable Property Cluster，简称 SPC）解释。如同 HPC 解释，SPC 类是与潜在的松散的属性簇相联系的，但不同于 HPC 解释，它仅仅要求这些属性是足够稳定地共同例示以适应特殊科学将这样的范畴达到推理和解释的用法。在斯拉特尔看来，从机制转移到稳定性强调三个重要目标：第一，SPC 解释避开了机制在 HPC 解释中的作用问题，因为与属性簇相联系的范畴依据它们为了相关科学目的所拥有的稳定性能够支撑我们的认知实践，并且对于这样的范畴，它们的簇的稳定性不是被任何机制所维持；第二，SPC 解释可以达到一种有吸引力的中立程度，因为稳定性是一个高层次的概念，独立于它的特殊实现者及其分析；第三，SPC 理论代表一种更基本的自然类解释，能够包含上述提到的类和严格的本质主义类、拥有历史本质的类和 HPC 类，因为有助于一个类的归纳和解释的效用的稳定性是多重实现的③。

斯拉特尔区分了稳定性的两种概念。第一种稳定性称作实例稳定性（instance stability），它关注通过一个特殊个体（也即与某个簇相联系的类的实例）来例示簇集的属性（clustered properties）。换言之，当 Φ 的满足者（类 Φ 的个体）没有放弃相关的属性簇，一个属性簇类 Φ 是实例稳定的。一旦例示了，Φ 中的属性的实例就会通过构成一个自我平衡机制来抵制它们的非例示。但是，实例稳定性既太强也太弱而不能描述自然类。它太强，是因为它暗含类成员身份是"黏性的"（sticky）。一旦一个特殊事物满足与一个类 Φ 相联系的属性簇，

① SLATER M H. Cell Types as Natural Kinds [J]. Biological Theory, 2013, 7 (2): 170-179.
② SLATER M H. Natural Kindness [J]. The British Journal for the Philosophy of Science, 2015, 66 (2): 396.
③ SLATER M H. Natural Kindness [J]. The British Journal for the Philosophy of Science, 2015, 66 (2): 396.

它就抵制成为非 Φ。虽然这可能描述了一些类，但是其他对象很明显轻易地改变了它们的类。它太弱，是因为它没有充分地解释类的认知作用。另一种稳定性称作"小集团稳定性"（cliquish stability）。小集团稳定性是一种更抽象的稳定性：一簇属性可以是小集团稳定的而无须是实例稳定的。它抓住这个事实，即一些属性以这样一种方式簇集使得占有它们中的一些将可靠地指出那个时刻整个簇的占有（如果不是簇中的每个属性）。① 同时，它不必暗含占有这些属性的任何一个的殊相将继续占有它们。集团稳定性意味着一旦一簇属性一起被例示，它们很难分散开。比如，张三、李四、王五、赵六和钱七形成一个小集团。如果我们在某个地方认出张三、李四和王五，这意味着赵六和钱七很可能也在那里。虽然没有证据暗示他们将待多久，并且他们可能从一个地方迁徙到另一个地方，但是当他们中的一些人在周围，你就可以打赌其他人也在。简言之，当一些属性出现时，我们可以推测其他属性也一定会跟着出现。也就是说，小集团稳定性意指定义属性簇的亚簇（sub-cluster）的出现很可能允许簇中其他属性的出现。

斯拉特尔的自然类稳定属性簇解释中的"稳定性"正是这种"小集团稳定性"，它使属性簇适合于归纳和说明。一个属性簇 Φ 在两个条件下是小集团稳定的：（1）小集团性，即对于任何个体 X，X 例示 Φ 中的任何属性亚簇使 X 例示它们的所有属性簇成为可能；（2）稳定性，即 Φ 的小集团性在所有相关的反事实干扰下保持不变。斯拉特尔认为，虽然可能存在一些反事实情形使得涉及小集团性的概率蕴含失效，但是我们可以忽视它们。这些反事实情形包括与所给定的簇的小集团性不一致的反事实，例如，果树进化成拥有不同于它们实际拥有的属性；与自然律不一致的反事实，例如，开花对于果树结果不是必需的；不相关的反事实。判断哪些反事实是相关的并非依赖科学家的兴趣，因为这会导致科学家而不是世界成为属性簇集何时稳定的裁决者。为了保留"自然性"，斯拉特尔用学科"相关性"来代替学科"兴趣"，这样就可以将小集团稳定性依附于一种特殊的科学语境、理论或计划。一些属性簇仅仅对于特殊的学科或研究计划才被认为是自然类，也即 SPC 类是"领域相对的"（domain-relative）。② 斯拉特尔将稳定性放在自然类解释的基础层次并希望保持一种形而上学中立的立场。通过规避形而上学问题，他致力于关注自然类的一种学科特定的

① SLATER M H. Natural Kindness [J]. The British Journal for the Philosophy of Science，2015，66（2）：397.

② SLATER M H. Natural Kindness [J]. The British Journal for the Philosophy of Science，2015，66（2）：403.

观点。虽然斯拉特尔认为自然类与一个领域的规范和兴趣有关，并且他的自然类解释展现出一些明显的非实在论特征，即自然类不是本体论范畴，但是他的自然类理论仍然适应实在论的直觉。①

（三）稳定属性簇理论的困难

斯拉特尔的稳定属性簇解释是一种"认识论唯一"的理论，因为它是以将自然类的认知价值与其潜在形而上学分开的可能性为前提的。根据稳定属性簇解释，一簇属性是否构成一个自然类在于那些属性是不是小集团的以及它们的小集团性是不是稳定的，也即与自然类相联系的属性亚簇的共同例示提高了其他属性亚簇共同例示的概率，并且属性例示的这种簇集在所有相关的反事实干扰下保持不变。这些特征使自然类成为认知上有价值的东西，它没有要求我们做出有关潜在于自然类的形而上学的任何主张。既然小集团稳定性是自然类的认知价值的一种恰当描述，那么自然类的认知价值可以独立于其形而上学基础而被理解。然而，尽管自然类的 SPC 理论避开了什么构成自然类属性的基础的形而上学争论，但它还是存在诸多困难。首先，虽然 SPC 理论提供了自然类性的一种包容性的形而上学框架，既维持了属性簇集又避免了自我平衡机制的形而上学假定，但是它仍然难以成为自然类的一种更基本的替代解释。② 如果自然类是稳定属性簇，那么事物构成一个自然类，需要多少属性簇集在一起？不仅如此，按照 SPC 理论，某些领域的规范和目的可能要求不同层次的簇内聚性，也即不同学科所要求的簇集可能有不同程度的灵活性。例如，定义电子或夸克等物理类的属性簇可能是完全成簇的类，而生物分类单元等属性簇则是松散的簇类。如果簇类是领域相对的，那么概率蕴含关系如何理解，某个亚簇的例示表示整个簇的例示如何可能？如果一些类是领域相对的，那么基于各自的目的、兴趣和规范，各个不同研究领域事实上承认互不相同的类。

其次，SPC 理论并没有成功地说明属性簇相对于"基础"的独立性，这意味着它在解释自然类和科学认知实践过程中不可能真正放弃"基础"的作用。在埃多尔诺·玛提尼兹（Eduardo J. Martinez）看来，斯拉特尔的自然类进路是不完整的，因为它拒斥了稳定性的潜在机制的讨论，稳定属性簇的基础即使不是解释科学实践的认知成功的一个不可消除的部分，至少也是一个重要部分。③

---

① SLATER M H. Natural Kindness [J]. The British Journal for the Philosophy of Science，2015，66（2）：405-406.

② 陈明益. 自然类是稳定属性簇吗？[J]. 自然辩证法通讯，2019，41（7）：38-43.

③ MARTINEZ E J. Stable Property Clusters and Their Grounds [J]. Philosophy of Science，2017，84（5）：944-955.

通过癌症研究的例子，他指出科学研究不仅依赖于研究者所识别的簇的稳定性，而且依赖于在病人身上所发现的相关和不同的因果基因机制的知识以评价他们最好的治疗选择。因此，自然类的这种认识论唯一的解释必须承认奠基主张以评价小集团的稳定性，这个奠基主张即自然类的认知价值取决于某种基础的存在，例如，本质、机制或世界的因果结构特征。凯萨琳·肯迪格（Catherine Kendig）和约翰·格雷（John Grey）也诉诸一些经验科学的例子论证，如果自然类性被解释为稳定的小集团属性簇集而我们没有潜在于这种簇集的机制的解释，那么就不清楚如何决定哪些属性簇是我们应该追踪作为潜在稳定的属性簇。① 换言之，独立于自然类的形而上学基础的解释，我们关于自然类性的判断可能会出错。自然类性归赋可能出错的两种方式表现为假阳性和假阴性。假阳性是指一个小集团属性簇事实上缺少稳定性，而我们却将稳定性归赋给它，这产生于忽视相关的反事实，也即当观察到一簇属性看起来是小集团稳定的，科学家们没有考虑到一些相关的反事实干扰，这些反事实干扰揭示这个属性簇实际上是不稳定的。假阴性是指一个小集团属性簇事实上是稳定的，而我们却否认它的稳定性，这源于重视不相关的反事实，也即存在相关的可能世界，在这些可能世界中这个簇的小集团共同例示失败了，但用来证伪这个簇的稳定性的可能世界是不相关的，如果所有不相关的反事实干扰被放在一边，那么这个属性簇将是稳定的。

最后，稳定性的归赋总是在关于反事实干扰是相关的假定基础上被做出。既然这些假定包含某些潜在的形而上学承诺，自然类的认知价值就取决于这些形而上学承诺，这就限制了我们可以独立于自然类的形而上学考量来理解自然类的认知价值的程度。虽然斯拉特尔提供了自然类的一种形而上学中立的分析，但是我们有理由认为自然类的认知独立性有其限度，接受自然类的认知效用而不审查存在于其基础的形而上学根源是不可能的。② 也许按照斯拉特尔的观点，自然类的认知价值相对于其形而上学基础可以是一种弱的独立性，也即对于任何自然类，其认知价值可以通过给出它的推理作用的一种形而上学中立的解释

---

① KENDIG C, GREY J. Can the Epistemic Value of Natural Kinds Be Explained Independently of Their Metaphysics? [J]. The British Journal for the Philosophy of Science, 2021, 72 (2): 359-376.

② 一些学者认为，由于缺少产生共享属性的潜在机制，SPC 理论不能解释科学中的一些归纳推理。参见 ONISHI Y, SERPICO D. Homeostatic Property Cluster Theory without Homeostatic Mechanisms: Two Recent Attempts and their Costs [J]. Journal for General Philosophy of Science, 2022, 53 (2): 61-82.

来捕获。一旦相关的形而上学假定被当作理所当然，我们就没有必要在关于类的认知价值中明确地提到它们。至于在给定情形中形而上学假定如何被决定，斯拉特尔将这个问题留给使用类的专门科学，因为"不同的学科可能容忍它们各自的类所要求的簇集中的灵活性的不同程度"①。根据斯拉特尔的看法，通过诉诸科学家，我们在某个给定学科中区分了自然类与非自然类，并且这个标准是精确的，因为这个学科中的科学家最有资格做出这种区分。自然类的认知理论的一个共同特征是它们都将形而上学留给科学家。但是，即使我们支持这种科学家作为形而上学家的进路，我们仍然面临识别科学家所做出的形而上学预设何时并且为什么是正确的或不正确的困难任务。也就是说，我们将一些范畴用来成功地挑选出自然类，但它们是否挑选出自然类反过来依赖于科学家所做出的形而上学假定是否正确。斯拉特尔的稳定属性簇解释放弃对属性簇的基础的讨论，由此带来的后果是自然类的认知价值取决于实践中类的用法背后的形而上学预设，而为了承诺自然类的认知价值的独立性，我们必须将所有的形而上学理论化完全交由使用类的科学家来决定。因此，虽然斯拉特尔的理论提供了自然类的认知价值的一种有帮助的解释，但是类身份的成功归赋仍然依赖于精确的形而上学预设。

---

① SLATER M H. Natural Kindness [J]. The British Journal for the Philosophy of Science，2015，66（2）：403.

第七章

自然类的认知理论

本书第二章提到，关于什么是自然类，哲学家们通常通过区分类身份问题与自然性问题来识别。前者意指什么是类，类是集合、共相、自成一体的实体，还是可还原为殊相的存在；后者意指哪些类是自然的，区分自然类与非自然类的标准是什么。自然类的传统进路是寻求一种形而上学理论来统一回答这两个问题。例如，本质主义认为自然类是分享共同本质的抽象实体，本质独立于人类心灵并决定类的成员身份，所以它能够提供区分自然类与非自然类的正确标准，并解释为什么自然类是认知上有价值的，例如，支持归纳推理。自我平衡属性簇（HPC）理论则提出一种更宽松的形而上学标准，它将自然类定义为由潜在因果机制所决定的倾向于共现的属性簇，自然类的自然性就在于它们适合于归纳和说明。① 然而，这种传统形而上学进路逐渐引起争议。一方面，一些哲学家质疑这个根本假定，即存在某种形而上学标准来解释所有科学领域（从基础物理学到社会学）中的自然类。他们认为不存在某种统一的形而上学定义为科学中多样化的类结构提供基础。另一方面，许多哲学家对将事物归为类的成员的科学实践变得更感兴趣，他们不是基于类的形而上学特征来解释类范畴的有用性，而是审查类范畴被科学地建构和使用的方式。② 因此，最近越来越多的哲学家倾向于仅仅用认知词项来描述自然类，他们试图定义自然类而不谈论关于类的形而上学本性的任何东西。在他们看来，如果自然类的每种形而上学理论都致力于解释类的认知价值，那么这种认知价值就可以用作自然类的定义标准。自然类的这种观点也被称作认识论唯一（epistemology-only）的解释：它将

---

① BOYD R. Homeostasis, Species and Higher Taxa [M] // WILSON R A. Species: New Interdisciplinary Essays. Cambridge: The MIT Press, 1999: 147.

② KENDIG C. Natural Kinds and Classification in Scientific Practice [M]. London and New York: Routledge, 2016.

自然类当作首要的认知工具，也即归纳概括和说明的工具①。本章将分析当前几种典型的自然类认知理论。

一、自然类的成功与限制条件解释

（一）成功条件与限制性条件

马古纳斯通过阐述具体的认知要求提出自然类的一种认知理论。他认为自然类的标准应该涉及三个原则：第一，归纳，即自然类支持归纳推理；第二，科学，即自然类是适合于科学研究的范畴；第三，领域相对性，即一个类仅仅相对于一个具体的研究领域才是自然的。② 自然类是科学家为了在他们的研究领域中达到科学上的成功所被迫假定的范畴，科学成功的标准包括归纳、说明或预测的成功，例如，能够精确预测该领域中的重要现象以及对这个领域给出一种系统性说明。基于此，马古纳斯将自然类描述如下："一个范畴 k 对于领域 d 是一个自然类，如果（1）k 是一种分类学的一部分，它允许关于 d 的科学研究达到归纳和说明的成功，以及（2）排除 k 的任何替代的分类学做不到这一点。"③ 马古纳斯将自然类的这两个要求分别称作成功条件（success clause）与限制性条件（restriction clause）。因此，自然类被视作对于科学的成功不可或缺的那些范畴，这个观点指定只有归纳和说明的成功是对于类的自然性重要的东西，但是关于类的形而上学本性什么也没有说。

不过，马古纳斯仍然明确地将这些标准作为自然类的一种实在论理论的一部分："自然类支持一个领域中的归纳和说明的成功。只要我们关心这个领域，那么承认自然类将是有用的。这使它们同样真实。"④ 在马古纳斯看来，这些标准的应用将导致许多科学哲学家所同意的那些范畴确切地是自然类的描述。马古纳斯的成功与限制性条件提供了区分自然类与非自然类的认知标准，并且他也提供了类的自然性的一种理论解释来辩护这些标准。根据马古纳斯的观点，

---

① MACLEOD M. The Epistemology-only Approach to Natural Kinds：A Reply to Thomas Reydon ［M］// STADLER F. The Present Situation in the Philosophy of Science. Berlin：Springer，2010：189-194.

② MAGNUS P D. Scientific Enquiry and Natural Kinds：From Planets to Mallards ［M］. New York：Palgrave Macmillan，2012：47.

③ MAGNUS P D. Scientific Enquiry and Natural Kinds：From Planets to Mallards ［M］. New York：Palgrave Macmillan，2012：48.

④ MAGNUS P D. Scientific Enquiry and Natural Kinds：From Planets to Mallards ［M］. New York：Palgrave Macmillan，2012：104.

类划分的自然性是识别这些类被世界所约束的问题。

> 来自世界的约束（constraint）是使识别自然类成为发现世界中的结构的东西，而不是仅仅将一组标签强加在自然界中未区分的事物之上。承认这一点，我们可以说一个类在这种程度上是自然的，……一个范畴 k 对于领域 d 是自然的，只要 k 被承认以达到归纳和说明的成功同时提供 d 的一种解释。①

因此，对于一个自然类来说，并非我们选择是否识别这个类，而是世界为我们做出选择。虽然这种自然性观念是一种实在论观点，但它是一种认识论唯一的自然类理论，因为它关于类的具体的形而上学本性什么也没有说。

（二）认知成功与实践成功

在雷梅利（Olivier Lemeire）看来，任何成功的自然类理论不仅要提供允许我们区分自然类与非自然类的规范标准，而且应提供这些标准的一种理论辩护，也即为什么满足这些标准将产生自然类而不是约定类。② 初看起来，马古纳斯关于类的自然性的约束理论可以解释为什么满足他所提出的认知标准将产生自然而不是约定的类。具体说，如果一个范畴是一种分类学的一部分，这种分类学提供了归纳和说明的成功而任何替代的分类学做不到，那么这个范畴的识别看起来是被世界所约束的。然而，马古纳斯的约束理论不能解释为什么归纳和说明的不可或缺性对于一个类成为自然的是必需的。虽然归纳和说明的成功的不可缺少性暗示世界约束我们的范畴化，但是对于其他不可还原为认知成功的实践成功的不可或缺性同样产生被世界所约束的范畴。也就是说，自然性的这种约束理论同样适用于其他类型的实践成功，而对于实践成功的不可或缺性没有构成一种好的标准来区分自然类与约定类。所以，马古纳斯关于自然性的约束理论不能解释为什么归纳和说明的成功将区分自然类与约定类，进而他也就无法辩护他所提出的认知标准。"被世界所约束"不可能是真正构成类的自然性的东西，即使我们同意仅仅归纳和说明的成功构成好的认知标准来区分自然类与约定类，但自然性的一种"约束"理论不能解释为什么是那样。

进一步说，马古纳斯的自然类认知理论的困难在于如果我们不谈论关于类

---

① MAGNUS P D. Scientific Enquiry and Natural Kinds：From Planets to Mallards［M］. New York：Palgrave Macmillan，2012：50.

② LEMEIRE O. No Purely Epistemic Theory Can Account for the Naturalness of Kinds［J］. Synthese，2021，198（Supp 12）：2907-2925.

的形而上学本性的某东西，那么我们就没有办法根据一种更基本的自然性理论来辩护这些认知标准。马古纳斯将自然类的自然性问题与类身份问题分别称作分类学问题与本体论问题，并且他的自然类认知理论是以区分这两个问题为前提的。自然类的传统理论都将这两个问题合并，但是马古纳斯认为区分它们可以使我们研究自然类的形而上学而无须假定所有自然类有相同的形而上学基础，进而避免实际科学中的不同范畴的本体论异质性割裂自然类的解释，特别是通过集中于分类学问题，我们可以描述自然类而无须涉及深层次的形而上学。① 例如，当科学家引入一个自然类范畴，他们是在回应世界而不是关于如何使用语词所做的任意决定，这要求世界约束科学家的行为并且这种约束必须通过某种潜在的本体论来实现，不过我们可以关于它的本性的细节保持中立。尽管马古纳斯批评自然类的 HPC 理论，但是他关于自然性的约束观念非常类似于波依德的自然性观念。HPC 理论认为自然类是自我平衡属性簇，而自我平衡属性簇对应世界的因果结构，所以 HPC 理论关于类的本性的形而上学解释可以辩护归纳和说明的认知成功作为自然类的标准，相反，实践的成功没有产生自然类，因为它只要求我们顺从世界，而没有要求我们顺从世界中的 HPC，即构成类的本性的东西。由于马古纳斯没有对类的本性的形而上学问题给出答案，所以他的自然性的约束理论不能解释为什么仅仅认知成功而不是实践成功能够区分自然类与非自然类。对于类的自然性重要的东西不仅仅是世界如何约束我们的范畴化，而且是世界中的什么约束我们。只有当我们的范畴是被世界的某些方面所约束并且这些方面实际上对于个体的类成员身份很重要，这种约束才导致自然的而不是约定的类。简言之，马古纳斯需要提供类的形而上学的某种观念才能辩护他所提出的自然类的具体认知标准，没有一种类的形而上学理论，马古纳斯就不可能解释为什么归纳和说明的成功描述了自然类。

二、自然类的分类纲领解释

（一）对 HPC 理论的批评

不同于马古纳斯的认知理论指出自然类确切地支持哪些认知任务，马克·艾瑞舍夫斯基和雷顿的自然类认知理论仅仅提供自然类的一般标准。他们观察到一些类范畴对于科学家是有效的，然后通过一般地描述这种有效性来区分自

---

① MAGNUS P D. Taxonomy, Ontology, and Natural Kinds [J]. Synthese, 2018, 195 (4): 1436.

然类。① 马克·艾瑞舍夫斯基和雷顿反对 HPC 理论，他们认为自然类的 HPC 解释没有抓住成功的科学分类实践，因为在 HPC 类与科学类之间存在一种不匹配。换言之，HPC 理论不够自然主义，而他们选择"站在科学家一边"②。有三种科学类超出了 HPC 理论的范围：第一，非因果类（non-causal kinds），它不是根据一种潜在机制或因果属性来定义的，例如，微生物学中最流行的系统发育物种概念（Phylo-Phenetic Species Concept，PPSC）强调许多经验参数来定义微生物物种，但因果机制不在这些参数当中，它的目的是详细描述表现型和基因型的簇，而不是在什么样的机制导致这种簇集的基础上来划分物种；第二，功能类，也即描述一个类的功能可以通过拥有各种结构和属性的实体来实现，所以这样的类不是根据一簇结构或属性来定义，例如，基因类就是一个功能类；第三，异位差类（heterostatic kinds），也即拥有持续差异的实体所构成的类，例如，生物分类单元。③ 一个分类单元的有机体有许多相似性，但它们也展现出持续的差异，这些差异描述了一个分类单元，这种持续的差异也被称作稳定的多态性。由于 HPC 理论仅关注相似性，所以它不能解释这种多态性。此外，HPC理论有时将科学没有认可的范畴视作自然类。例如，对于生物学家来说，两个历史分离的世系是不同的物种，不管它们的有机体是多么相似。但是，HPC 理论认为，如果这两个世系的成员有机体足够相似，那么它们属于同一个物种。

（二）分类纲领与自然类

马克·艾瑞舍夫斯基和雷顿试图提出一种比 HPC 理论更自然主义的自然类替代理论，它不仅能更准确地抓住科学分类实践，而且指定规范标准来允许我们决定哪些类是自然类。他们的策略是找到一种标准来决定科学类的划分在什么时候是科学上成功的。他们引入分类纲领（classificatory program）概念，它包括三个部分：整理原则（sorting principles）、动机原则（motivating principles）和分类。④ 整理原则在一种分类内部将实体整理成类，而动机原则辩护整理原则的使用并在此过程中体现一个纲领假定一种分类的目的。一个分类纲领通过使用

① ERESHEFSKY M, REYDON T A C. Scientific Kinds [J]. Philosophical Studies, 2015, 172 (4)：969-986.
② ERESHEFSKY M, REYDON T A C. Scientific Kinds [J]. Philosophical Studies, 2015, 172 (4)：970.
③ ERESHEFSKY M, REYDON T A C. Scientific Kinds [J]. Philosophical Studies, 2015, 172 (4)：973-977.
④ ERESHEFSKY M, REYDON T A C. Scientific Kinds [J]. Philosophical Studies, 2015, 172 (4)：979.

被动机原则所辩护的整理原则来产生科学范畴。例如，生物学种概念的整理原则告诉我们将杂种繁殖的种群有机体整理成相同物种，将不能杂种繁殖的种群有机体整理成不同物种，将无性生殖的有机体不整理成物种，而它的动机原则是这个假设，即杂种繁殖和相对封闭的基因池的存在导致有机体的稳定的和不同的进化群体的存在。

他们进而提出三个标准来决定产生于一个分类纲领的范畴是不是自然类。[①] 首先，内部融贯性，也即一个分类纲领的整理原则应该促进这个纲领的动机原则，否则通过那些整理原则所获得的类对于分类目的是任意的。例如，微生物学中系统发育物种概念的动机原则是产生稳定的和可识别的分类单元，而它的整理原则（使用基因标记、DNA 杂交化和表型特性）满足这个纲领的目的。其次，经验可检验性，也即一个分类纲领的动机原则或整理原则都必须是经验上可检验的，否则我们没办法识别它们是否与经验世界产生联系。在他们看来，自然类至少在某种程度上根植于自然界，也即自然类是经验世界中的类，它在某种程度上独立于我们的分类实践。例如，生物学种概念的动机原则是在生殖上与其他这样的群体相隔离的一个杂种繁殖种群是一个稳定的进化单元，这个原则是经验上可检验的并且实质上被检验。最后，进步性，也即一个分类纲领应该是进步的而不是退化的。"一个分类纲领是进步的如果它提供原则，这些原则产生额外的分类或者扩展现存的分类（相对于相竞争的分类纲领）并且那些分类是经验上成功的。"[②] 例如，生物学种概念是进步的，因为生物学种概念在探测进化单元时比基于形态学种概念证明要好，而形态学种概念因此是一个退化的分类纲领。总之，当一个分类纲领满足这三个标准，它所产生的类范畴应该被认为是自然类。这些标准没有提到自然类所支持的具体认知操作，而是致力于更一般地抓住它们的科学成功，不过自然类的分类纲领解释仍然是一种认识论唯一的理论。根据这种解释，自然类不一定是永恒的本体论范畴，而是首要地被我们最好的科学理论和分类纲领所挑选出来的类群。[③]

（三）分类纲领解释的困难

然而，在雷梅利看来，自然类的分类纲领解释致力于描述自然类而没有指

① ERESHEFSKY M, REYDON T A C. Scientific Kinds [J]. Philosophical Studies, 2015, 172 (4)：980.

② ERESHEFSKY M, REYDON T A C. Scientific Kinds [J]. Philosophical Studies, 2015, 172 (4)：982.

③ ERESHEFSKY M, REYDON T A C. Scientific Kinds [J]. Philosophical Studies, 2015, 172 (4)：984.

定自然类所支持的特殊认知实践，这样无法提供自然类的恰当标准，因为类范畴可以基于它们的自然性之外的其他理由导致科学的成功，科学上成功的类不一定是自然类。① 例如，许多学科要求类以这样一种方式被定义使得它们允许类成员的可靠诊断。根据《精神疾病诊断和统计手册》（第三版），精神病人应该被使用相同手册的不同诊断专家以相同方式进行分类。一种方式是通过更严格操作化的标准，比如使用"这个病人经历了 6 个多月的症状"的更具体标准来代替"这个病人经历这个症状很长时间了"的含混标准。虽然这种具体化标准使疾病的描述更可靠并因此在科学上更有用，但它没有使疾病的区分更有效或更自然。不管这个标准表述得多具体，它只是增加了可靠性，但可靠性仅仅是有效性的一个先决条件而本身不是某种有效性。不存在关于自然性的某种理论解释，根据这种解释，一种分类越是可靠的，它就越是自然的，因为可靠性经常可以通过完全任意的决定来增加。由此可见，科学类可以基于它们的自然性之外的其他理由是有用的。退一步说，即使一些范畴满足分类纲领的三个标准，它们也不一定是自然类。根据马克·艾瑞舍夫斯基和雷顿的观点，系统发育物种概念满足他们的三个标准。这个物种概念不是捕获世界的因果结构，而是指称稳定的、普遍可应用的和易于识别的预测簇（predictive clusters）。然而，它的支持者将系统发育物种概念称作一种实用的物种概念，因为他们认识到一种稳定的、普遍可应用的且允许快速和可靠识别的物种概念是实践的，但这并不由此导致自然类的描述。因此，马克·艾瑞舍夫斯基和雷顿的自然类标准与实际的科学家关于系统发育物种概念的物种自然性的共识观点之间存在一种不匹配，他们所提出的标准甚至根据他们自己的自然主义原则是失败的。②

三、自然类的范畴瓶颈解释

（一）自然类作为范畴瓶颈

自然类的认知理论似乎都赞成自然类的实在论，而富兰克林-霍尔（Laura Franklin-Hall）则支持一种反实在论的自然类认知理论③。自然类实在论坚持自然类的完全客观性或心灵独立性，也即至少存在一些独立于心灵的事实来决定

---

① LEMEIRE O. No Purely Epistemic Theory Can Account for the Naturalness of Kinds [J]. Synthese，2021，198（Supp 12）：2916.

② LEMEIRE O. No Purely Epistemic Theory Can Account for the Naturalness of Kinds [J]. Synthese，2021，198（Supp 12）：2917.

③ FRANKLIN-HALL L. Natural Kinds as Categorical Bottlenecks [J]. Philosophical Studies，2015，172（4）：925-948.

哪些类是自然的。反实在论否认自然类完全独立于我们，相反它们的存在依赖于我们的目的、概念或认知能力，所以哪些范畴形成自然类部分地是心灵依赖的。自然类实在论可以解释范畴进步（categorical progress），即科学进步存在于不断发展的科学理论所描述的个体的更正确分类的详细阐述。在实在论者看来，范畴进步涉及采用更加精确地反映自然界制造的类群（即自然类）的分类。但是，实在论无法解释科学范畴与自然类之间的一致性或协调性（coordination），这源于范畴影响假设（category influence hypothesis）："除了被独立于心灵的宇宙的属性所影响之外，科学分类在某种程度上是被科学家本人的偶然特征所影响。"① 譬如，如果科学家拥有不同的说明和预测的优先性，那么他们所划分的范畴将会不同，这些科学范畴就不是独立于心灵。自然类反实在论可以避免这个困难，因为它认为自然类与科学范畴是协调的，即它们都是部分地被我们的心灵特征所决定。反实在论可以解释自然类的可知性，却不能解释科学进步，因为它认为自然类依赖于我们的任意选择来赞成一种范畴模式而不是另一种，范畴改变就像改变交通规则一样没有更好或更坏，这使范畴进步看起来成为一种幻象。为规避实在论与反实在论之间的争论，富兰克林-霍尔提出自然类的范畴瓶颈解释（the categorical bottleneck account），即自然类对应这样的范畴："它们反映了我们自己和许多拥有不同于我们的认知目的和认知能力的科学研究者都共同认可的范畴，由此从多种不同的起始位置或观点看它们汇聚成一组范畴和类。"② 这种观点赞成这个基本范畴原则："自然类是匹配很好地服务于实际研究者和'邻近行为者'（neighboring agents）的那些范畴的类群，这些邻近行为者即在其特殊认知目的和认知能力方面有点不同于实际研究者的那些人。"③

（二）范畴瓶颈解释的缺点

富兰克林-霍尔的自然类理论是建基于一种简单认知观点。简单认知观点认为自然类是对应最好地服务于我们的认知目的的范畴的类群，由于宇宙的一些结构特征，自然类在某种程度上是不变的。换言之，简单认知观点所识别的自然类不是完全客观的而是部分客观的，它们跨越不同立场或观点的评价者而保持不变。这可以避免自然类对于我们心灵的一种高度敏感的依赖性，即使自然

---

① FRANKLIN-HALL L. Natural Kinds as Categorical Bottlenecks [J]. Philosophical Studies, 2015, 172 (4): 933.

② FRANKLIN-HALL L. Natural Kinds as Categorical Bottlenecks [J]. Philosophical Studies, 2015, 172 (4): 933.

③ FRANKLIN-HALL L. Natural Kinds as Categorical Bottlenecks [J]. Philosophical Studies, 2015, 172 (4): 940.

类不是完全独立于心灵，它们也应当不是太主观。相比简单认知观点，富兰克林-霍尔认为她的自然类解释更加立场独立和客观。自然类至少是部分客观的，其一定程度的客观性源于从各种不同的立场或观点看自然类一直是相同的程度。特别是，自然类在跨越科学研究者的目的和认知手段的变化过程中保持不变。根据范畴瓶颈解释，我们目的中的差异通常不会影响哪些类群很好地服务于大范围的目的或能力，这是决定一个类是不是自然的标准。路德维希认为，自然类的范畴瓶颈解释由于反映了宇宙的强劲的簇结构而在某种程度上是立场独立的，同时它仍然相对于一系列认知目的并最终相对于我们来定义，这可以提供一种有帮助的工具来处理关于跨文化汇聚的人种生物学证据而无须坚持自然类的心灵独立性要求。① 此外，范畴瓶颈解释将自然类定位在不同的认知行为者所进行的研究的交集并强调主体间性在识别自然类过程中所发挥的作用，这也可以避免自然类的完全心灵依赖性。正是在这种意义上，范畴瓶颈解释可以超越自然类的实在论与反实在论。然而，在马克·艾瑞舍夫斯基看来，对于实际的科学分类实践而言，富兰克林-霍尔的自然类解释所提出的主体间性太抽象并且是超凡脱俗的（other worldly），因为这种主体间性使用了相邻行为者，而这些相邻行为者不是实际的研究者。② 因此，范畴瓶颈理论不是关于实际的科学实践中的自然类解释，而是一种关于自然类应该是什么的原则解释，也即告知我们关于自然类的本性。马克·艾瑞舍夫斯基认为，自然类的解释应该基于现实的分类实践，但是范畴瓶颈解释做不到，它是一种非操作的解释，尤其是我们如何能够审查非实际的研究者挑选出与实际研究者相同的类。

（三）自然类的可废止性

根据马克·艾瑞舍夫斯基的看法，自然类的哲学解释应该是自然主义的，它能够帮助我们理解科学中自然类划分的成功，但是哲学家传统上强加给自然类的心灵独立性要求使自然类的哲学理论不是足够自然主义。在马克·艾瑞舍夫斯基看来，这种心灵独立性要求本身是成问题的，因为科学中无数成功的分类都依赖于我们的思想和行为，特别是人文和社会科学中所假定的分类。不同于富兰克林-霍尔的范畴瓶颈解释，马克·艾瑞舍夫斯基提出自然类的一种可废

---

① LUDWIG D. Letting Go of "Natural Kind"：Towards a Multidimensional Framework of Non-Arbitrary Classification ［J］. Philosophy of Science，2018，85（1）：31-52.

② ERESHEFSKY M. Natural Kinds，Mind Independence，and Defeasibility ［J］. Philosophy of Science，2018，85（5）：845-856.

止性（defeasibility）解释①。可废止性解释不要求自然类是心灵独立的，而仅仅坚持自然类是研究经验世界的工具。首先，自然类划分所假定的关系可能存在外在反驳的否决因子（defeater）。例如，黄金是一个自然类，如果可能存在证据表明拥有原子数 79 的实体不导电，那么它的划分是可废止的。否决因子的存在是一种经验可能性，它意味着自然类划分是经验上可检验的。其次，一些类成员的属性中可能同时拥有可废止和不可废止的关系，而其中的可废止关系决定这个类是自然类。例如，货币（money）的一些属性是不可废止的（例如，构成货币的材料），而另一些属性是可废止的（例如，货币作为税收支付的方式），正是后一种关系使货币这个类成为自然类。最后，自然类划分不仅是可废止的，还必须是良好检验的（well tested）且不被否决。例如，燃素这个类是可废止的，但被经验所否决，所以不是自然类。总之，只要一个类的成员的属性当中所假定的至少一些关系是可废止的、良好检验的且不被否决，这个类就是自然类。

马克·艾瑞舍夫斯基的可废止性解释是关于自然类的一种认知解释，它没有告知自然类的本性，而是关注为什么科学家成功地做出自然类划分，这种划分帮助我们理解、研究和操作经验世界，也就是说，他的自然类解释致力于理解科学分类实践的认知成功，而不是一种试图理解自然类本性的形而上学解释。显然，这种认知解释相比传统形而上学解释具有更大的包容性，因为它将一些社会范畴（例如，货币）和一些直觉上不是自然类的范畴（例如，高个子人、钢笔）都算作自然类，只要它们是帮助我们研究经验世界的工具。既然许多人文和社会科学中的分类也帮助我们研究经验世界并且是可检验的，所以社会类（例如，婚姻、种族）同样属于自然类划分，虽然它们是心灵依赖的。相反，另一些社会类虽然是心灵依赖的，却不是研究经验世界的工具，因而不是自然类。例如，永久居民的成员身份依赖于我们如何定义那些类而不是对世界的任何研究，它们在本性上是约定的和不可错的，也即不可检验，所以不是自然类的候选者。② 然而，马克·艾瑞舍夫斯基的自然类解释不可避免地存在困难。它将自然类的认知价值限定于研究经验世界的工具并以此作为区分自然类与非自然类的标准，但是这实际上将自然类概念过度地平庸化，因为诸如"高个子人""钢

---

① ERESHEFSKY M. Natural Kinds, Mind Independence, and Defeasibility [J]. Philosophy of Science, 2018, 85 (5): 845.

② 陈明益，周昱池. 社会类的本体论探纲 [J]. 长沙理工大学学报（社会科学版），2020, 35 (2): 24-32.

笔"等范畴在支持归纳、说明和预测等方面有很少的价值，尽管这些范畴也被用于研究经验世界。即使自然类被当作研究经验世界的工具，它的这种认知价值仍然基于类的某种形而上学本性。按照亚历山大·伯德的观点，自然类的一种完整解释不仅需要指出世界中的事物之间存在真正自然的划分并且这些自然类划分有助于科学的认知努力，而且必须能够回答自然类本性的形而上学问题。① 所以，马克·艾瑞舍夫斯基的自然类解释仍然是不成功的。

四、自然类的因果网络节点解释

（一）认知价值的本体论基础

自然类的传统形而上学解释采取一种自上而下的进路，它首先指定自然类所满足的条件，然后诉诸科学来告诉我们世界中的哪些实体满足这些条件，这种进路太过限制性而不能理解专门科学中的类的自然性。自然类的认知解释坚持一种自然主义进路，它力求从科学实践中获得线索而不是指定自然类基于先天理由或概念分析应该满足的某些条件，这种进路将自然类等同于在科学中发挥一种认知或研究作用的范畴。② 由于更多的注意力被给予专门科学的独特性和类范畴的认知用法，所以远离自然类的形而上学理论将变得更有吸引力，而自然类的认知理论很可能在未来变得更流行。一方面，自然类的认知理论可以回应哈金的自然类消除主义，因为自然类消除主义反对自然类的一种统一观念，相反，自然类的认知理论针对无数科学实体的哲学约定仍然保留了"自然类"的一种核心概念。根据认知解释，自然类是被某些认知特征所识别，这些认知特征被认为是世界的因果结构的证据。另一方面，自然类的认知进路展现出更大的包容性，特别是它能够容纳许多社会类是自然类，因为这些社会类同样拥有允许归纳推理，产生可靠预测，确保经验概括和有效说明等特征。泰勒曾指出社会类或社会范畴在研究中所发挥的两个重要作用：解释和概括。③ 社会范畴对于某些现象的解释是明显不可或缺的，社会范畴对于解释的不可或缺性不仅是原则上的，而且是实践上的。社会范畴在关于社会世界的类律概括中发挥一

① BIRD A. The Metaphysics of Natural Kinds ［J］. Synthese, 2018, 195（4）: 1397-1426.
② KHALIDI M A. Natural Kinds ［M］// HUMPHREYS P. The Oxford Handbook of Philosophy of Science. Oxford: Oxford University Press, 2018: 398-416.
③ TAYLOR E. Social Categories in Context ［J］. Journal of the American Philosophical Association, 2020, 6（2）: 171-187.

种相关的作用，这种作用反映了自然世界的类律概括的作用。①

　　然而，自然类的认知解释进路在根本上是误导的，因为它依赖于这个假定，即认知上有用的范畴必须正确地获得关于世界的某东西。尽管一些范畴在科学发现、说明和预测中发挥作用并参与成功的归纳推理以及做出大量非平庸的概括，但是这并非取决于自然类的一种纯粹认知的理解，我们仍然需要追问什么是自然类的认知作用的本体论基础。我们不能仅仅在自然类的认知有效性基础上来定义自然类，要解释类范畴的自然性，我们必须指定什么是我们正确理解世界所需要的东西，也即指定哪些形而上学特征导致个体的类身份，并且应该被我们的范畴化实践所追踪。一些哲学家就认为，社会范畴在研究中的认知作用支持社会范畴的某种形而上学观点。换言之，在没有某种共享的形而上学特征的情形下，社会范畴不可能在研究中发挥一种关键作用，正是这种形而上学特征使它们做到这样成为可能。这种观点反映了解释和概括的一种广义实在论观点，与形而上学结构紧密联系。根据这种实在论观点，如果范畴在解释和概括中发挥一种关键的、合法的作用，那么它们必须拥有某种形而上学特征来做到。关于社会范畴的形而上学有两种观点：一是将社会范畴视作自然类，例如，一些哲学家将自然类和参与研究的社会类都看作自我平衡属性簇，这些属性簇由于某种潜在的因果机制典型地（虽然不是必然地）共同例示；二是将社会范畴视作至少是合理的"切割关节点"（joint-carving），切割关节点的一种有影响力的观念是刘易斯的形而上学自然性解释。如果社会范畴参与合法的、恰当的解释和概括，那么它们必须是合理的切割关节点。因此，社会范畴在研究中所发挥的作用被拿来支持它们本性的一种形而上学观点。社会范畴的形而上学进路对于社会范畴的本体论统一性有重要含义。如果所有社会范畴都在研究中发挥一种关键作用，并且如果那种作用要求一种形而上学解释，那么社会范畴必须在某种程度上是形而上学统一的，而形而上学统一的程度依赖于这种观点的精确细节，也即社会范畴是统一在所有 HPC 当中或者所有的形而上学切割关节点当中。

　　上述强调自然类的认知价值的本体论或形而上学要求的观点带来的一个问题是一些自然类范畴在科学研究中发挥重要的认知作用，却在自然界中缺乏本体论的支撑，例如，"燃素""以太"等范畴。在这种情形下，它们是否应该被

---

　　① 泰勒认为关于社会世界的类律概括类似于自然界的类律概括在解释和预测中所发挥的作用。例如，如果我们想理解为什么奢侈品的消费率（例如名牌鞋）没有严格地与收入相关联，我们可能诉诸新马克思主义关于商品拜物教的概括。

排除在自然类之外？泰勒也发现一些社会范畴在研究中发挥一种关键作用但是抵制一种形而上学解释，这样的社会范畴也即空范畴（empty categories）。① 它们是没有任何形而上学基础的社会范畴但是社会结构围绕它们而形成，所以它们仍然在研究中发挥一种关键的、不可根除的作用。泰勒列举了两种空的社会范畴。第一是"黄道十二宫"（Pisces）。这是一个天文学范畴，意指在黄道十二宫标记下的某组日期内出生的人将受到某种天文学力量来决定深层次的共同特征和以特殊模式展现出来的一种共同生命事件的可能性。这个范畴是空的，因为在某个日期范围内出生的人仅仅是通过那个范围的日期统一在一起，而不是通过决定某种深层次的共享特征或涉及他们未来事件中的任何可能性的天文学力量统一在一起。第二是"福利女王"（Welfare Queen）。这个社会范畴被描述为一种"控制性意象"（controlling image）：一种有害的、压制性的主要应用于美国黑人妇女的刻板印象的东西。这种控制性意象描绘了一个并不存在的妇女范畴：为了利用美国福利和公共住房系统而故意生养许多孩子的黑人妇女。但是，并不存在这样的女性群体，也即这个范畴被关于世界的错误信念所描述。在黄道十二宫的例子中，错误信念是存在某种天文学力量来决定出生时间和地点与某些人格特征之间的因果联系。在福利女王的例子中，错误信念是存在一个足够大的女性群体，她们通过拥有许多孩子而故意利用美国福利和住房体系。因为这些范畴都是被错误信念所描述，所以不存在形而上学的结构与这些范畴相对应。根据 HPC 观点和切割关节点的观点，这些社会范畴不是自然类。但是，它们却可以在研究中发挥重要作用。例如，如果我们要审查美国住房政策模式和 1980 年代的美国种族、性别和福利政策，我们就需要掌握社会范畴"福利女王"，即使它是空的。这些空的社会范畴不同于完全编造的或想象的社会范畴，因为社会结构已经围绕它们而形成，使得它们对于解释那种社会结构的某些方面是必要的。

（二）自然类作为因果网络中的节点

针对自然类的认知价值与形而上学之间的冲突，卡哈里迪的因果网络节点（nodes in causal networks）理论似乎可以提供一种解决方案。根据他的观点，自然类的认知价值的本体论基础是与自然类本身相联系的因果属性和关系。② 按照这种理论，一旦自然类的核心属性簇集在一起，派生的属性由于因果性将跟随

---

① TAYLOR E. Social Categories in Context［J］. Journal of the American Philosophical Association, 2020, 6（2）: 177.

② KHALIDI M A. Natural Kinds as Nodes in Causal Networks［J］. Synthese, 2018, 195（4）: 1379-1396.

而来，通过将自然类解释为产生派生属性簇的核心因果属性簇，它使我们能够区分自然类与非自然类。卡哈里迪认为，自然类的认知价值体现为自然类语词的可投射性。他将可投射性描述如下：谓词 P 相对于谓词 Q 是可投射的当且仅当我们能够得出从"X 是 P"到"X 是 Q"的一种合法的归纳推理，其中谓词"P"或"Q"代表属性或自然类，X 指示一个殊相（一个具体的个体、事件或特殊的过程等）①。如果自然类语词都是可投射的，那么不仅典型的自然类语词（例如，"黄金""水"和"老虎"）与非自然类语词（例如，"泥土""果汁"和"宠物"）之间会形成对比，而且关于自然类语词所做出的概括式和推理类型与关于非自然类语词所做出的概括式和推理类型之间也形成对比。② 例如，我们可以使用"黄金"或"是一个黄金样本"来做出许多经验概括式（譬如"所有黄金都有 1337K 的熔点"），并且从这些概括式做出推理（譬如"如果 X 是一个黄金样本，那么 X 有 19.3g/cm^3 的密度"），以及从一个黄金样本投射到另一个黄金样本 [譬如"如果一个实体样本有 1337K 的熔点和 19.3g/cm^3 的密度，那么它（很可能）是一个黄金样本"]。相反，我们关于"泥土"等非自然类语词很少可以做出这样的断言，这是因为关于什么算作泥土是高度语境特定的（context-specific）：在一个语境中是泥土的东西可能在另一个语境中不是，并且在一个语境中使某东西成为泥土可能不同于在另一个语境中使其成为泥土。而且，不同的泥土样本有很少共同的东西，并且以不同种类而出现，这些不同种类没有分享可识别的属性。

因此，通过上述对比，我们可以从两个方面描述自然类语词的可投射性：第一，典型的自然类语词在概括式中发挥作用，这些概括式如果不是普遍的，

---

① 在这种可投射性的解释中，卡哈里迪强调它首先是相对于"谓词对"而言的而不是应用于单个谓词。虽然我们可以从"X 是一个翡翠"投射到"X 是绿色的"，但我们不能从"X 是一个翡翠"投射到"X 是椭圆形的"或"X 是绿蓝的"。也即，P 是可投射的当且仅当至少存在一个其他的谓词，相对于这个谓词它是可投射的。其次，这种描述没有提供可投射性的一种有信息量的解释，因为一种合法的归纳推理观念被预设。所以，没有任何借口来解决归纳问题：为什么类似绿蓝的谓词不是可投射的，或者为什么"翡翠"相对于"绿色"而不是"绿蓝的"是可投射的。

② 即使所有自然类语词都是可投射的，也并非所有的可投射语词都是自然类语词。可投射性是自然类语词的一个必要条件，而非充分条件。正如本书在第二章中论述的，虽然自然类支持归纳推理，但一些归纳推理并不依赖于自然类。

至少是跨越语境的，并且在不同的环境中是稳定的①；第二，自然类语词与大量概括式而非仅仅一个或一些概括式相联系。例如，我们可以断言关于黄金的许多一般事物，并且黄金这个自然类是与大量不同属性相联系。如果我们知道一个实体样本是黄金样本，那么就可以推论它有某个熔点、硬度，某种导电性、延展性以及与各种其他实体的反应性。也就是说，一个自然类语词有许多其他谓词与之相联系，即使这些联系不是严格的或无例外的，它们在科学研究中仍然是有用的。总之，自然类语词的可投射性似乎存在于这个事实，即当涉及一个自然类谓词 K，并不缺少其他谓词 P_1，P_2，…，P_n，等等，使得我们可以可靠地断言"如果 X 是 K，那么 X 是 P_1，X 是 P_2，…，X 是 P_n"，并且我们可以拥有很高的一般性程度来这样做。在卡哈里迪看来，使自然类谓词对于归纳推理如此有用的东西是它们与其他谓词之间的强劲关联，这也是区分诸如"黄金""水"和"老虎"等词项与诸如"泥土""果汁"和"宠物"等词项的东西。②

但是，卡哈里迪认为仅关注自然类语词的可投射性遗漏了自然类的另一个重要特征。尽管我们可以从一组谓词（例如，"X 是黄色的、发亮的和可锻造的"）投射到另一组谓词（例如，"X 有 1337K 的熔点"和"X 有 19.3g/cm³ 的密度"）是归纳上可保证的，但是这些谓词没有什么特别，我们也可以从一个具体的熔点、密度和导热性推论出某种颜色、光泽和可锻造性，因为这些属性不是根本的或"核心的"属性。所以，即使我们成功地识别了一种真正的属性簇集（而不是一种虚假的相互关联），我们还需要解释这种属性的簇集，仅仅属性的关联是不够的。卡哈里迪对因果性感兴趣，他认为自然类（如"黄金"）的一些属性是核心属性或主要的因果属性，而其他属性则是派生的（derivative）或次要的因果属性。黄金的核心属性是原子数 79 和某个质量数（mass number），而黄金的许多其他属性在某种程度上是直接产生于这种核心属性，例如，颜色、光泽、密度、熔点和导热性等。自然类本质主义将核心属性解释为本质属性，因为正是黄金的微观结构本质倾向于在因果上产生黄金的宏观可观察属性。但是，卡哈里迪认为他的解释不是一种本质主义解释，并且他拒斥自然类身份的传统标准，例如，模态必然性、内在性和充分必要性等。按照他的

① 例如，"所有黄金样本都有 19.3g/cm³ 的密度"这个陈述不是无限制的，因为它只有在"标准温度和压力"的条件下才成立。即使存在这个条件限制，我们也不能模糊诸如"黄金"等词项与诸如"泥土"等词项之间的差别，因为这个限定条件本身是相当清晰的，并且给出这个条件的理由也很好理解。

② KHALIDI M A. Natural Kinds as Nodes in Causal Networks [J]. Synthese, 2018, 195 (4): 1383.

观点，与自然类相联系的因果属性可以是外在的或功能的，并且可能不存在任何的属性集合对于类的成员身份是单个必要和联合充分的。① 因此，自然类语词的可投射性在于自然类本身隐含在因果过程当中。卡哈里迪认为这是一种从认识论到形而上学的推理，并且与波依德的适应论点相一致。波依德的适应论点主张我们以这样一种方式选择我们的范畴并划定它们的边界以适应世界的因果结构。自然类语词是可投射的并参与真的归纳概括这个事实是因果结构的一种反映。根据波依德的解释，支持自然类语词和概括式的因果结构是由一种因果机制维持自我平衡的属性簇构成。但是，波依德没有将这种因果模型应用于所有自然类，因而太过限制性。卡哈里迪认为，从可投射性的认知实践中我们可以推论出因果联系的形而上学结论。我们有时可以从结果投射到原因而不是从原因投射到结果，以及从一个结果投射到共同原因的另一个结果。这种投射都是依赖于原因与结果之间的联系。当涉及自然类，属性（或属性实例）当中的因果关系就构成相应谓词的可投射性的本体论基础。但是，不必存在单个因果机制导致这些属性的共同例示，也不必存在任何反馈过程确保这些属性没有远离共同例示的平衡状态。卡哈里迪认为，波依德的解释必须以这样一种方式变宽松，即在没有机制或自我平衡的情况下保留对因果性的强调。在自然类的核心属性与派生属性之间存在一种因果关系，这种因果关系是一种网状结构，由此一些因果过程与其他因果过程相互作用。所以，使自然类范畴能够在我们的归纳、解释和分类学实践中发挥作用的东西是它们由因果网络中的高度联结的节点所构成。换言之，可投射性的本体论基础是因果性，属性簇集是由于因果过程，并且这些属性簇本身也导致因果过程。所以，核心属性与派生属性之间的关系是因果的，在许多（虽然不是所有的）实例中，核心属性簇集的原因也是因果的。

按照卡哈里迪的观点，如果自然类对应那些（可能松散的）属性簇，那么当这些属性簇共同例示并且导致大量其他属性簇的例示（也可能是松散地簇集），各种事物就产生出来。由此带来的一个结果是，自然类可以有模糊的而不是精确的边界，这直接源于属性的松散簇集，尤其是核心属性或因果上在先的属性。② 这就排除了将每个自然类与一组对于这个自然类的例示是单个必要且联合充分的属性相联系。自然类的因果网络节点解释的另一个结果是存在自然性

---

① KHALIDI M A. Natural Kinds as Nodes in Causal Networks [J]. Synthese, 2018, 195 (4): 1385.

② KHALIDI M A. Natural Kinds as Nodes in Causal Networks [J]. Synthese, 2018, 195 (4): 1387.

的度，它们是可投射性维度的本体论相关物。我们看到，存在一些谓词，它们相对于其他谓词是强可投射的，而另一些谓词相对于其他谓词仅仅是弱可投射的。相应地，一些属性是严格地在因果上与其他属性相联系，而其他属性是被不那么严格的因果联系所联结。第三个结果是自然类不同于自然属性。总之，根据自然类的因果网络节点理论，自然类不是对应单个属性而是对应一组或一簇这样的属性，这些属性被认为是因果属性。当与一个自然类相联系的这些属性被显示或共同例示，它们就在因果上产生许多其他属性，或者开启一个或多个因果过程，在这个因果过程中这些其他属性显示出来。例如，化学同位素锂-7 是与原子数 3 和质量数 7 相联系。但是，使锂-7 成为一个自然类的东西不仅仅是这两种属性在自然界中有规则的共现，而是许多其他属性从这两种属性中因果地产生出来，例如，密度的特征值、熔点、导电性、半衰期等。这些其他属性是与这个化学同位素相联系的两种属性（之一）的因果结果。所以，对应自然类的范畴参与因果定律和概括式，它们也是各种归纳推理的基础并且从一个样本或实例可投射到另一个样本或实例。自然类的这种解释没有规定与自然类相联系的因果属性是微观结构属性或者对于类的成员身份是充分必要的或模态必然的。卡哈里迪认为这至少是自然类的一个必要条件，这个条件被自然类的各种解释所分享。如果社会类不能满足这个条件，那么它们就应该被取消成为自然类的资格。按照自然类的因果网络节点理论，在社会领域中同样存在这样的因果属性和关系，许多的社会类满足这样的因果条件，因而是自然类，例如，货币存在某种物理或因果限制，比如不能用冰或者非常短的半衰期的放射性同位素来制造。经济衰退也依赖于经济交易、商品需求、贸易和工业活动量以及失业率等，它涉及人类行为过程，这些过程涉及因果属性的显示。但是，一些社会类不能满足上述因果条件，所以它们不是自然类。例如，永久居民不是一个自然类，因为与这个类相联系的属性是由于社会规则或约定而联结的，这些属性之间的关系不是因果过程的结果，而是任意约定的结果。①

（三）非认知价值在分类实践中的作用

卡哈里迪的因果网络节点理论仍然属于自然类的一种认知理论，根据这种理论，自然类是认知类（epistemic kinds），同时生物学和社会科学中的范畴也是自然类。卡哈里迪认为，科学研究从一开始就应当仅仅被认知目的所引导，科学分类的目的是拥有反映世界中的"真实因果类型"的范畴，它们反映因果类

---

① KHALIDI M A. Three Kinds of Social Kinds [J]. Philosophy and Phenomenological Research, 2015, 40 (1)：96-112.

型越精确，科学范畴就是认知上越有用的。相反，非认知价值（例如，社会的、道德的和政治的价值）的考量在科学分类中是有害的，因为非认知价值会影响科学范畴的界定，使得这些范畴可能不再追踪世界的因果结构，进而阻碍科学理解。也即是说，非认知价值的考量会带来认知上有害的结果。因此，科学家应该仅仅被认知目的所引导并消除非认知目的。在卡哈里迪看来，自然类是服务于认知目的，例如，归纳推理和说明，所以科学家应该努力将识别自然类过程中非认知价值的影响最小化，"为了识别自然类我们必须被认知目的所引导并且不被非认知兴趣所转移"①。当一个范畴由于非认知价值的影响被修改，这些范畴的认知价值将被降低。所以，卡哈里迪认为，发现自然类的最好策略是追求认知目的并排除非认知目的，"确保我们的范畴识别真实类的最确定方式是追寻一种服务于认知目的的科学方法"②。卡哈里迪尝试提供自然类的一种统一的因果解释，并且他认为关于自然类的自然主义进路与关于类的实在论是相容的。③ 但是，正如马克·艾瑞舍夫斯基指出，卡哈里迪的自然类解释人多地强调因果性，而诸如微生物学、天体物理学和量子力学等学科中许多认知有效的类都假定类的属性中的相互关系而不是因果关系，所以这种解释遗漏了这些重要领域而不够自然主义。④

卡哈里迪注意到社会、心理和精神病学等范畴作为自然类的担忧，因为这些范畴被用来描述和解释人类行为，并在某种程度上是价值负载的。"经常有一种附加的道德维度给它们，这种道德维度施加压力给我们以某种方式修改范畴。"⑤ 例如，"虐待儿童"（child abuse）是一个典型的社会范畴。卡哈里迪将虐待胎儿的例子用来证明"一个范畴的价值推动的修正如何吸引一种不同于认知的方向"，并且这种价值推动的修改如何破坏认知，由此导致这个范畴不是自然类。卡哈里迪进而论证"存在一种合法的理由来认为一些社会范畴没有追踪

---

① KHALIDI M A. Natural Categories and Human Kinds：Classification in the Natural World ［M］. Cambridge：Cambridge University Press，2013：213.

② KHALIDI M A. Three Kinds of Social Kinds ［J］. Philosophy and Phenomenological Research，2015，40（1）：14.

③ KHALIDI M A. Three Kinds of Social Kinds ［J］. Philosophy and Phenomenological Research，2015，40（1）：14.

④ ERESHEFSKY M. Natural Kinds，Mind Independence，and Defeasibility ［J］. Philosophy of Science，2018，85（5）：845-856.

⑤ KHALIDI M A. Natural Categories and Human Kinds：Classification in the Natural World ［M］. Cambridge：Cambridge University Press，2013：195.

自然类，当它们被（至少部分地）用于评价性用法"①。因此，一个范畴的价值推动的修改很可能挫败概括和解释的认知目的，由此成为"社会科学中发现自然类的最大障碍"②。然而，卡哈里迪拒斥非认知价值在发现自然类过程中的任何作用似乎并不恰当。一些学者指出，尽管卡哈里迪试图用因果网络替代自我平衡机制来修正 HPC 理论，但是他的因果网络节点理论仍然引入了兴趣相对性。③ 这种兴趣相对性意味着关于自然界不存在任何现成的分类学，除非人类兴趣被明确地详述。另一些学者也指出非认知价值在分类实践中所发挥的重要作用，并认为类和分类的哲学解释应该能够容纳它们。④ 不仅如此，在识别社会和心理学的自然类过程中拒斥非认知价值的论证不是有效的，科学分类中价值推动的研究不是认知上有害的，而是认知上有利的。⑤ 一个科学范畴的评价性或非认知维度对那个范畴的认知功能产生威胁是可质疑的。

我们可以通过对虐待儿童的代间传递的病原学研究来检验卡哈里迪的主张。对传递假设的研究有一种认知目的来揭示虐待从一代传递到下一代的因果关系。它致力于找到有效的干预措施来打破虐待的循环。代间传递假设的研究可以帮助我们看到非认知目的是否转移认知目的。实施这项研究的科学家们一方面识别存在于家庭暴力庇护所中来自不同种族的母亲身上潜在的虐待儿童的情形，另一方面也致力于为庇护所中的母亲提供实践上的帮助，因为她们属于带有独特脆弱性的边缘化群体。不过，科学家的研究成功地达到认知目的和非认知目的，无须以牺牲其中一个目的为代价来换取另一个目的。根据认知目的，研究发现由家庭暴力导致的创伤后应激障碍诊断与儿童虐待的恶行相关，并且不赞成过去虐待儿童的历史将强烈地预示未来的虐待的假定。根据非认知目的，这个研究提倡通过制定干预策略来服务于目前的精神健康需求。在这项研究中，服务于帮助家庭暴力庇护所中的母亲的非认知目的没有阻挠揭示虐待儿童的因

① KHALIDI M A. Natural Categories and Human Kinds：Classification in the Natural World ［M］. Cambridge：Cambridge University Press，2013：162.

② KHALIDI M A. Natural Categories and Human Kinds：Classification in the Natural World ［M］. Cambridge：Cambridge University Press，2013：163.

③ ONISHI Y，SERPICO D. Homeostatic Property Cluster Theory without Homeostatic Mecha-nisms：Two Recent Attempts and their Costs ［J］. Journal for General Philosophy of Science，2022，53：61-82.

④ REYDON T A C. ERESHEFSKY M. How to Incorporate Non-Epistemic Values into a Theory of Classification ［J］. European Journal for Philosophy of Science，2022，12（1）：1-28.

⑤ SOOHYUN A. How Non-epistemic Values Can Be Epistemically Beneficial in Scientific Classifi-cation ［J］. Studies in History and Philosophy of Science Part A，2020，84：57-65.

果通道。换言之，认知目的和非认知目的不必相互冲突，而且非认知目的并没有阻碍认知目的。①

孤独症的案例可以证明规范的非认知考量还可以帮助促进认知目的。孤独症与其他精神病学范畴一样负载着关于什么算作正常行为的规范假定，例如，我们对交流能力和社会交往的积极评价。孤独症第一次出现在 1940 年代的文献中并被理解为一种主要由情绪紊乱导致的精神疾病，但是这种精神性解释在整个 20 世纪中叶逐渐让位于神经生物学解释。随着遗传学和神经生物学的进步，孤独症被识别为一种神经发育紊乱，并且将遗传和环境风险因素相结合的作用被广泛研究。在 1980 年代，孤独症最终被主流精神病学认可为《精神疾病诊断与统计手册》（第三版）中的一种正式的发育紊乱。在追踪孤独症从一种精神性疾病到一种独特的神经发育紊乱的转变过程中，非认知的价值考量发挥着重要作用。被非认知价值判断所推动的研究导致对孤独症广为接受的精神性观点的批判性审查，并揭示出这种观点的经验不恰当性。这种价值推动的研究进而导致研究领域的扩大，并促进诊断标准的产生和发展以帮助划分范畴。在 20 世纪中叶之前，孤独症的孩子与精神分裂症或精神疾病的孩子一直没有被区别开来。1943 年，儿童精神科医生坎纳（Leo Kanner）第一次将孤独症孩子识别为不同的群体。他通过对 11 个孤独症孩子的详细研究，发现这些孩子展现出不同于"低能"或"精神分裂症"孩子的传统描述的特性。坎纳注意到这些孩子的特征包括极端的独处式孤独，不能以普通方式与人和情境相联系，以及一种焦虑式地强迫渴望维持相同性。坎纳还留意到这些孩子的父母性格：大多数父母都是高智商的但很少看起来是热心的。坎纳分析父母的特征并断定父母的冷漠、执念以及机械式地仅仅关注物质需要是孩子孤独症的主要原因。孤独症孩子的冷漠且无爱心的父母形象（即"冰箱妈妈"）便从此固定下来并深刻影响了后续研究。

但是，心理学家伦姆兰德（Bernard Rimland）的著作《孤独症初探：综合症状和背后的行为神经理论》扭转了孤独症的这种主流的精神性解释观点，同时开启了孤独症的现代研究。作为一位孤独症孩子的父亲，他不满于孤独症的精神性假设，并公开谴责置于孤独症孩子的父母身上的羞耻和内疚的沉重负担。他批评精神性观点的无情和不体谅，并宣称孩子的父母没有必要遭受羞耻、内疚、不便、经济开销和夫妻关系不和等经常伴随精神性病原学的假定。他意识

---

① SOOHYUN A. How Non-epistemic Values Can Be Epistemically Beneficial in Scientific Classification [J]. Studies in History and Philosophy of Science Part A, 2020, 84: 57-65.

到支持精神性观点的大多数证据是与生物学假设相容的，或者更好地适合生物学假设。精神性理论家所做出的一个常见观察是孤独症孩子从出生开始就在行为上是不同寻常的。对于伦姆兰德来说，这是孤独症的神经生物学因果性的一个强指标。坎纳虽然也偶尔承认孤独症的生物学基础，但是他仍然坚持父母的冷漠作为孤独症的一个主要原因。在坎纳看来，孤独症区别于精神分裂症的一个特征是极端的孤独。他根据与母亲的关系来强调这种独处式的孤独，并将孩子躲避母亲解释为在独处中寻求安慰的一种行为。伦姆兰德通过引用动物实验来挑战这种解释。在实验中，如果后代是被冷漠的母亲所抚养，那么后代将展现连续的努力来吸引母亲的注意力而不是转身离开母亲。因此，伦姆兰德通过揭示精神性观点的弱点来扩大主流精神病学中什么算作一种合法的解释，并指出在许多案例中生物学解释的优越性。在伦姆兰德看来，孤独症的精神性解释的最严重问题是它不鼓励研究者寻找孤独症的生物学基础。如果孤独症可以通过精神性因素得到完全解释，那么任何试图找到神经生物学的原因都是徒劳的。伦姆兰德注意到精神障碍与妊娠并发症之间的关系。孤独症儿童的非典型行为可能是产前应激而不是情感不足的结果。在支持这条研究路线过程中，伦姆兰德强调生物学假设如何能够将内疚的负担从父母的影响转换到产前因素。他也注意到其他的特征要求生物学解释。例如，男孩的孤独症诊断频率要高于女孩。此外，伦姆兰德还将研究转向处理信息的大脑机制。所以，为寻求孤独症的精神性观点的替代解释，伦姆兰德扩大了研究领域以覆盖神经生物学研究。在这个过程中，非认知目的对于伦姆兰德将研究领域扩大到包括神经生物学研究起到重要作用。孤独症的精神性解释观点不仅在证据方面是不恰当的，而且对孩子父母的身心健康也产生有害的影响。在反对精神性解释过程中，他断言孩子的父母没有必要遭受羞耻、内疚、不便、经济开销和夫妻关系不和等经常伴随精神性病原学的假定。他关于孤独症孩子的父母的身心健康（well-being）也很重要的非认知价值判断促使他扩大了研究领域。

伦姆兰德为孤独症孩子的父母创造了一个诊断清单。他意识到怀疑有孤独症的孩子家庭所面临的困难，特别是缺少诊断孤独症的专门知识，以及父母所面临的敌对态度和尖锐问题。虽然伦姆兰德提供的清单有很多认知目的，例如，收集统计数据，将孤独症与其他儿童疾病和精神发育迟缓区别开来，但是伦姆兰德指出清单的主要目的还是帮助这些困惑和痛苦的父母，因为有孤独症孩子的家庭在经济负担之外遭受极大的偏见。伦姆兰德关于孤独症孩子的父母不应该遭受针对他们的带有偏见的观点的价值判断吸引了这些父母的合作。结合这些父母对孩子症状的反馈，这个诊断清单迅速得到提升并在此基础上建立了一个巨大的数据库。这个数据库分析了超过 4 万个案例结果，现在可以区分 10 余种类型的孤独症。因此，虽然科学研究应当免于个人、社会、政治和文化的价值干扰，但是在这个案例中研究者的价值结合产生了认知上有效的结果。这些价值通过扩大它的外延至神经生物学解释来帮助划定了孤独症范畴的边界，特别是伦姆兰德提供了孤独症与儿童精神分裂症（或非孤独症）之间的一种更清楚的划分以及如何区分两者。通过对孤独症的案例研究直接指出价值推动的研究如何导致这个范畴的认知提升。将孤独症理解为一种神经发育疾病可以归功于伦姆兰德对孤独症儿童及其家庭的奉献。卡哈里迪认为允许非认知目的来塑造科学范畴是令人担忧的，因为这些目的倾向于降低那些范畴的认知价值。但是，与这种担忧相反，孤独症的案例研究指出服务于非认知目的在确立和划界一个科学范畴过程中可以有认知上有利的结果。[①]

① SOOHYUN A. How Non-epistemic Values Can Be Epistemically Beneficial in Scientific Classification [J]. Studies in History and Philosophy of Science Part A, 2020, 84: 63.

第八章

自然类：一种新的综合

从前述讨论中，我们可以看到近几十年来科学哲学提供了自然类的许多不同的竞争性理论，例如，本质主义（强调微观结构主义）、多元论和自我平衡属性簇理论。而最近十年中，对自然类的研究越来越转向一种认识论导向的观点，许多哲学家对科学哲学中自然类作为 HPC 的共识提出异议，并倡导自然类的一种认知理论或"认识论唯一的"理论。尽管他们给出自然类概念的新定义，并且他们的每种理论都贡献了有价值的洞察力，但是这些认知理论最终都未能提供自然类的一种统一的综合性解释，也即一种能够解释任何种类的自然类以及它们在科学和日常生活中成功的认知实践中的作用的理论。显然，我们需要一种更具包容性的自然类理论框架将当前各种主要的自然类解释（本质主义解释、HPC 解释、历史解释、认知解释等）进行整合，以提供自然类的一种恰当定义以及它们在我们的认知实践中的有用性的一种更合理解释。虽然我们可以直截了当地选择一种多元论路径，但是多元论不仅会导致哈金所言的自然类消除论，而且破坏了自然类的认识论旨趣（例如，支持归纳）①。同时，这种综合性的自然类解释框架仍然需要能够回答关于"什么是自然类"的两个根本问题：（1）自然性问题，即什么区分自然类与非自然类（或任意范畴）；（2）类身份问题，即什么是类，类对应世界中的什么特征使得它能够满足自然性标准。本章通过借鉴动力学系统理论（Dynamical Systems Theory，简称 DST）来试图提供将当前不同的自然类解释整合在一起的综合性框架。②

---

① DUPRE J. Preface ［M］// KENDIG C. Natural Kinds and Classification in Scientific Practice. London and New York：Routledge，2016：9-10.

② 一些学者最近提出自然类的一种包容和融贯的解释来进行自然类的一种新的综合，这种进路被认为是非还原论的、自然主义的和非概念论的。她们的自然类多隔层理论（multiple-compartment theory）用纯粹本体论的词项来定义自然类并阐明为什么自然类在科学和日常生活中发挥一种认知作用。跟随她们的思路，本书试图应用动力学系统理论来提供自然类的一种综合性解释框架。参见 BARBEROUSSE A，LONGY F，MERLIN F，et al. Natural Kinds：A New Synthesis ［J］. Theoria，2020，35（3）：365-387.

一、动力学系统理论概述

(一) 动力学系统的定义

动力学系统 (dynamical system) 是指拥有某种位形结构 (configuration) 的抽象或物理实体,这种结构可以通过一组数字 (也即系统变量) 在任何给定时间来详述,而未来的结构是被过去和现在的结构通过转换系统变量的规则来决定的。简言之,一个动力学系统是指定变量如何随时间而变化的一组函数 (规则或等式),所以它首先是一个数学实体。[①] 我们也可以说,一个动力学系统是描述一个系统如何随时间而演化的规则[②],或者说在一个状态空间中的时间演化规则[③]。动力学系统在科学中很普遍,像迭代函数和大多数微分方程都是动力学系统,许多计算机程序也是一个动力学系统,其状态空间就是运行程序的机器的离散状态的集合。此外,认知科学中的许多数学模型 (例如,联结网络和人工智能模拟) 也是这种意义上的动力学系统。动力学系统已经延伸到一个拥有广泛多样性的领域,与数学和科学的许多分支相互联系。

动力学系统通常是关于事物如何随时间而变化的一种数学描述。它在每个时刻都占据一个特殊的状态,它的所有可能状态集合 S 称作"状态空间" (state space),它在所有时刻的集合 T 则称作时间空间 (time space)。一个动力学系统可以形式上定义为:

一个函数 φ:$S \times T \rightarrow S$ 是一个动力学系统当且仅当:(1) 存在一个时间 $t_0 \in T$ 使得对于所有状态 $X \subset S$,$\varphi(X, t_0) = X$;(2) 对了所有状态 $X \in S$,和时间 t_1,$t_2 \in T$,$\varphi(X, t_1+t_2) = \varphi(\varphi(X, t_1), t_2)$。[④]

上述定义的第一个条件是说存在某个时刻 t_0 (即当前时刻),在这个时刻每个状态都映射到它自身,第二个条件是说将来状态唯一地被当前状态所决定。因此,对于一个在 t_0 的动力学系统,给定初始条件 $X \in S$,φ 意指这个系统在所有时间 $t_i \in T$ 所处的唯一状态。根据定义,动力学系统是确定性的,也即当前状

---

① LAAR T V D. Dynamical Systems Theory as an Approach to Mental Causation [J]. Journal for General Philosophy of Science,2006,37 (2):309.

② 其中"动力学的" (dynamic) 一词意指随时间而改变的行为。

③ 参见网址 http://www. scholarpedia. org/article/Dynamical_ systems

④ YOSHIMI J. Supervenience, Dynamical Systems Theory, and Non - Reductive Physicalism [J]. The British Journal for the Philosophy of Science,2012,63 (2):382.

态唯一决定所有将来时间的状态，初始条件总是有唯一未来，虽然它展现出复杂和不可预测的行为（例如，混沌动力学）。

　　动力学系统理论则可以看成是通过使用微分和差分方程来描述复杂系统行为的数学领域，它是评价随着时间而改变的抽象或物理系统的一个数学分支。动力学系统理论拥有一个定量部分和一个相关的定性部分。定量部分是通过数学方程（尤其是微分方程）来描述系统，定性部分则是通过在一个状态空间中绘制数学方程来描述系统。微分方程是描述系统随时间而演化的数学函数，其中变量被当作连续的。一个钟摆的动力学就提供了动力学系统理论应用于一个物理系统的典型例子。这样的方程的基本形式是：x（t）= f（x（t）；p，t），其中 f 是函数，t 是时间，p 是一个固定参数，x 是拥有指示随时间而改变的上点（overdot）（或一次微商）的矢量（或系统的位置）。差分方程也是描述一个系统随时间而演化的数学函数，其中变量被当作离散的，例如，在一个特殊生态系统中兔子和狼的种群关系。这样的方程的基本形式是：x（t+1）= f（x（t）；p，t），其中 f 是函数，t 是时间，x 是矢量（或系统的位置），p 是一个固定参数。

　　（二）动力学系统中的基本概念

　　动力学系统涉及空间、时间和时间演化。状态空间是拥有某种附加结构的集合，其要素或点表征系统的可能状态，其最基本的结构是一种测量（measure）、一种拓扑学或一种有限维度的可微结构（differentiable structure）；时间可以是离散的或连续的，并且可能是可逆的或不可逆的；时间演化定律是通过时间行为来表征。① 一个动力学系统 φ：S × T → S 决定一组"轨道"（orbits）或"通道"（paths）或"轨迹"（trajectories）。轨迹是从一个给定的初始状态到达所有点的集合。一个轨迹是系统的一个可能的时间演化，意指系统随着时间的一个可能行为。换言之，轨迹是与 φ 相一致的 S 中的时间演化，动力学系统的每个轨迹都可看作系统在时间中演化的一种可能方式。动力学系统的轨迹的完整合集（collections）称作"相图"（phase portrait）。相图指出系统的可能进化和可能行为。相图中的轨迹不能交叉，如果交叉的话，从这个交叉点就可以得出多个未来。

　　参数（parameter）是用来指定一个动力学系统如何行为的量（quantity），参数的值随着动力学系统的运行而固定，不过我们可以通过改变参数的值来改

---

① HASSELBLATT B, KATOK A. Handbook of Dynamical Systems, Volume 1A [M]. Amsterdam: North-Holland, 2002: 4-5.

变动力学系统的行为。序参数（order parameter）是反映一个系统的宏观状态的集成变量（collective variable），例如，水的各种状态（固定、液体和气体）。序参数与它的控制变量保持一种循环关系，也即系统的宏观状态约束构成它的特征并且被构成它的特征所约束，例如，温度影响水的状态，但是水的状态也影响其温度。控制参数（control parameter）意指引导一个系统动力学的变量，例如，水的温度随着它经历从固体到液体再到气体的序参数的状态中的相移。相移（phase transitions）是指一个系统状态中的突然性质转变，这样的例子包括多稳定性［当一个系统有不止一种稳定状态，或者当一个状态空间有不止一个吸引子（attractor），例如，水的固体、液体和气体状态］和双稳定性［拥有两种状态的多稳定系统，或者在两个吸引子当中的转换，例如，当看一个纳克方块（Necker Cube）时的转换视角］。① 分叉（bifurcation）也是一种性质的改变，当参数发生变化时分叉就可能发生，使得分叉之前的动力学系统的相图在性质上不同于分叉之后的动力学系统的相图。

动力学系统中有一种重要轨迹称作固定点，这个点是动力学系统映射到它自身的点，也即这样一个状态 p 使得对于所有 t，φ（p，t）= p。固定点有两种类型：吸引的固定点和不稳定的固定点。吸引的固定点是指所有轨迹都充分地接近它并汇聚于它，而不稳定的固定点附近的一些轨迹都远离它而不返回。吸引的固定点就是最简单的吸引子，而吸引子就是所有附近的轨道都朝向它移动的集合，它对应着动力学系统随着时间而倾向于展现的行为。包含所有朝向吸引子的状态的状态空间区域称作吸引盆（basin of attraction），吸引盆的轨道称作盆轨道（basin orbits）。② 一些吸引子称作混沌吸引子，它们对于初始条件有着敏感的依赖性，在实践上很难预测它们的长期行为。因此，吸引子可以定义为：系统变量的轨迹所移向的状态空间中的点。吸引子包括固定点（在缺乏外部影响的情况下一个系统将最终停留的单个吸引子）、极限环（limit cycles）（在一个围绕吸引子的封闭轨道中的有规则的振荡）和混沌（chaotic）吸引子［当一个系统变量的行为是确定性的因为它发生在一定范围的状态空间内（也即全域稳定的），但是不可预测的因为它不能在任何时间给定精确的定位（也即局部不

①　FAVELA L H. Dynamical Systems Theory in Cognitive Science and Neuroscience ［J］. Philosophy Compass，2020，15（8）：1-16.

②　HOTTON S，YOSHIMI J. Extending Dynamical Systems Theory to Model Embodied Cognition ［J］. Cognitive Science，2011，35（3）：444-479.

稳定的）]①。正如钟摆例子所显示，动力学系统理论很容易应用于拥有一个固定点的线性现象。"线性"指称变量当中的加性关系（additive relationships），由线性相互作用的变量组成的系统是可预测的，而动力学系统理论也可应用于经历各种相移并拥有极限环和多个固定点吸引子的非线性现象。"非线性"指称变量当中的非加性关系，特别是指数和乘数相互作用，由非线性相互作用变量组成的系统倾向于在计算上很难评价，并且和统计概率一样都是不可预测的，还导致相移。② 非线性动力学系统在使用诸如微分方程和状态空间绘制等工具方面类似于动力学系统。

（三）动力学系统理论的特征

动力学系统理论强调自组织、非线性、开放性、稳定性和变化。这些特征不仅体现在从胚胎发育的生物系统到社会系统的不同组织层次上，也出现在诸如化学反应、全球气候变化、山泉、云朵、滴水龙头等复杂的物理系统中，也即由许多成分所形成的一种融贯模式并且随着时间而改变的任何地方。动力学系统理论的特征可以从其思想来源之一的一般系统论中窥见一斑。贝塔朗菲（Ludwig Von Bertalanffy）通常被认为创立了一般系统论。他从1930年代开始就预示生物系统的一种反还原论。在所有科学（从化学到心理学）中存在这样一种主流趋势，即隔离越来越小的系统要素。贝塔朗菲认为要理解系统不是来自这些分离的部分，而是它们之间的关系。例如，虽然动物是由组织和细胞构成，而细胞又是由复杂的分子构成，但是知道最详细的分子结构也不能告诉我们关于这个动物的行为。当复杂的异质部分聚集在一起形成一个超越部分的整体时，就产生某种新的东西。系统属性需要一种新层次的描述，这种描述层次不能仅仅从构成部分的行为中推导出来。这些系统原则是如此普遍使得它们可以应用于广泛多样的存在物和实体。

我们可以要求应用于一般而言的系统的原则，不管它们是物理的、生物的或社会本性的系统。如果我们提出这个问题并且方便地定义系统的概念，那么我们就发现模型、原理和定律存在，它们应用于一般化的系统，

---

① FAVELA L H. Dynamical Systems Theory in Cognitive Science and Neuroscience [J]. Philosophy Compass, 2020, 15 (8): 1-16.

② FAVELA L H. Dynamical Systems Theory in Cognitive Science and Neuroscience [J]. Philosophy Compass, 2020, 15 (8): 1-16.

不管它们的特殊种类、要素和所涉及的"力"。①

贝塔朗菲通过动力学方程来例证这些原理：整体性或自组织、开放性、同结果（equifinality）或自稳定以及等级组织（hierarchical organization）。对于心理学系统，贝塔朗菲批评精神作用的自我平衡模型，尤其是弗洛伊德式假定，即有机体总是寻求减少紧张关系并寻求一种平衡状态。相反，有机体也是积极的：作为一个开放系统，它们生活在一种不平衡当中，这种不平衡称作动态稳定性（dynamic stability），并积极寻求刺激物。这种不平衡允许变化和灵活性：太多的稳定性不利于变化的观点反复出现在许多发育的解释当中并且是理解发育的基本假定。

伊利亚·普里高津（Ilya Prigogine）则主要对远离热力学平衡的系统的物理学感兴趣。在牛顿式热力学中，所有系统都涌向无序，宇宙的能量随着时间而消散。宇宙出现熵增加，"时间之矢"沿着仅仅一个方向运行，即朝向无组织。但是，许多系统以及所有的生物系统都处在热力学非平衡当中。它们在热力学上是开放的：它们从环境中吸收能量并增加它们的秩序，时间之矢至少是暂时可逆的。发育就是复杂性和组织中递增的一个例子。这样的系统呈现出特殊的属性，包括自组织形成模式的能力和对初始条件的非线性或敏感性。关键是，这样的系统是内在地"嘈杂"（noisy），因为秩序产生于这样的波动。在平衡系统中，这些噪声（noise）在减弱并作为一个整体的系统保持平衡；在非平衡系统中，波动可以放大并超过整体系统的组织，将它转换到一种新的组织秩序。这些系统原则同样被认为对于发展心理学中长期存在的关键问题具有相关性。特别是，这样的系统模型及其整体性、自稳定性、自组织和等级组织的假定，对于发展心理学的每个方面都有意义。因此，动力学系统理论进路对于发育主义者有持续的吸引力。发育主义者不断面临所研究的有机体的丰富性和复杂性，以及积极的个体与它们的连续变化的环境之间的详细因果网络。动力学系统理论允许使用数学形式主义来表达复杂性、整体性、新形式的突现和自组织。它提供一种方式来表达这种深刻的洞察力即模式（pattern）可以没有设计而产生：发育有机体不能提前知道它们将在哪里结束。形式是过程的产物。②

---

① BERTALANFFY L. General System Theory: Foundations, Development, Applications [M]. New York: George Braziller, 1968: 33.

② THELEN E, SMITH L B. Dynamic Systems Theories [M] // LERNER R M. Handbook of Child Psychology (6th Edition), Volume 1. New York: John Wiley & Sons Inc., 2007: 271.

二、动力学系统理论的相关应用

动力学系统理论直接产生于理解物理学和数学中复杂和非线性系统过程中的进步，但是它也源于生物学和心理学中的系统思维的悠久传统。动力学系统的价值在于它提供了将时间、实体和过程的复杂相互关系进行概念化、操作化和形式化的理论原则。它在应用于不同领域的意义上是一种元理论，同时也是关于人类如何从他们的日常行为中获取知识的一种具体理论。

（一）生物有机体的发育过程

如前所述，动力学系统理论被广泛应用在发育科学（development science）中。当我们说一个有机体"发育"了，我们通常意指它变得更大了，但实际上是指它变得更复杂。发育的定义属性是新形式的创造。例如，单个细胞和大量相同细胞（identical cells）是腿、肝、大脑和手等身体器官发育的起点。当一个移动的物体脱离视线时，一个3个月大的婴儿会停止注目。当婴儿长成8岁大的孩子，他已经能够阅读地图并理解符号表征。而当成为18岁的大学生时，他能够理解甚至创造出空间和几何学的形式理论。所以，个体发育的每次转变都涉及从先前行为中突现出新的行为模式，这种新的行为模式没有包含在先前模式当中。那么，这种新颖性来自哪里？发育系统如何能够从无中创造出某东西？理解这种不断增加的复杂性起源就是发育科学的核心。从传统上看，发育学家试图从有机体自身或环境中寻找新形式的来源。比如，复杂的结构和功能在有机体身上突现出来，因为复杂性以一种神经或遗传密码的形式存在于有机体当中，或者有机体通过借助与环境的相互作用而吸收其物理或社会环境的结构和模式来获得新形式。所以，有机体通过先天本性（nature）和后天养育（nurture）而变得复杂。但是，这种解释仍然需要诉诸另一个因果行为者来评价遗传或环境如何做出决策，也即某个"聪明的小矮人"必定编排在发育当中并知道最终结果如何。这是逻辑上不可辩护的，因为它意味着新颖性没有真正发展出来，而是一直都在。即使假定基因与环境相互作用也不能打破这个逻辑僵局，因为这只是将预先存在的计划分配给两个来源而不是一个来源。

通过生物组织的系统理论（即自组织过程）可以解释新形式的产生。自组织意指模式和秩序从一个复杂系统的成分的相互作用中突现出来而无需明确的指示：或者在有机体当中或者来自环境。自组织通过自身活动改变自身，这是生物的一种根本属性，形式在发育过程中被建构出来。动力学系统提供了将生物自组织观念形式化的基本原则，这些原则可以应用于婴儿和孩子的感知、运动神经和认知发展。胚胎学家是使用动力学系统来模拟发育过程的先驱，其中最著名的是发育生物学家瓦丁顿（C. H. Waddington）。他的主要兴趣是遗传对胚胎中的组织分化的影响，也即独特的胚胎组织（骨头、肌肉和肺等）如何从单个细胞中突现出来。瓦丁顿用动力学术语来表达发育过程，例如，他用吸引子、分叉、开放系统、稳定性、突变（catastrophes）和混沌等语言来描述胚胎变化。① 最近，一些学者在瓦丁顿的表观遗传图景（epigenetic landscape）基础上例证动力学系统理论如何提供生物调节系统演化的一种统一的概念框架。② 在瓦丁顿之后，许多理论家和数学家提供了大量形态发生（morphogenesis）的动态模型。这些模型中最独特的是数学家莫雷（J. D. Murray）提供的哺乳动物皮毛样式（coat patterns）的个体发育的一种模型，例如，豹子如何获得它身上的斑点。③ 莫雷指出被发育过程的一种简单非线性方程所模拟的单个机制如何能够解释皮毛标记（coat markings）中的所有变化。他的模型给出带有设置参数的方程的模拟结果：随着身体比例增大到 50000 倍（例如，从老鼠到大象），一种有规则的模式就产生出来，即小动物的纯色、简单分叉和详细斑点（spotting）再到大动物的几乎一致的皮毛。换言之，非常小的哺乳动物和非常大的哺乳动物都可能有纯色毛皮。所以，在动物身上初始变化率中小的随意变化将导致皮毛模式中显著的个体变化。胚胎学家和形态形成理论家都指出，在发育期间复杂的结构模式如何能够从动力学系统中非常简单的初始条件产生出来。由此产生的模式不是具体地在基因中编码。虽然一些豹子有斑点而所有浣熊有条纹状尾巴，但是豹子身上的斑点或浣熊的条纹状尾巴没有特定基因。结构的复杂性在发育过程中被建构起来，因为带有特殊化学和新陈代谢的系统自发将它们自己组织成模式。

自组织模型也可以解释猎食者与猎物（predator/prey）之间相互作用的生态动力学系统。猎食者与猎物的动力学系统揭示一种相互因果性：就某些背景条件来说，猎食者的数量决定猎物的数量，反之亦然。不过，这种相互因果存在积极与消极的差别。猎食者通过消灭猎物，从而以一种因果方式积极干预猎物，而猎物数量减少又导致猎食者饿死，所以猎物在这个过程中发挥消极作用。同时，猎食者也会消极地影响猎物，猎食者饿死将会导致猎物数量增加，而猎物

---

① WADDINGTON C H. Tools for Thought [M]. New York：Basic Books，1977.
② JAEGER J，MONK N. Bioattractors：Dynamical Systems Theory and the Evolution of Regulatory Process [J]. Journal of Physiology，2014，592（11）：2267-2281.
③ MURRAY J D. How the Leopard Gets its Spots [J]. Scientific American，1988，258（3）：80-87.

发挥积极的因果作用，因为它们可以繁殖并以这种方式为猎食者提供新的食物供应。从上述猎食者与猎物构成的生态动力学系统中我们可以看到，当系统远离平衡态时，也即猎食者与猎物的数量出现不对称时，由于自组织的作用，系统进入一个规则而稳定的周期振荡状态。猎物与猎食者的数量平衡可以视作一个极限环吸引子，它们之间的相互因果性构成一个封闭的环，使系统的发展进入一个周期性的循环当中。在形成极限环吸引子过程中，系统的自组织起着重要作用。自组织主要用于描述一个对象或结构在一个动力学系统中"自身"（by itself）或"自发地"出现。这个结构不是完全没有原因的——它产生于动力学，但排除这个结构的其他可能原因。自组织通常有如下三个特征：（1）对象的出现不要求一种特殊的、"有规则的"（fine-tuned）初始态；（2）不需要与一个外部系统相互作用；（3）对象很可能在相当短的时间出现。①

（二）人类行为的演化

我们还可以用动力学系统来模拟人类行为。② 胚胎学对于心理发展理论有深刻影响。我们经常寻找发育的"原因"或者做出某种行为（例如，语言、行走、数字概念）的本质结构是什么。一个成长的儿童就可以看作一个由许多相互作用的要素组成的自组织复杂系统。这些要素包括基因的、神经的、行为的和社会的等多个层次，每个层次以及层次之间的要素的相互作用是非线性的和时间依赖的。这种相互作用具有一种内在的倾向性来产生"模式"，这种模式是创造出来的习惯状态，我们可以称作"吸引子"。人类行为的动力学系统理论将吸引子形式化，进而提供描述习惯状态的工具，比如测量习惯状态多久被访问，检测操作变量如何围绕习惯状态波动，以及当受干扰时系统是否仍然停留在那个状态。由于习惯状态随着时间变得更稳定（也即抵制变动），所以这就揭示了学习和发展的内在机制。动力学系统理论还可以刻画定性和定量的变化。当吸引子的数量发生改变时就产生定性的变化，例如，动力学系统从一个吸引子状态发展为两个吸引子状态，这种改变就是"分叉"。它源于系统的某个方面的逐渐、定量的改变，例如，儿童从"走"到"跑"的转变，步伐速度在定量上的增加就导致行为的这种转变。

胚胎学告诉我们，基因没有决定发育的结果，它只是过程的动态级联（dynamic cascade）中的本质要素，理解发育意味着理解这种级联。胚胎学对于心

---

① JOHNS R. Self-organisation in Dynamical Systems：A Limiting Result ［J］. Synthese, 2011, 181（2）：256.

② SPENCER J P, AUSTIN A, SCHUTTE A R. Contributions of Dynamic Systems Theory to Cognitive Development ［J］. Cognitive Development, 2012, 27（4）：401-418.

理学的启示是我们在发育有机体中看到的稳定规则性（心理学家寻求解释的现象）可能没有具体原因，这些原因可以被划界和隔离，但可能仅仅被理解为随着时间而运行的许多过程的一个动态级联。这种观点对于我们通常理解的分析性的科学观念是一种挑战。分析性的科学观念是通过隔离事物（要素和成分）直到我们到达本质的东西。对于科学家来说，根据复杂和级联的过程解释相对于根据一连串部分的解释是困难的。将过程解释为结构的原因可以借助山泉隐喻（The Mountain Stream Metaphor）来表现。① 例如，山泉的水在一些地方以小波浪的形式顺畅地流动，附近可能是一个小的漩涡或大的湍涡，而在其他地方可能显示出波浪或喷雾。这种模式时刻持续着，但是一场暴风雨或一场长时间的干旱期之后新的模式可能出现。山泉模式的规则性是从多种因素中突现出来的：下游的流动率、河床形态、决定蒸发率和降水率的当前气候条件，以及水分子质量对于自组织形成不同的流动模式的重要性。但是，我们所看到的东西仅仅是其中一部分，山泉的模式也被未见的限制所导致，跨越不同时间而起作用。例如，山脉的地理史决定了河床的倾斜度和岩石的腐蚀度，这个地区的长期气候导致山上的特殊植被和水吸收与流失的结果模式，过去一两年的气候影响了山上的雪的融化率，山的上游形态影响了下游的流动率，等等。这些限制在维持一种稳定模式过程中具有相对重要性。如果一块小石头掉进池塘，可能没有东西被改变，但随着掉落的石头越来越大，在某个点上这个山泉可能分裂成两个，或者产生出一个新的更快水道。过程解释假定行为模式和精神活动可以类似地理解。它们存在于此时此地并且可能非常稳定或容易改变。行为也是多重因素影响的产物，每个因素都有自身的历史。正如我们不能将山脉的地质史与河床的当前形态真正脱离开来，我们也不能在实时行为与导致它的终身过程之间划出界线。山泉隐喻将行为发展描述为一种表观遗传过程，也即被它自身的历史和系统范围的活动所建构。

发展心理生物学家使用表观遗传（epigenesis）来描述行为的个体发生过程。心理学家郭任远在《行为发展的动力学：一种表观遗传观点》一书中从一种系统观点提出发展过程的清楚表述。② 他强调行为是复杂的和可变的，并且在一种连续变化的内部和外部环境中发生。另一些心理学家研究了婴儿如何从前语言的声音发展到言语（speech）的声音。前语言的嗓音发育（vocal development）

① THELEN E, SMITH L B. Dynamic Systems Theories [M] // LERNER R M. Handbook of Child Psychology (6th Edition), Volume 1. New York: John Wiley & Sons Inc. 2007: 263.

② KUO Z Y. The Dynamics of Behavior Development: An Epigenetic View [M]. New York: Random House, 1967.

或咿呀声（babbling）长期被认为是由发音器官的成熟所唯一地推动的。但是，从一种动力学系统角度来研究时则呈现出新的意义。当照料者与婴儿进行实时互动，嗓音发育指出时间尺度（timescales）的多重因果性和相互依赖性。当母亲用一致的方式对婴儿的咿呀声做出反应，随着这种咿呀声变得更像言语，它又更强烈地影响了母亲的回应。婴儿对照料者的声音和反应很敏感。例如，当母亲通过微笑、靠近和抚摸等方式回应婴儿的发声，婴儿的咿呀声就包含了不断增加的发音和更快的元音—辅音转换，这是发育的更高级形式。婴儿意识到他们的声音产生了环境中的改变，这使得他们的声音发生改变。因此，创造嗓音发育的机制不局限于婴儿，而是照料者与婴儿的系统。发声模式是被多个力量的相互作用所创造，包括发音器官、视觉和听觉感知系统以及学习机制。嗓音发育不是婴儿的一种能力，而是照料者与婴儿之间互动的一种突现属性，因为发声的学习过程是被社会互动所创造的。咿呀声的发育进步改变了照料者回应婴儿的方式，为新的学习发生创造了条件。从动力学系统观点看，母亲的行为与婴儿的感官能力的相互作用产生了婴儿行为的更高级的发育。所以，照料者与婴儿之间的互动模式是发育改变的一个来源。因此，胚胎学和表观遗传学传统强调有机体当中和有机体与环境之间的多重过程的自组织，其焦点是关注作为变化的起源的构成成分当中的关系，而不是一组指示。这种观点使注意力转向婴儿和孩子被养育的物理和社会背景，它要求语境的理解与语境中所处的有机体的理解一样详细。生态的、语境的或跨文化的理论家同样分享关于发育的某些假定，这些假定与动力学系统进路的许多特征重叠。① 最重要的是探求消除个体与环境之间的二元性，就像表观遗传主义者努力消除结构与功能之间的界线。所有的发育理论家都承认人与其他生物可以从超越分子和细胞的许多组织层次来描述，通过神经活动和行为的复杂层次，延伸到拥有社会和物理环境的嵌套关系。所有的发育理论把这些层次看作彼此相互作用。语境主义与以个体为中心的进路之间的深层次差异使这些层次被概念化为不只是相互作用，它们被看成整体上融为一体。行为及其发展被融合为关系以及那些关系随着时间而改变的历史的不断变化的集合。因此，这就需要放弃简单线性因果性观念：事件 A 或结构 X 导致行为 B 的出现。相反，因果性是针对层次多重决定的并且随着时间连续地改变。

---

① THELEN E，SMITH L B. Dynamic Systems Theories［M］// LERNER R M. Handbook of Child Psychology（6th Edition），Volume 1. New York. John Wiley & Sons Inc. 2007：266.

（三）人类认知过程

动力学系统理论在认知科学和心灵哲学中也非常流行，这种进路被一些学者视作描述人类认知的最好方式。① 认知科学是对心灵和智能的一种跨学科研究，也即对认知的研究。在 1950—1980 年代，认知科学受到计算机科学和人工智能研究的强烈影响，因此，认知科学集中在认知的一种信息处理观点，并带有两个根本的承诺或实质性假定：认知在本性上是计算的和表征的②。认知是"计算的"，也即它涉及根据一个计算机程序的算法模型来理解的"程序"。按照这种方式，认知是计算的，因为它的运行是连贯的，例如，一种语言的语法结构，或者像乘法的输入—输出运算。认知是"表征的"，也即它涉及状态或实体，它们通过计算而发挥相关作用，譬如，为了一个特殊的计算机程序所编码的比特组织（例如，"1"或"0"）。各种表征被假定在认知中起作用，例如，概念、精神图像和数字。

神经科学主要是一门行为和生理的（"系统"）学科，它没有使用"认知概念"，甚至在诸如学习现象的研究中也没有使用。虽然认知科学的概念和方法没有在神经科学中发挥关键作用，但反之则不然。在 20 世纪八九十年代，神经生物学所激发的进路对于认知科学变得越来越关键。随着人工神经网络（例如，联结主义）的发展和成功，认知科学对于有关计算的本性和潜在于认知的表征的问题更多地开始朝向大脑激发的解决方案。虽然大脑激发的计算模型对于认知科学仍然是关键的（例如，深度学习），但是，神经成像的技术进步推动神经科学朝向认知的神经生物学方向的理解。从 20 世纪 80 年代的正电子放射断层造影术（PET）到 20 世纪 90 年代的脑功能磁共振成像（fMRI），再到 21 世纪初的弥散张量成像（DTI），各种神经成像对于认知神经科学变得很关键。但是，从当代认知科学到认知神经科学，这种研究的核心仍然将认知本质上当作信息处理，其中计算和表征发挥关键作用。

尽管如此，像许多科学一样，认知和神经科学没有沿着单一轨道进行。虽然上述观点在很大程度上被接受，但是认知的科学研究的其他进路也在平行地发展并实现它们自己的成功，而这些其他的研究纲领是使用源于动力学系统理

① BIELECKI A, KOKOSZKA A, HOLAS P. Dynamic Systems Theory Approach to Consciousness [J]. International Journal of Neuroscience, 2000, 104 (1)：29-47.

② FAVELA L H. Dynamical Systems Theory in Cognitive Science and Neuroscience [J]. Philosophy Compass, 2020, 15 (8)：1-16.

论的概念、方法和理论来研究认知。① 从 20 世纪 90 年代开始，认知科学家和心灵哲学家开始通过诉诸动力学系统理论来质疑认知科学的核心假定，即认知作为信息处理。动力学系统理论是数学的一个分支，它评价随着时间而改变的系统。动力学系统理论的概念和方法提供了研究和解释认知的一种丰富的替代框架（例如，连续的和非离散的）。这种进路强调"动态假设"，也即认知是并且可以被理解为动力学系统的主张。在过去 20 年，从认知科学和神经科学的研究中可以看到动力学理论越来越多地应用于从生理学上根本的单个神经元活动和神经网络到行为上复杂的决策和感觉运动协调的研究。这项工作提出了跨越诸如认知科学哲学（例如，表征）、心灵哲学（例如，认知的边界）和科学哲学（例如，解释）等领域具有哲学意义的许多主题。

三、自然类的动力学系统理论

（一）作为动力学系统的类形成

回顾形而上学中的自然类问题：自然界中的事物是自然地以类的方式存在，还是被人类思想或心灵整理成类，换言之，自然类是不是人类行为的结果，对象聚集形成一个类，这如何可能，是因其本性使然还是人类的约定?② 从动力学系统思维的角度看，自然界中的事物在随时间而变化过程中总是存在某种模式，例如，季节以有序的方式改变，云有聚有散，树木总是长成某种形状和大小，雪花形成并融化，微生物经历不可见的复杂生命周期，以及社会群体的聚集与解散。科学已经揭示了自然界的许多秘密，但是这些复杂系统得以形成模式（即部分当中的一种有组织关系）所依赖的过程在很大程度上仍然保留一种神秘性。过去几十年，物理学家、数学家、化学家、生物学家以及社会和行为科学家对这种复杂性变得越来越有兴趣，特别是拥有多样化要素的系统如何合作以产生有序的模式。科学可以提供一组共同的原理和数学形式来描述随时间而演化的模式，不管它们的物质基底（material substrates）是什么。这样的动力学系统的关键特征是它们由非常多的个体（经常是异质的部分）构成，例如，分子、细胞、有机体或物种。这些部分在理论上可以通过几乎无限的方式自由结合，所以系统的自由度非常大。当这些部分聚集在一起，它们就形成时空中的模式。

---

① FAVELA L H. Teaching and Learning Guide for：Dynamical Systems Theory in Cognitive Science and Neuroscience ［J］. Philosophy Compass，2020，15：12697.

② FASIKU G. The Metaphysics of Natural Kinds：An Essentialist Approach ［M］. Dudweiler Landstr，Germany：LAP LAMBERT Academic Publishing. 2010：3.

并非所有可能的组合都是可见的，所形成的模式也不是简单的或静态的。突现出来的形式可以历经时空中的改变，包括多重稳定的模式、不连续性、快速的形式转换以及表面上随机但实际上决定论式的变化。这样的系统从复杂性到简单性再到复杂性的序列没有预先限定，模式自组织形成。例如，山泉显示出随时间而改变的形状、形式和动态变化，在水分子、河床以及地质时期的气候变化中不存在任何程序。发育的人类同样由大量不相似的部分和不同组织层次上的过程所组成：从细胞的分子构成到组织类型和器官系统的多样性，再到呼吸、消化、运动、认知等当中所使用的功能定义的子系统。人类行为极其融贯和复杂，我们在发育的人类身上所看到的模式也是多个部分当中的关系的一种产物。

诸如山泉和发育的人类从不相似的部分中创造了秩序，因为它们归入一个称作开放系统或远离热力学平衡的系统的类。一个系统是热力学平衡的，当这个系统的能量和动量是均匀地分布并且从一个区域到另一个区域没有流动，例如，将酒精加到水上或将盐溶解了水，分子或离子完全混合或起反应。除非我们加热系统或增加电流，否则系统是稳定的，没有新东西出现，并且这个系统是封闭的。山泉或生物系统会进化和改变，因为它们连续地注入或传递能量，例如，山顶的水的潜在能量转化成运动的水的动能，动植物吸收或摄入能量，这种能量被用于维持它们的组织复杂性。在开放系统中，许多组成部分是以非线性方式自由地相互联系，所以具备明显的属性。当充足的能量注入系统，新的有序结构可能自发地出现，而这些结构以前是不明显的。这些突现的组织完全不同于构成系统的要素，并且这些模式不能仅仅从个体要素的特征来预测。开放系统的行为意味着整体大于部分之和。一个复杂系统自由度的凝结和有序模式的突现允许这个系统用比所需来描述原始组成部分的行为数量更少的变量来描述。这些宏观变量即集成变量或序参数。人类行走是一种多因素决定的行为，在所有个体组成部分的宏观层次上（比如肌肉、腱、神经通路、代谢过程等），这个系统以一种高度复杂的方式来行为。当这些部分合作，我们可以定义一个集成变量在更简单的层次上来描述这种合作，例如，双脚摆动和站立的交替循环。这种循环交替就是一个集成变量，但不是唯一一个，比如肌肉放电模式或在结合点上产生的力。集成变量的选择是描述一个动力学系统过程的关键步骤。

因此，我们可以将自然类的形成同样视作一个动力学系统过程。也即是说，自然类是事物在随时间而变化过程中自组织形成的一种有序模式或稳定状态，它是事物（及其属性）的多因素相互作用的结果。在这种意义上，我们可以说世界中的事物是因其"本性"而自然地形成类或以类的方式存在，没有人类的干预。从动力学系统理论来理解自然类可以很好地处理变化与稳定性之间的矛盾。自然类的传统形而上学图景是绝对的、单一的和静止的，特别是传统本质主义根据内在的、充分必要的、模态必然的和微观结构的属性来定义自然类①，使得自然类被当作永恒不变的同质实体，并且彼此之间绝对地区分和内在地不同，这显然无法适应事物的可变性（例如，生物类）和不同科学领域中类范畴的多样性（例如，微观结构类、属性簇类、历史类和功能类等）。换言之，传统的本质主义自然类太过于强调稳定性而无法适应变化，进而丧失灵活性。实际上，在克里普克和普特南的自然类理论之后的几十年中，科学哲学家密切关注现实科学和科学实践，特别是更大范围的科学领域，而不仅仅是早期当作范式科学的物理学和化学。多样化的科学分类实践使一些哲学家将注意力从"自然界在什么程度上归入离散的和定义完备的类当中"的形而上学问题转移到"当科学家将其感兴趣的现象划分为类时他们在做什么并且为什么要那样做"的认识论或方法论问题②。自然类的这种实践转向意味着我们不要专注于类本身，而是专注于类形成（kinding）的活动。接受这种实践转向的哲学家将形而上学看成是最好从属于我们经验上知道的东西以及我们如何知道它的一种深层次研究。例如，雷顿就指出类形成的实践如何影响我们所使用的自然类概念。③ 他评价了概念分类的两种模型或两种不同的分类策略：聚焦（zoom in）与共同创造（co-creation）。通过关注类创造所要求的我们的活动和生产过程，他支持一种共同创造的进路，并分析这些类如何被自然界和我们所限制和塑造。在他看来，类身份最终依赖于一种共同创造的系统中的实践的类制造（kind-making），其中，我们的贡献与自然界在分类世界及其内容过程中所发挥的贡献之间存在因果的平等性。

尽管自然类的实践转向描述了自然类形成的一种动态图景并覆盖到大范围的科学领域（从制图学和化学到神经科学和语言学），但是它将类的自然性定位

---

① 在克里普克那里，本质被等同于一种从物的必然性（de re necessity）。不过基特·范恩（Kit Fine）最近认为，《命名与必然性》中的文本证据指出克里普克同时持有本质的另一种观念，因为他有时谈论事物的"本性"（the very nature）或"部分本性"（part of the very nature）。参见 FINE K. Some Remarks on the Role of Essence in Kripke's "Naming and Necessity" [J]. Theoria, 2021, 88（2）：403-405.

② DUPRE J. Preface [M] // KENDIG C. Natural Kinds and Classification in Scientific Practice. London and New York：Routledge，2016：9-10.

③ REYDON T A C. From a Zooming-in Model to a Co-creation Model：Towards a more Dynamic Account of Classification and Kinds [M] // KENDIG C. Natural Kinds and Classification in Scientific Practice. London and New York：Routledge，2016：59-73.

于科学家而不是世界，这无疑会遭到传统本质主义者的反对。自然类的动力学系统理论符合实在论立场，即自然类的形成仍然追溯到世界本身而非人类自身。自然类动力学系统的整体性特征可以更好地解释自然类的类—成员关系，例如，类本质决定并解释与类成员相联系的大多数表面属性。自然类动力学系统的开放性特征意味着自然类之间以及自然类与非自然类之间不存在绝对清晰的边界，相反这种边界应该是含混的。自然类的动力学系统提供自然类的一幅动态、多元和相对稳定的图景，使得自然类不仅能够更好地适应变化或可变性，同时使自身能够保持相对同一性，而且可应用于各种具体的科学分类实践领域（从物理学和化学到心理学和社会学）。不同科学领域所描述的对象具有各自独特的复杂性和差异，因而在形成不同科学的自然类过程中会存在差别。例如，物理和化学类的形成可能更多地依赖在多种复杂因素相互作用下某种内在的微观结构的稳定性，生物物种的形成则可能更多地受到复杂因素的影响并最终基于有机体之间以及有机体与祖先或有机体与环境之间的关系来获得稳定性，而社会类的形成可能取决于分类者与被分类对象之间的相互作用而产生的相对稳定性。因此，不同学科中的自然类可以通过相应的动力学系统来刻画。

（二）生物物种的动力学系统理论

由于物种问题一直是各种自然类解释理论争论的焦点和试图解决的核心，所以自然类的动力学系统理论应当首先能够应用于解释生物物种。正如动力学系统理论可以应用于解释生物个体发育和生态系统的动态平衡，我们也可以将其运用来解释物种的形成。我们对物种本性及其相关问题的任何解释都应该与进化论相一致。达尔文在《物种起源》中提出物种是自然演化的产物，即通过自然选择、生存竞争和适者生存来实现，这也被称为达尔文的进化论。简单地说，进化论的观点就是个体变异、生存斗争（繁殖的无限性与资源的有限性之间的矛盾）与自然选择，其结果就是适者生存。进化论的核心则是关于物种形成的理论。物种的形成也称为成种（speciation），任何一个物种都是从特定的祖先分化而来，而所有的物种最终都可追溯到一个最早的共同祖先，也即达尔文进化论所确立的共同祖先学说。进化宛如一种无目的性的新种创造行为，是微观随机性与宏观方向性的统一，进化的轨迹可以是圆点、圆圈、发散或缠绵之线。物种是通过生物学家的物种概念来定义的，而物种形成的研究经常使用生物学种概念（BSC）来定义物种，这不是说其他的物种概念不适合于研究物种形成，例如，形态学种概念、系统发育种概念和生态种概念等，相反，那些在替代物种概念之下研究物种形成的生物学家也同意基于生物学种概念的物种形成研究所取得的进步。因此，有大量的经验证据被累积来支持以生物学种概念为基础的物种形成理论。根据生物学种概念，物种是杂种繁殖的自然种群群体，与其他这样的群体是生殖上隔离的。当生殖隔离在种群之间进化出来时，物种形成就会发生。那么，这些生殖隔离是如何进化出来的呢？生物学家认为，存在两种类型的生殖隔离：合子形成前（pre-zygotic）的隔离与合子形成后（post-zygotic）的隔离。合子形成前的隔离阻止种间跨越，例如，当潜在的配偶不能相遇因为它们的繁殖季节不同，合子形成前的隔离就会发生。在合子形成后的隔离中，两个物种的成员的确杂交，但是它们的后代有很低的生存能力或繁殖能力。例如，雄性的驴子与雌性的马可以繁殖，但是它们产生出不育的后代——骡子。

基于生殖隔离概念，生物学家提出异域物种形成的模型。异域物种形成模型是基于物种形成的种群与其祖先在地理上的联系，当一个新物种在地理上的进化远离它的祖先，异域物种形成就会发生。地理上的隔离可能是由于物理的障碍，比如河流或山脉的存在。在非异域物种形成中，新物种可能会与它的祖先相遇，它们之间不是地理上隔离的。异域物种形成的一个例子是达尔文燕雀（Darwinian finches）的生殖隔离研究。假如达尔文燕雀的两个种群生活在地理隔离的岛屿上。在一个岛屿的地理环境中，食物来源主要是有坚硬外壳的种子，而在另一个岛上的地理环境中，食物来源主要是昆虫。这两种不同的食物来源可能导致燕雀通过自然选择进化出不同的嘴形状：强大的嘴适合于坚硬外壳的种子，而细小的嘴适合于寻找昆虫。这两种不同形状的嘴使燕雀发出不同的交配曲，而不同的交配信号又产生合子形成前的隔离。因此，食物来源的差异导致不同的适应进化（也即不同形状的嘴），进而产生生殖隔离。因为两个燕雀种群是在彼此隔离的地理上进化的，所以这是异域物种形成的一个例子。异域物种形成的另一个例子是果蝇的八个种群的实验室试验。生物学家将果蝇的四个种群放在洒满淀粉的环境中，而将剩下的四个种群放在布满麦芽糖的环境中。在经历几个世代后，生物学家发现这些果蝇进化出适应它们各自的食物来源。生物学家剪掉其中四个果蝇种群右翼的顶端，然后将这个群体与另外四个果蝇种群的群体放在一起，观察它们的交配选择，结果发现这两个群体的果蝇进化出某种程度的生殖隔离。由此看来，生殖隔离是偶然发生的，从自然选择的观点看，生殖隔离不是自然选择的目标，我们没有理由相信果蝇对淀粉或麦芽糖的适应会影响它们的交配行为，但是生殖隔离还是发展出来。因此，异域物种形成表明在不同环境条件下进化的两个种群由于适应可能变得生殖上彼此不相容，也即地理隔离可以导致物种形成。"同一物种分布于不同地区，由于种群间的地理隔离，这种隔离使不同的种群彼此不能自由迁移和相遇，种群间出现生殖隔离，并在自然选择下分化，产生新种。"① 异域物种形成几乎是动物物种形成的唯一方式，也是植物物种形成的主要方式。物种形成从量上看其数量不断增多。虽然异域物种形成是物种形成的主要模式，但它不是唯一模式。从空间上看，物种形成有异域物种形成、同域物种形成和跳跃式进化三种方式；从时间上看，物种形成可以区分为即时物种形成和逐渐物种形成两种方式。②

　　鉴于现有的物种概念的多样性（或者说每一种物种概念的不完备性）以及异域物种形成模式的局限性，物种的动力学系统理论也许可以提供给我们一种更好的物种形成模式以及物种问题的答案。物种的动力学系统是描述生物有机体随着时间而进化的过程。这个系统包含许多的参数和变量，例如，个体的发育和变异、环境因素（地理、气候和食物来源等）、自然选择和生存竞争（包括个体之间的竞争和种群间的竞争）等。物种形成展现出复杂的非线性动力学系统过程，并且是时间依赖的和对初始条件敏感的，没有任何先在的原因或固定本质决定物种的存在。相反，物种形成是许多复杂因素及其关系共同作用的结果。例如，在上述异域物种形成过程中，地理隔离和食物来源等因素影响到不同有机体种群的形态差异，并最终导致生殖隔离，使得有机体种群形成相对稳定性而产生新物种。新物种的产生表明进化的有机体在某个时期形成一定的相对稳定性，这种稳定性或者通过生殖隔离来维持（根据生物学种概念），或者通过共同祖先来维持（根据系统发育种概念），或者通过占据某个生态位来维持（根据生态种概念），或者通过相似的形态特征来维系（根据形态种概念）。正如多种物种概念的并存，在生物物种的动力学系统中可能出现多重稳定性或多个稳定状态，这可以通过混沌吸引子来描述。由于物种在进化过程中会不断遭受各种未知因素的影响，变量或参数的变化会导致系统状态的改变，物种的动力学系统的相对稳定性可能被打破，因而可能展现出不可预测的行为。例如，在人类行为演变的动力学系统中，行为模式被定义为通过吸引子所刻画的各种稳定状态。当系统参数或外部边界条件发生改变并且这种改变达到一定点时，系统的旧模式就不再是融贯和稳定的，系统会找到一种定性上的新模式。譬如，在多坡的丘陵上行走，山的坡度将决定我们行走模式的转变（比如从"走"到"爬"）。按照动力学系统观点，山坡的陡峭度发挥我们行走模式的一种控制参数作用，控制参数并没有真正"控制"系统，而是系统的集体行为很敏感的一

---

① 胡梦兰，颜忠诚. 物种概念及物种形成 [J]. 湘潭师范学院学报，1993，14（6）：75.

② 胡梦兰，颜忠诚. 物种概念及物种形成 [J]. 湘潭师范学院学报，1993，14（6）：73-76.

个参数，并通过集体状态来改变系统，这就是非线性相移的一个例子。同样，一个物种进化成另一个不同的物种也可以通过动力学系统中的非线性相移或相转换来描述。非线性是一种阈值效应，在一个关键值上的控制参数中的小的改变会导致一种定性的转变。控制参数（无论是不是非特异的、有机的或环境的参数）通过威胁当前吸引子的稳定性来导致相移。① 总之，生物物种的动力学系统通过动态稳定性（借助吸引子来描述）来刻画物种形成，这种动态稳定性可以适应变化和灵活性。这样一来，物种的可变性与物种的稳定性就能同时得到描述。不仅如此，物种的动力学系统概念可以整合物种的形态相似性、亲缘内聚和基因流动等特征，所以它或许能够提供一种统一的而非多元的物种概念。换句话说，尽管各种具体的物种概念（例如，生态学种概念、生物学种概念、系统发育种概念）都存在，但一种统一的、基本的物种概念仍然是可能的。

（三）稳定性与自然类

如果自然类的动力学系统理论要提供自然类的一种综合性解释，那么它应该满足以下期望：（1）它应该指出不同类型的自然类（例如，微观结构类、HPC 类、认知类）如何解释具体形式的认知成功，也即在日常活动和各门具体科学中所做出的成功归纳、说明和预测等；（2）它应该提供类的自然性问题（即区分自然类与非自然类的标准是什么）的答案；（3）它应该提供自然类身份的一种解释，也即类对应世界中什么样的本体论特征使得它可以分析日常活动和科学实践中的自然类范畴，特别是微观结构的本质类、HPC 类或其他具体类型的自然类。自然类的任何哲学解释的核心都承认并非我们自然语言或科学语言中使用的所有范畴都有相同的知识建构地位。一些范畴（例如，"水"或"黄金"）指称自然类群，并被赋予在科学和日常生活中特别有用的属性，而其他范畴（例如，"礼物"或"白色事物"）则被视作任意的并至多被赋予实用性。在这两种范畴之间存在明显差异，因为我们可以从前一种范畴推论出很多东西，而后者则不能。前一种范畴被认为指称占有某种本体论统一性的类，这种本体论统一性解释了它们的一些属性，我们将这些属性使用在知识相关的任务当中。所以，这些范畴应当指称自然类，它们也由此被赋予明显的认识论特征，即产生正确的、非平庸的归纳推理。根据本质主义（其最常见形式是微观结构主义）解释，自然类是被一组可能未知的本质属性（即共同的微观结构）

① THELEN E, SMITH L B. Dynamic Systems Theories［M］// LERNER R M. Handbook of Child Psychology (6th Edition), Volume 1. New York：John Wiley & Sons Inc. 2007：258-312.

所定义，本质属性或微观结构解释了类成员的可观察属性及其认识论特征。但是，本质主义不能解释生物物种是自然类，而生物物种通常被视作范例型自然类。HPC 理论通过自我平衡机制所决定的一簇共现属性来定义自然类，它具有更大的灵活性并能够适应生物物种，同时也解释了自然类的认识论特征。① 但是，HPC 解释被批评撇开了生物物种的历史维度，而且它也不能令人满意地解释许多被科学范畴所指称的明显合法的自然类。因此，一些哲学家支持历史自然类的存在，它们根植于确保历史连续性的过程；而另一些哲学家强调某些类最好通过它们的功能来定义，由此提出自然类的功能解释。② 自然类的认知理论直接关注自然类的认知价值，并通过认知价值来定义自然类。但是，它们对自然类认知价值的深层次来源保持沉默，一些哲学家（例如，马古纳斯、马克·艾瑞舍夫斯基和雷顿）将自然类的认知价值潜在地追踪到世界的因果结构，另一些哲学家（例如，斯拉特尔和卡哈里迪）则将这种认知价值归因到某种稳定性或因果性。对于认知理论来说，自然类的认知价值及其相联系的自然性标准仍然需要识别一种本体论基础，这种本体论基础对于所有自然类是共同的和独特的。换言之，正是这种共同的本体论基础解释了所有科学和日常活动中的自然类的认识论有用性，同时提供了自然类与非自然类的区分标准。

那么，什么样的本体论基础可以解释不同类型的自然类（包括微观结构类、HPC 类和认知类）的认识论特征呢？斯拉特尔提供了一种有启发性的建议，即这种共同的本体论基础是稳定性："自然类的一种解释可以更好地专注于一簇属性占有的特殊种类的稳定性，由于这种稳定性它适合于归纳和说明，而不是专注于导致那种稳定性的某东西。"③ 斯拉特尔认为自然类的稳定属性簇解释是一种更基本的自然类解释，它可以涵盖传统本质类、HPC 类、历史类和认知类，因为稳定性可以独立于它的特殊实现者，而有助于一个类的归纳和解释的效用

---

① 尽管自然类的簇理论认为自然类的认识论特征或认知有效性根植于大量属性的有规则和稳定的共现，但是有学者认为这样一种簇理论仍然不能恰当地解释类的认知有效性。虽然簇理论的确能够解释自然类的可投射性，但不能够解释自然类所支持的其他认知操作。参见 LEMEIRE O. The Causal Structure of Natural Kinds［J］. Studies in History and Philosophy of Science Part A，2021，85：200-207.

② BARBEROUSSE A，LONGY F，MERLIN F，et al. Natural Kinds：A New Synthesis［J］. Theoria，2020，35（3）：365-387.

③ SLATER M H. Natural Kindness［J］. The British Journal for the Philosophy of Science，2015，66（2）：396.

的稳定性是多重实现的。① 也就是说，传统的微观结构本质类、自我平衡属性簇类和历史本质类等之所以能够在日常活动和科学实践中做出成功的归纳、说明和预测，是因为它们都在不同意义上实现了某种稳定性。然而，斯拉特尔的理论明确地将认识论特征包含进自然类的定义当中，因为他认为"一个领域的兴趣和规范——甚至一种特殊的研究计划——影响某个范畴是否算作自然类"②，自然类"对于相关的领域才是世界的真实特征"③。正如斯拉特尔的批评者所指出，他所提供的稳定性不是本体论意义上的而是认识论意义上的，这种稳定性的作用的发挥仍然依赖于更深层次的本体论基础，相反，自然类的动力学系统理论可以提供这样的稳定性。在动力学系统中，吸引子对应着一种特殊的稳定性。自组织的开放系统的一个关键属性是，虽然大范围的模式是理论上可能的，但是系统实际上仅仅展示一个非常有限的子集被集成变量的行为所索引。系统"趋向于"或者"偏好于"仅仅一些行为模式，这些行为模式是一种吸引子状态，因为系统在某些条件下对于那种状态有一种密切关系。具体说，系统偏好它的状态或相关空间中的某个位置，并且当从那个地方离开时，它倾向于返回到那里。例如，作为一个简单的动力学系统，当没有摩擦力时，钟摆将展现一种极限环吸引子；当有摩擦力时，钟摆将趋向于单点吸引子。简言之，无摩擦钟摆的圆形轨道和有摩擦钟摆的驻点就是这个系统的吸引子。吸引子最重要的维度是它的相对稳定性或动态稳定性。一个系统的稳定性可以通过许多方式来测量：（1）稳定性通过这个系统将处在一个特殊状态而不是其他潜在形态的统计可能性来索引；（2）稳定性通过回应小的扰动之后回到原始平衡状态的局部松弛时间来测量；（3）稳定性通过回应系统内的自然波动来测量，一般而言，吸引子越稳定，围绕吸引子的标准偏离就越小。④ 在动力学系统中，稳定性定义了系统的集成状态，并通过抵制变化来评价，围绕稳定态的波动是复杂系统不可避免的伴随物，这些波动是一个系统动态地活跃的证据，也是行为和发育中的新形式的来源。

　　自然类动力学系统所提供的稳定性是一种自组织稳定性，所以它是本体论

---

① SLATER M H. Natural Kindness [J]. The British Journal for the Philosophy of Science, 2015, 66 (2): 396.

② SLATER M H. Natural Kindness [J]. The British Journal for the Philosophy of Science, 2015, 66 (2): 405.

③ SLATER M H. Natural Kindness [J]. The British Journal for the Philosophy of Science, 2015, 66 (2): 407.

④ THELEN E, SMITH L B. Dynamic Systems Theories [M] // LERNER R M. Handbook of Child Psychology (6th Edition), Volume 1. New York: John Wiley & Sons Inc. 2007: 274.

意义上的，并且可以用来刻画科学中多样化的自然类范畴的共同本体论基础。①传统的类本质、自我平衡机制等都指向自然类的不同本体论候选者，但是这些候选者没有一个可以提供自然类的认识论有用性的一种基本解释。自然类动力学系统的动态稳定性可以提供自然类的本体论本性及其认识论有用性的一种解释。根据自然类的动力学系统理论，通过将自然类看作由动态稳定性所统一起来的事物群体可以回答什么是自然类的问题。具体来说，自然类是通过一种稳定的方式将一组属性结合在一起而区别于非自然类，稳定性是所有自然类共同的和独特的本体论基础，这就回答了类的自然性问题。类身份问题同样可以诉诸稳定性来回答：由于稳定性以最基本的方式定义了自然类，所以当前科学所识别的不同类型的自然类（微观结构类、HPC 类、历史类和功能类等）都以不同方式实现了稳定性的本体论特征。例如，传统的类本质以一种强稳定方式将类成员联结在一起，自我平衡机制以一种弱稳定方式维持属性簇的共现，而历史连续性则维系有机休成员形成一个物种的稳定性。因果网络节点理论和稳定属性簇理论都指向一组属性之间的一种强相互关系的存在，不管这种关系是不是因果的，至少它确保了某种稳定性。因此，我们可以将稳定性当作构成类的自然性问题的答案的共同本体论基础，而把类身份问题的答案视作识别实现这种稳定性的不同类型的自然类。例如，微观结构类由于量子和电子关系而实现稳定性，HPC 类由于管控一组属性的各种机制而实现稳定性，历史类（包括生物类）由于复制产生生殖上稳固家族的机制而实现稳定性，功能类则通过拥有其成员被自然地或有意地设计来实现一种确定因果作用而实现稳定性，将来可能发现的其他类型的自然类以其他可能的但仍然未知的不同方式来实现稳定性的基本特征。②因此，"什么是自然类"这个基本问题的答案促进了我们关于世界的本体论图像，也即关于世界的结构的知识。自然性问题的答案指出自然界

---

① 自然类的动力学系统理论可能会被认为只有解释价值而无任何本体论的意义，但是借用解释的不可或缺性论证（Explanatory Indispensability Argument，EIA），我们仍然可以指出它的本体论意义。这个论证如下：（P1）我们应当合理地相信在我们最好的科学理论中发挥一种不可或缺的解释作用的任何实体的存在；（P2）数学对象在科学中发挥一种不可或缺的解释作用；（C）所以，我们应当合理地相信数学对象的存在。一些学者认为动力学系统中的模型通过解释的不可或缺性论证可以支持数学实在论，因为在动力学系统理论中，数学在状态空间的呈现及其解释特征过程中可以发挥一种不可或缺的作用。参见 SAATSI J. Dynamical Systems Theory and Explanatory Indispensability [J]. Philosophy of Science，2017，84（5）：892-904.

② BARBEROUSSE A，LONGY F，MERLIN F，et al. Natural Kinds：A New Synthesis [J]. Theoria，2020，35（3）：380.

中一种基本属性的存在，即稳定性。它提供了类身份观念的一种独特意义，即独立于我们的心灵。类身份问题的答案展现了这种基本属性在自然界中可能被实现的不同方式。此外，"什么是自然类"这个基本问题的答案还解释了为什么我们的自然类范畴是认知上有用的。正是因为所有自然类拥有共同的本体论特征，这才使得使用自然类范畴做出的大量非平庸归纳是真的。正如斯拉特尔所言，"一簇属性可能占有的特殊种类的稳定性"确切的是"由于这种稳定性它适合于归纳和说明"①。

四、自然类的综合性解释框架

（一）自然主义与非还原论

由于自然类的动力学系统理论试图刻画各门具体科学中的自然类，所以它承诺一种自然主义进路。它关于自然类的研究属于科学的或自然化的形而上学，也即被我们最好的科学理论所激发和限制的一种形而上学。自然化的形而上学不同于描述的或分析的形而上学，它坚持科学在形而上学研究中的重要性。自然类的自然主义进路暗示我们成功的科学范畴的确指称自然类。一些自然主义者可能认为既然自然类首先是被我们最好的科学理论和分类纲领所挑选出来的类群，所以它们不必是永恒的本体论范畴。② 换言之，他们的自然主义进路约束自然类的类以适应成功的科学范畴的集合，但是这种约束太过限制性。自然主义进路并非意味着我们当前最好的科学理论中的所有范畴都对应自然类。③ 科学理论是可修正的，使得我们当前最好的理论可能被修正并且其中至少一些范畴被废除或抛弃，所以只有当科学范畴被最后确定下来时我们才能对自然类的同一性做出决定性的判断。此外，并非科学研究中援引的每个范畴，更不用说在某个科学期刊上的一篇文章中提到的每个范畴，都在相关科学中发挥一种不可或缺的认知作用，因为一些范畴可能是多余的，或者由于非科学的目的被采用，或者对于科学研究的实践是次要的。

自然主义进路也并非意味着只有科学范畴才是自然类。一方面，科学范畴的任何描述必定有认识论成分，因为范畴被选择或在科学中被设计的方式在很

---

① SLATER M H. Natural Kindness [J]. The British Journal for the Philosophy of Science, 2015, 66 (2)：396.

② ERESHEFSKY M, REYDON T A C. Scientific Kinds [J]. Philosophical Studies, 2015, 172 (4)：984.

③ KHALIDI M A. Natural Kinds [M] // HUMPHREYS P. The Oxford Handbook of Philosophy of Science. Oxford：Oxford University Press, 2018：398-416.

大程度上依赖于它们设计一系列认知活动。马克·艾瑞舍夫斯基和雷顿强调科学范畴应当是满足确定的认识论要求，例如，成为某种成功的研究纲领的一部分。所以，从当前成功的科学范畴的调查中得出的自然类概念排除了用纯粹本体论词项定义自然类的可能性。另一方面，将自然类等同于科学范畴的指称物（即科学类）的观点相当于排除了一些自然类被常识范畴（vernacular category）所指称的可能性。将自然类范畴限制于科学范畴会产生两个问题：（1）什么是常识词项（例如，"百合""雪松"）的指称物；（2）如何解释科学范畴与常识范畴之间的历史连续性。根据当代标准，"百合"和"雪松"都是日常语言的自然类词项，没有对应任何的科学范畴。但是，它们看起来不是任意的、空的或荒谬的。正如杜普雷所言，这些范畴相比任意范畴拥有许多与科学范畴共同的特征，它们指称容许大量成功归纳的类群。① 因此，我们有理由认为百合是一个自然类而不是一个约定类。历史连续性也指出我们不能将自然类的分析范围限制于科学范畴。许多范畴（例如，水、黄金、奶牛）现在已经成为科学研究的对象和得到确认的科学分类的一部分，但是它们在进入科学之前有很长的历史。在历史过程中，我们无法指出在哪一个具体时刻这些范畴从非科学到科学的地位发生了改变。例如，没有办法精确地决定水或奶牛何时从纯粹的日常范畴变为科学范畴，或者哮吼（croup）这种疾病何时不再是一个医学范畴而仅仅是常识范畴。我们也很难讲出一些范畴的地位，例如，痴呆是一个科学范畴还是日常范畴。克里普克和普特南的自然类语词的指称理论很好地解释了日常范畴与科学范畴之间的连续性，通过坚持发现诸如水和黄金的本性一直是逐渐变得科学的长期计划。

自然类的动力学系统理论是非本质主义和非还原论的。动力学系统的复杂性、自组织、开放性、稳定性和变化等特征驱除了先天或固定的结构、模块、程序、模式等观念，它强调形式或本质是过程的产物。因此，自然类的动力学系统理论没有断言自然类是通过某种先天固定的本质来定义，而是强调自然类是由动态稳定性所维系的事物群体（或属性集合），传统类本质是这种动态稳定性的一种特殊显现。动力学系统理论同样体现出一种反还原论倾向，因为它强调整体大于部分之和，系统的行为不能通过还原为构成系统的要素的部分来理解。对于自然类的动力学系统理论来说，它试图澄清和解释各种科学的本体论而无须考虑一些科学是否被还原为其他科学。如前所述，自然类的传统本质主

---

① DUPRE J. The Disorder of Things：Metaphysical Foundations of the Disunity of Science ［M］. Cambridge：Harvard University Press，1993：chapter 1-2.

义坚持一种还原论倾向，它主张物理学、化学和生物学的分类具有特权地位，其他学科的自然类的特征都要还原为物理学、化学或生物学的自然类的特征来理解。但是，正如我们不必假设心理学或生物学中的实体类型必须等同于或还原为一种更基本的本体论层次上的实体，我们也将同等对待自然科学和社会科学所有分支内的各种成功的和得到确认的（well-established）科学范畴。

（二）本体论的统一性

自然类的哲学理论应该提供自然类的一种恰当定义（这种定义将识别什么是自然类特定的特征而不是约定类的特征，并且哪些特征解释了在科学和日常生活中使用自然类的认知成功）以及为什么这种定义对于科学是有意义的一种解释，例如，科学从使用自然范畴（即对应自然类的范畴而不是约定的范畴）中获得什么好处。对于一些哲学家而言，自然类应该纯粹通过认识论特征（或认知价值）来定义，也即通过科学家认为是自然类的范畴所展现的认识论特征来定义。换言之，我们使用类的两种不同名称（即自然类与认知类）依赖于它们所对应的范畴在科学和关于我们的实践兴趣中所发挥的作用，即使我们不知道在它们之间是否存在任何的本体论差异。这也是一些关于自然类的实在论倾向的哲学家为了谨慎起见所采取的一种立场。即使在他们看来自然类有独特的本体论特征，他们也认为最好不要做出这样的承诺。由于波依德的理论逐渐丧失吸引力，所以这种关于自然类的本体论的谨慎立场一直获得支持。许多哲学家认为，波依德的理论不能完全解释科学当中所认为的整个范围的自然类，但是拒斥波依德的理论意味着丧失了自然类作为 HPC 的共享的本体论特征。如果可能的话，避免本体论承诺看起来确实是明智之举。如果我们仅仅使用认识论的特征就能够区分自然类与非自然类，那么为什么还要冒本体论假设之险。但是，用纯粹认识论词项定义自然类的选择是有代价的。正如雷梅利所言，关于哪些类是自然的不存在明显一致的事实（例如，本质主义者不同意 HPC 的支持者），所以"一个成功的自然类理论真正有必要提供一组标准以及类的自然性的一种理论解释来辩护这些标准"①。自然类的区分标准不能在没有关于成为自然的意指什么的一种解释以及成为自然的如何与成为认识论上有效的相联系的情况下进行。自然类的"认识论唯一的"理论都不能做这项工作：人们不能在没有引入一些本体论特征的情形下获得自然类的一种令人满意的解释。

因此，自然类的定义的两个问题（自然性问题和类身份问题）都应该用纯

---

① LEMEIRE O. No Purely Epistemic Theory Can Account for the Naturalness of Kinds［J］. Synthese, 2021, 198（Supp 12）: 2911.

粹本体论词项来回答，每个问题的答案应该有助于自然类的一种综合解释。前一个问题的答案致力于提供自然性的一种基本解释，后一个问题的答案通过解释不同自然类的不同潜在本性来指定满足那种描述的东西是什么。① 自然类的传统本质主义和 HPC 理论并没有区分这两个问题，而是对这两个问题给出相同的答案：对于本质主义而言，分享相同的微观结构本质既是自然性标准也是类身份标准；对于 HPC 理论来说，由于因果机制所分享的相对稳定的属性簇是共同的答案。根据本质主义和 HPC 解释，这两个问题的答案是相同的，因为每种解释都预设仅仅一种类型的自然类的存在，它们被微观物理结构所定义或者被一种相对稳定的属性簇所定义。但是，我们在各门科学分支中所观察到的丰富种类和广泛确认的范畴使自然主义者意识到我们的科学范畴太多样化而不能仅仅通过本质主义或 HPC 来解释。它提供了类身份问题的多种答案的可能性，每种答案都指向自然类的某种特殊的潜在本体论。但是，它通过提出某种共同标准将自然类与非自然类区分开来，进而提供自然性问题的答案。类身份问题经常被当作纯粹的本体论问题，因为它清楚地指向世界的特征。在当代科学哲学中，自然类讨论最多的解释都试图提供类身份问题的本体论答案：它们存在于本体论的类型，即仅仅被本体论特征（微观物理结构、调节一组属性的自我平衡机制、在某种确定语境中的作用或功能、生殖的历史机制等）所定义的类型。尽管类身份问题的答案一直是本体论的，但是自然性问题的答案不应该仅仅是认识论的。

进一步说，虽然区分自然类与非自然类的标准依赖于自然类在知识相关的任务中发挥的作用，也即依赖于我们与自然类相联系的认识论特征（最明显的是归纳的丰富性），但是这个问题的答案同样不可能是纯粹认识论的，因为自然类在我们的认知实践中的作用是语境敏感的。一些类范畴具有我们与自然类相联系的认识论特征，却并不指向世界的客观特征；而另一些类范畴虽然指向世界的客观特征却并不在知识相关的任务中发挥作用。正如迈克尔·戴维特所言，一个类是自然的要求不同于那个类的实体是客观地独立于心灵而存在。② 一些实体类可能是任意的而不是因果解释性的，但这些实体仍然独立于心灵而存在，而诸如汽车和锤子可能是因果解释性的，但并不是客观地存在，况且解释的重要性或自然性还会以程度的形式出现。因此，如果自然性问题的答案不是纯粹

---

① MAGNUS P D. NK ≠ HPC [J]. The Philosophical Quarterly, 2014, 64 (256)：472-473.
② DEVITT M. Natural Kinds and Biological Realism [M] // CAMPBELL J K, O'ROURKE M, SLATER M H. Carving Nature at Its Joints：Natural Kinds in Metaphysics and Science. Cambridge：The MIT Press, 2011：159.

认识论的，那么有两个选择：一是区分自然类与非自然类的标准仅仅包括本体论特征，二是自然类的区分标准既包括本体论特征也包括认识论特征。坚持自然类认知理论的一些哲学家（例如，马古纳斯）通常选择第二个，但是正如我们指出，当这个范畴不能发挥一种确定的认知作用时，从本体论观点看是自然类的范畴，可能从认识论观点看则不是自然类范畴。假设世界上存在一些本体论类型的自然类（即占有某种本体论统一性的类）而我们还不知道它们，因为我们的认知兴趣还没有引导我们（至少直到现在）沿着这些关节点切割自然。从本体论观点看，这样的类是自然类，因为它们拥有这种统一性而非自然类没有。但是，如果区分自然类与非自然类的标准要求自然类的某种认知作用（例如，支持成功的归纳），那么由于我们对于它们的存在的无知，从认识论观点看这些类将不是自然类。因此，由于自然类在我们的认知实践中的作用的语境依赖性，自然性问题和类身份问题最好都视作与本体论有紧密联系，也即自然类的定义应该是纯粹本体论的。① 自然性问题的答案是对于所有自然类共同的本体论特征，而类身份问题的答案是实现自然类的共同本体论特征的不同特殊本体论。这两个问题的答案都没有引入任何认识论要素。自然类的动力学系统理论是一种"本体论唯一的"理论，它在不同层次上提供自然类的认知作用的一种解释，这种解释寓于所有自然类共同的本体论特征，即稳定性。稳定性是自然类的归纳成功的最低限度的本体论条件，也是自然类的不同本体论类型（本质类、HPC 类和历史类等）在相应层次上解释自然类的认知成功的基础。

（三）自然类的开放性

正如动力学系统理论所显示的开放性特征，自然类的纯粹本体论定义也蕴含自然类的开放性。首先，它没有关闭日常范畴指称自然类的可能性之门，同时也没有在科学范畴与日常范畴之间划出一条清晰的界线。在这个方面，它符合自然类多元论的旨趣，例如，杜普雷就主张日常范畴与科学范畴在指称自然类的过程中是处于同等地位。但是，其他的自然类解释（例如，微观结构解释和认知解释）则排除科学之外的领域存在自然类的可能性。自然类的纯粹本体论描述为科学范畴和日常范畴都留下空间，虽然科学范畴所指称的自然类与日常范畴所指称的自然类在支持归纳、说明和预测等认知效用的程度上存在差异，因为毕竟科学是认知上通达世界的最强大和最可靠的方式。当然，并非所有日常范畴都指称自然类，它们中的一些范畴（例如，双子座或水瓶座的占星术范

---

① BARBEROUSSE A, LONGY F, MERLIN F, et al. Natural Kinds: A New Synthesis [J]. Theoria, 2020, 35 (3): 365-387.

畴）就不能被解释为自然类，因为它们没有任何本体论的统一性，也即没有以一种稳定的方式将任何一组属性结合在一起，这也是为什么它们根本没有任何的归纳丰富性。而另外一些日常范畴（例如，园丁的"百合"范畴和厨师的"鱼"范畴）在有限范围内支持归纳，因而可以视作自然类，它们占有某种形式的本体论统一性解释了它们（有限的）归纳丰富性。

其次，自然类的动力学系统理论可以适应科学变化和哲学变化。科学变化意指新类型的自然类可能在将来的科学中出现，因为"虽然我们大多数确认的科学范畴都的确对应自然类，但是可能存在大量其他的自然类我们没有成功地捕获"，"宇宙中可能存在比一门完整科学中所想象的更多事物类。很可能，就人类的弱点和有限性而言，我们所识别的类是存在于宇宙中的一小部分分类"①。同样，哲学家可能还没有识别科学中所指称的每种自然类，而且他们可能在将来发现我们当前的描述太粗糙，并决定以更精确的定义方式来划分当前的类型，例如，通过区分各种微观结构类。一些哲学家建议将自然类等同于自然界中最根本的类，例如，夸克、轻子和玻色子（至少根据我们当前的理论）。但问题是很可能在自然界中没有根本的层次，而宇宙由更根本的实体所构成。此外，对于哲学家和科学家来说，超出最根本的层次我们不知道应该采用哪些范畴和分类系统。自然类问题不仅具有哲学兴趣而且隐含地出现在许多科学争议当中。例如，阿斯伯格综合征、种族和社会阶级等范畴的有效性或合法性问题不仅出现在精神病学和社会科学中，也出现在自然科学中。再比如，暗物质是不是一个自然类？也即存在一种统一的事物类，它是一种（迄今为止未发现的）物质并且被产生大量其他属性的许多属性所描述，这个问题可能处于当代物理学和宇宙学研究的核心。

最后，自然类的动力学系统理论没有提出另一种自然类定义，而是指出现存的自然类解释如何能够被汇集在一起并在一种包容性的自然类理论当中清楚地阐述。作为自然类的一种综合性解释框架，它提供了自然类的哲学理论意图解释什么以及应该如何做到这样的一种清楚阐释。自然类的当前哲学争论的各种要素的重新组合允许我们将它们整合进一种共同的框架。埃利斯曾强调三种类型的自然类：（1）实体自然类，包括元素、基本粒子、惰性气体、钠盐、氯化钠分子和电子；（2）动态自然类，包括因果相互作用、能量转换过程、离子化、衍射、$H_2+CL_2 \rightarrow 2HCL$、光子从汞原子中以 5461 德布罗意波长发射；（3）

① KHALIDI M A. Natural Kinds ［M］// HUMPHREYS P. The Oxford Handbook of Philosophy of Science. Oxford：Oxford University Press，2018：414.

自然属性类，包括倾向属性、范畴属性、时空关系、质量、电荷、单位质量、2e 的电荷、单位磁场强度和球形。① 威尔克逊则强调除了粒子、元素、化合物、生物有机体这样的事物的自然类之外，还存在事件、状态和过程的自然类，包括生理疾病和精神疾病。② 不过，作为本质主义者，他们都将生物物种排除在自然类之外。然而，自然类的动力学系统理论解释其实可以将自然类的本质主义解释容纳其中。例如，许多科学哲学家质疑水的微观结构本质（即 H_2O），因为在化学中，H_2O 代表一种合成物（由氢和氧原子以 1∶2 的比率组成）而不是一种微观结构。20 世纪化学的发展也表明不存在像水的微观结构之类的东西，因为微观层次的细节依赖于温度、压力、污染物以及其他事物的存在而明显不同。正如我们前述所言，传统的类本质可以视作对稳定性的某种形式的实现。的确，普特南也意识到，水的结构的实际量子力学图景是极其复杂的，日常的水的详细微观结构也比一堆 H_2O 分子更复杂。③ 但是，这并不否认微观结构本质主义，因为在一组具体条件下，"水将总是稳定下来拥有某种具体的微观层次的结构和构成。这种通过逐渐平衡形成一种可预测的结构的趋势并拥有可预测的属性和行为，是辩护水作为一个自然类的东西的一部分"④。在给定的温度和压力条件下，水的自然、平衡的微观结构可能很难识别，但是它存在并且能够被识别。正是由于这种微观结构是稳定的和可靠的，所以水本质上是由 H_2O 分子构成，"在稳定的结构配置中这样的样本带有给定条件的物理必然性而演化"⑤。因此，水是通过将 H_2O 分子聚到一起并允许它们自发地相互作用而形成的实体。从动力学系统观点看，水的微观结构本质在更根本层次上源于一种稳定性。

普特南曾经从语义学角度指出自然类语词跨越不同语境的指称稳定性，而这意味着自然类并没有固定本质，而是拥有历时同一性，也即跨越时间的相对稳定性。"我们应该把植物这个概念当作拥有历经时间的同一性而没有本质，并且我们将电子这个概念当作拥有历经时间的同一性而没有本质。"⑥ 例如，当我

① ELLIS B. Scientific Essentialism [M]. Cambridge：Cambridge University Press，2001：74.
② WILKERSON T E. Recent Work on Natural Kinds [J]. Philosophical Books，1998，39（4）：227.
③ PUTNAM H. Is Water Necessarily H_2O? [M] // CONANT J. Realism With A Human Face. Cambridge：Harvard University Press，1990：57.
④ HOEFER C，MARTI G. Water Has A Microstructural Essence After All [J]. European Journal for Philosophy of Science，2019，9（1）：8.
⑤ HOEFER C，MARTI G. Water Has A Microstructural Essence After All [J]. European Journal for Philosophy of Science，2019，9（1）：8.
⑥ PUTNAM H. Representation and Reality [M]. Cambridge：The MIT Press，1988：13.

们将 200 年前的"植物"概念等同于当前的"植物"概念，我们忽视了信念中的大量差异。我们相信植物包含叶绿素，我们知道光合作用和二氧化碳—氧循环，等等。这些事物对于我们当前关于植物是什么的观念是关键的，而在 200 年前则是未知的。但是我们不会说 200 年前的人们"生活在一个不同的世界上"，或者他们的观念与我们现在拥有的观念是"不可通约的"。再比如，当玻尔（Niels Bohr）在 1934 年使用"电子"这个语词时，他是在谈论他 1900 年称作"电子"的相同粒子。他 1900 年的理论认为电子围绕核旋转就像行星围绕太阳旋转，即电子有轨道；而他 1934 年的理论（量子理论）则认为电子从来没有轨道——事实上，电子从来没有同时拥有位置和动量。物理学家可以很好地以这种方式描述后来的理论，使其从较早的理论发展出来：在 19 世纪，我们通过偏转磁场中的电子束发现电子有某种质荷比；后来我们通过另一个实验发现电荷是什么；我们发现电流是一连串电子；我们发现每个氢原子由一个电子和一个质子组成；我们想象电子有轨道，但随后我们发现互补性原理。物理学家会告诉我们关于相同对象的信念的连续改变，而不是"意义的连续改变"。我们将"电子"视作在所有这种理论变化过程中至少完整地保存它的指称并且将玻尔1934 年的理论当作他 1900 年的理论的真正继承者。因此，既然自然类的动力学系统理论可以解释本质的实体或事物类，那么显然它更能够解释其他类型和其他科学中的自然类。特别是，自然类的动力学系统理论在直觉上能更好地说明医学、心理学、经济学和气象学中的多发性硬化、精神分裂症、通货膨胀和飓风等也是自然类的例子。①

---

① 有人可能会质疑自然类的动力学系统理论能否提供世界的一种穷尽的分类，的确我们无法完全得知构成世界的基本要素的清单，但是根据自然类的动力学系统理论，自然类具有开放性，所以它能够适应未知的自然类。

结　语

什么是自然类？一种合适的自然类解释理论不仅需要提供自然类与非自然类的区分标准，而且需要对类的本性给出说明，同时还应指出为什么自然类具备重要的认知价值（例如，支持归纳）。过去50年来，自然类的研究逐渐从形而上学和语言哲学转向科学哲学，成为科学哲学家关注和争论的焦点。尽管有相当多的自然类哲学理论被提出来回答这些问题，但似乎没有哪一种理论既能提供自然类的规范标准，又能很好地适应经验科学的分类实践。按照传统本质主义观点，自然类是通过本质来定义的事物群体，这种本质是一种内在的、充分必要的、模态必然的微观结构属性，能够借助科学来发现。本质不仅将自然类与非自然类区分开来，而且解释了类的本性并提供了自然类的认知价值的充分说明。但是，自然类的本质主义解释不能很好地适应具体科学中的自然类范畴，因为许多科学中的自然类范畴并没有传统的类本质。特别是，生物类和社会类都对自然类本质主义提出了挑战。

许多科学哲学家由此基于经验科学的分类实践（尤其是生物分类实践）来建构替代的自然类解释理论。一些哲学家从生物分类的多元性（尤其是物种概念的多元论）出发主张自然类的多元论。自然类多元论反对传统本质主义的一元论，它将满足某种实用兴趣或目的作为区分自然类与非自然类的标准，并主张每种兴趣的分类仍然反映了世界的因果结构，由此辩护了有限程度的归纳。但是，多元论被认为难以维系一种统一的自然类概念。自然类的自我平衡属性簇理论将自然类定义为由自我平衡机制所决定的稳定属性簇集，这成为自然类与非自然类的区分标准，也解释了类的本性和认知价值，同时能够很好地应用于生物物种和其他科学中的类范畴。尽管属性簇理论广受欢迎，但它仍然被批评无法给出一种合理的自然类定义，也不能涵盖更大范围的科学类。鉴于类本性的哲学解释总是面临困难，自然类的认知理论（包括不同的类型）直接根据认知效用来定义自然类，并以此作为自然类与非自然类的区分标准，而对类的形而上学本性保持中立。但是，认知理论似乎将自然类局限于科学类，它很难从根本上说明自然类认知价值的来源，并且将非认知价值在分类实践中的作用排除在外。自然类的自我平衡属性簇理论和认知理论都试图提供自然类的一种统一解释，但是这些解释仍然是不完备的。

本书通过借鉴动力学系统理论来试图提供自然类的一种统一的、综合性的解释框架，这种综合性解释框架尝试将本质主义解释、多元论解释、自我平衡属性簇解释和认知解释的优点和洞察力进行整合。自然类的动力学系统理论的关键特征是它在描述事物随时间而变化过程中刻画了一种特殊的稳定性（在动力学系统中这种稳定性分别通过不同的吸引子状态来描述），这种稳定性可以用来作为统一不同类型的自然类（本质类、属性簇类、历史类、功能类、认知类等）的本体论基础。也即是说，自然类是通过某种稳定性来定义的事物群体或属性集合，这种稳定性是动态平衡的和多重实现的。动力学系统理论提供的动态稳定性能够适应变化，并能够解释传统的类本质（也即传统类本质是稳定性的一种体现），因而它能够更加灵活地容纳更大范围的自然类（尤其是生物物种）。这种稳定性可以从本体论上统一自然类，因而可以作为自然类的自然性标准和类的本体论特征。根据动力学系统理论所建构的自然类解释理论是自然主义、非本质主义和非还原论的，但仍然是实在论的，并且可以包容当前未知但将来可知的自然类。

参考文献

一、中文文献

（一）著作类

［1］迈尔．生物学思想发展的历史［M］.涂长晟，等译．成都：四川教育出版社，2010.

［2］柯匹，科恩．逻辑学导论：第11版［M］.张建军，潘天群，等译，北京：中国人民大学出版社，2007.

［3］维特根斯坦．哲学研究［M］.李步楼，译．陈维杭，校．北京：商务印书馆，2000.

［4］伯德．科学哲学是什么［M］.贾玉树，荣小雪，译．北京：中国人民大学出版社，2014.

［5］亚里士多德．形而上学［M］.吴寿彭，译．北京：商务印书馆，1995.

［6］亚里士多德．范畴篇 解释篇［M］.方书春，译．北京：商务印书馆，1986.

［7］洛克．人类理解论［M］.关文运，译．北京：商务印书馆，1983.

［8］王文方．语言哲学［M］.台北：三民书局，2011.

［9］张存建．自然种类词项指称理论研究［M］.北京：经济科学出版社，2018.

（二）期刊类

［1］陈泓邑．精准医学对疾病自然类理论的挑战：基于科学实践哲学的分析［J］.科学技术哲学研究，2021，38（6）.

［2］陈明益，夏颖．论自然类的含混性［J］.湖南科技大学学报（社会科学版），2023，26（1）.

［3］陈明益．自然类的认知解释及其困境［J］.科学技术哲学研究，2022，

39（6）.

　　［4］陈明益. 戴维特的多元生物本质主义探析［J］. 自然辩证法研究，2021，37（4）.

　　［5］陈明益. 自然类语词是范式语词吗？［J］. 科学技术哲学研究，2021，38（3）.

　　［6］陈明益. 洛克是自然类的实在论者吗？［J］. 中南大学学报（社会科学版），2020，26（4）.

　　［7］陈明益. 自然类是稳定属性簇吗？［J］. 自然辩证法通讯，2019，41（7）.

　　［8］陈明益，周显池. 社会类的本体论探纲［J］. 长沙理工大学学报（社会科学版），2020，35（2）.

　　［9］陈明益，陈晓倩. 自然类语词的意义：一种新洛克主义进路［J］. 重庆理工大学学报（社会科学版），2019，33（8）.

　　［10］陈明益，郭静静. 对罗素含混性哲学观点的再审视［J］. 武汉理工大学学报（社会科学版），2019，32（1）.

　　［11］陈明益. 自然类研究进展［J］. 哲学动态，2016（4）.

　　［12］陈明益. 自然类、物种与动力学系统［J］. 自然辩证法研究，2016，32（3）.

　　［13］陈明益. 生物物种是自然类吗？［J］. 自然辩证法通讯，2016，38（6）.

　　［14］陈明益. 从逻辑哲学观点看含混性问题［J］. 逻辑学研究，2015，8（3）.

　　［15］陈明益，万小龙. 绿蓝悖论解决方案探析［J］. 自然辩证法研究，2008，24（12）.

　　［16］董国安. 物种多元论的认识论意义［J］. 自然辩证法研究，2010，26（10）.

　　［17］董国安. 自然类词项的意义与指称：基于分类学实践的考察［J］. 长沙理工大学学报（社会科学版），2015，30（5）.

　　［18］郭贵春，余朋. 语境视域下的自然种类分析［J］. 山西大学学报（哲学社会科学版），2023，46（3）.

　　［19］郭晓. 严格指示词、自然种类名与人类语言［J］. 自然辩证法通讯，2023，45（9）.

　　［20］胡梦兰，颜忠诚. 物种概念及物种形成［J］. 湘潭师范学院学报，

1993, 14 (6).

[21] 贾克防. 自然种类与洛克的约定主义 [J]. 世界哲学, 2022 (2).

[22] 刘辰. 自然类的非本质主义实在论探析 [J]. 自然辩证法研究, 2021, 37 (7).

[23] 李胜辉. DNA 条形码理论与新生物学本质主义 [J]. 自然辩证法研究, 2013, 29 (4).

[24] 刘叶涛. 自然种类名称与严格性：克里普克通名理论的一个疑点 [J]. 自然辩证法研究, 2005, 21 (1).

[25] 刘叶涛, 尹均怡. 自然种类词与理论同一性 [J]. 河南社会科学, 2023, 31 (9).

[26] 刘振. 人工类是实在类吗? [J]. 哲学动态, 2015 (1).

[27] 沈旭明. 自然种类本质的倾向性解读 [J]. 自然辩证法研究, 2012, 28 (2).

[28] 文贵全. 存在基于自然种类词的后验必然真理吗? [J]. 长沙理工大学学报 (社会科学版), 2014, 29 (1).

[29] 肖显静. 物种反本质主义的失当性分析 [J]. 科学技术哲学研究, 2015, 32 (5).

[30] 肖显静. 物种"内在生物本质主义"：从温和走向激进 [J]. 世界哲学, 2016 (4).

[31] 肖显静. "新物种本质主义"的合理性分析 [J]. 哲学研究, 2016 (3).

[32] 肖显静. 物种之本质与其道德地位的关联研究 [J]. 伦理学研究, 2017 (2).

[33] 谢树磊, 郭英娜. 生物分类系统发展中本质论范式的起伏与现状 [J]. 系统科学学报, 2021, 29 (1).

[34] 谢树磊, 郭英娜. 表型调控倾向性与发育动力系统：兼论奥斯汀的生物自然类本质论 [J]. 系统科学学报, 2023, 31 (4).

[35] 杨博文. 因果—历史理论适用于人工类词项吗? [J]. 科学技术哲学研究, 2023, 40 (6).

[36] 杨军洁. 实用的自然类可以承诺实在吗? [J]. 科学技术哲学研究, 2023, 40 (2).

[37] 杨晓坡. 基于分类学实践考察的物种概念 [J]. 科学技术哲学研究, 2021, 38 (1).

[38] 叶路扬, 吴国林. 技术人工物的自然类分析 [J]. 华南理工大学学报 (社会科学版), 2017, 19 (4).

[39] 易江. 自然类名词命名理论研究及所见 [J]. 辽宁大学学报 (哲学社会科学版), 1990 (6).

[40] 余军成, 张存建. NKT 语义研究的现状及反思 [J]. 重庆理工大学学报 (社会科学), 2012, 26 (8).

[41] 张存建, 何向东. 试论自然种类词项的指称机制 [J]. 自然辩证法研究, 2011, 27 (10).

[42] 张存建, 余军成. 自然种类的命名与严格指称 [J]. 毕节学院学报, 2013, 31 (5).

[43] 张存建. 单称使用: 为 NKT 严格性辩护的语用条件 [J]. 理论月刊, 2013 (7).

[44] 张存建, 武庆荣. 自然种类命名的性质描述路径探析 [J]. 科学技术哲学研究, 2014, 31 (1).

[45] 张存建. 从外延主义到 HPC: 对自然种类的形而上学分析 [J]. 自然辩证法通讯, 2014, 36 (1).

[46] 张存建. 关于自然种类的本质主义与 HPC [J]. 东北师大学报 (哲学社会科学版), 2014 (4).

[47] 张存建. 一种带有语义和认识论预设的形而上学: 评克里普克的自然种类实在论取向 [J]. 中南大学学报 (社会科学版), 2017, 23 (1).

[48] 张存建. 归纳问题与自然种类实在论 [J]. 贵州民族大学学报 (哲学社会科学版), 2017 (2).

[49] 张存建, 刘方荣. 性质 "揭示": 自然种类形而上学研究的认识论基础 [J]. 世界哲学, 2018 (5).

[50] 张存建. 自然因果关系: 自然类实在论辩护的起点 [J]. 南通大学学报 (社会科学版), 2019, 35 (5).

[51] 张存建. 解释自然类: 依据自然齐一性回应归纳问题的理论基础 [J]. 自然辩证法通讯, 2020, 42 (2).

[52] 张存建. 试论斯莱特的 "稳定性质簇说" [J]. 科学技术哲学研究, 2020, 37 (2).

[53] 张存建. 性质形而上学视角的自然类实在论辩护论析 [J]. 科学技术哲学研究, 2023, 40 (3).

[54] 张建琴, 张华夏. 世界是由自然律支配的自然类的层级系统: 简评新

本质主义的世界观 [J]. 系统科学学报, 2013, 21 (4).

[55] 张建琴, 张华夏. 论新本质主义中的自然类与自然律概念 [J]. 科学技术哲学研究, 2013, 30 (5).

[56] 张建琴. 自然类 [J]. 自然辩证法研究, 2013, 29 (11).

[57] 张丽, 熊声波. 何种自然种类词理论更合理? ——穆勒与克里普克理论之比较 [J]. 重庆理工大学学报 (社会科学), 2018, 32 (3).

[58] 张力锋. 普特南论自然种类词: 当代逻辑哲学视域下的本质主义研究 [J]. 江海学刊, 2006 (5).

[59] 张力锋. 自然种类词的逻辑 [J]. 学术研究, 2011 (12).

[60] 张孟雯. 社会类的实在性难题的消解 [J]. 世界哲学, 2021 (6).

[61] 郑喜恒. 归纳法与自然类: 皮尔士、蒯因与哈克 [J]. 哲学与文化, 2008, 35 (8).

[62] 朱建平. 论克里普克与普特南自然类词项语义学观之异同 [J]. 电子科技大学学报 (社会科学版), 2011, 13 (1).

(三) 论文

[63] 陈明益. 自然类与含混性问题 [D]. 广州: 中山大学, 2015.

[64] 李胜辉. 物种的本体论地位与新生物学本质主义 [D]. 济南: 山东大学, 2015.

二、英文文献

(一) 著作类

[1] JANKOVIC M, LUDWIG K. The Routledge Handbook of Collective Intentionality [M]. London and New York: Routledge, 2018.

[2] BHASKER R, ARCHER M, COLLIER A, et al. Critical Realism: Essential Readings [M]. London and New York: Routledge, 1998.

[3] ASTA S. Categories We Live By: The Construction of Sex, Gender, Race, and Other Social Categories [M]. Oxford: Oxford University Press, 2018.

[4] AUSTIN C J. Essence in the Age of Evolution: A New Theory of Natural Kinds [M]. London and New York: Routledge, 2018.

[5] BEEBEE H, SABBARTON-LEARY N. The Semantics and Metaphysics of Natural Kinds [C]. London and New York: Routledge, 2010.

[6] BIRD A. Philosophy of Science [M]. London and New York: Routledge,

1998.

[7] BLACKBURN S. Oxford Dictionary of Philosophy [M]. Oxford: Oxford University Press, 1996.

[8] CAMPBELL J K, O'ROURKE M, SLATER M H. Carving Nature at Its Joints: Natural Kinds in Metaphysics and Science [M]. Cambridge: The MIT Press, 2011.

[9] CHAKRAVARTTY A. A Metaphysics for Scientific Realism: Knowing the Unobservable [M]. Cambridge: Cambridge University Press, 2007.

[10] NEWTON-SMITH W H. A Companion to the Philosophy of Science [M]. Hoboken: Wiley-Blackwell, 2001.

[11] DEVITT M. Designation [M]. New York: Colombia University Press, 1981.

[12] DEVITT M, STERELNY K. Language and Reality [M]. Oxford: Basil Blackwell, 1987.

[13] DILWORTH C. The Metaphysics of Science - 1, An Account of Modern Science in Terms of Principles, Laws and Theories [M]. Berlin: Springer, 2006.

[14] DUPRE J. The Disorder of Things: Metaphysical Foundations of the Disunity of Science [M]. Cambridge: Harvard University Press, 1993.

[15] PSILLOS S, CURD M. The Routledge Companion to Philosophy of Science [M]. London and New York: Routledge, 2008.

[16] EDWARDS P, PAP A. A Modern Introduction to Philosophy [M]. 3rd edition. New York: The Free Press, 1973.

[17] ELLIS B. Scientific Essentialism [M]. Cambridge: Cambridge University Press, 2001.

[18] FASIKU G. The Metaphysics of Natural Kinds: An Essentialist Approach [M]. Dudweiler Landstr, Germany: LAP LAMBERT Academic Publishing, 2010.

[19] GEACH P, BLACK M. Translations from the Philosophical Writings of Gottlob Frege [M]. Oxford: Basil Blackwell, 1970.

[20] GHISELIN M. Natural Kinds and Supraorganismal Individuals [M] //MEDIN D, ATRAN S. Folkbiology. Cambridge: The MIT Press, 1999.

[21] GRIFFITHS P E. Squaring the Circle: Natural Kinds with Historical Essences [M] //WILSON R A. Species: New Interdisciplinary Essays. Cambridge: The MIT Press, 1999.

［22］HACKING I. Natural Kinds, Hidden Structures, and Pragmatic Instincts ［M］//AUXIER R E, ANDERSON D R, HAHN L E. The Philosophy of Hilary Putnam. Chicago: Open Court, 2015.

［23］HACKING I. The Social Construction of What? ［M］. Cambridge: Harvard University Press, 1999.

［24］HASSELBLATT B, KATOK A. Handbook of Dynamical Systems, Volume 1A ［M］. Amsterdam: North-Holland, 2002.

［25］HULL D L. On the Plurality of Species: Questioning the Part Line ［M］//WILSON R A. Species: New Interdisciplinary Essays. Cambridge: The MIT Press, 1999.

［26］KHALIDI M A. Natural Kinds ［M］//HUMPHREYS P. The Oxford Handbook of Philosophy of Science. Oxford: Oxford University Press, 2018.

［27］KUHN T. Dubbing and Redubbing: The Vulnerability of Rigid Designation ［C］//SAVAGE W, CONANT J, HAUGELAND J. Minnesota Studies in the Philosophy of Science. Minneapolis: University of Minnesota Press, 1990.

［28］KIM J, SOSA E. A Companion to Metaphysics ［M］. Hoboken: Wiley-Blackwell, 1999.

［29］KENDIG C. Natural Kinds and Classification in Scientific Practice ［M］. London and New York: Routledge, 2016.

［30］KHALIDI M A. Natural Categories and Human Kinds: Classification in the Natural and Social Science ［M］. Cambridge: Cambridge University Press, 2013.

［31］KORNBLITH H. Inductive Inference and Its Natural Ground: An Essay in Naturalistic Epistemology ［M］. Cambridge: The MIT Press, 1993.

［32］KRIPKE S. Naming and Necessity ［M］. Oxford: Basil Blackwell, 1980.

［33］KUNZ W. Do Species Exist? Principles of Taxonomic Classification ［M］. Hoboken: Wiley-Blackwell, 2012.

［34］KUO ZING-YANG. The Dynamics of Behavior Development: An Epigenetic View ［M］. New York: Random House, 1967.

［35］LAPORTE J. Natural Kinds and Conceptual Change ［M］. Cambridge: Cambridge University Press, 2004.

［36］LEWIS C I. An Analysis of Knowledge and Valuation ［M］. Chicago: Open Court, 1946.

［37］MAGNUS P D. Scientific Enquiry and Natural Kinds: From Planets to Mallards [M]. New York: Palgrave Macmillan, 2012.

[38] MILL J S. A System of Logic (Eighth Edition) [M]. New York: Harper & Brothers Publishers, 1882.

[39] MACLEOD M. The Epistemology-Only Approach to Natural Kinds: A Reply to Thomas Reydon [M] //STADLER F. The Philosophy of Science in a European Perspective. Berlin: Springer, 2010.

[40] PSILLOS S. Scientific Realism: How Science Tracks Truth [M]. London and New York: Routledge, 1999.

[41] PUTNAM H. Language, Mind and Knowledge [M]. London: Cambridge University Press, 1975.

[42] PUTNAM H. Mind, Language and Reality, Philosophical Papers, Volume 2 [M]. Cambridge: Cambridge University Press, 1975.

[43] PUTNAM H. Representation and Reality [M] Cambridge: The MIT Press, 1988.

[44] PUTNAM H. Is Water Necessarily H_2O? [M] //CONANT J. Realism with A Human Face. Cambridge: Harvard University Press, 1990.

[45] QUINE W V O. Ontological Relativity and Other Essays [M]. New York: Columbia University Press, 1969.

[46] RIGGS P J. Natural Kinds, Laws of Nature and Scientific Methodology [M]. Berlin Springer, 1996.

[47] ROSENBERG J F, TRAVIS C. Readings in the Philosophy of Language [C]. Upper Saddle River: Prentice-Hall Inc, 1971.

[48] RUSSELL B. The Problems of Philosophy [M]. Oxford: Oxford University Press, 1998.

[49] REYDON T A C. Essentialism about Kinds: An Undead Issue in the Philosophies of Physics and Biology? [M] //DIEKS D, GONIALEI W J, HARTMANN S, et al. Probabilities, Laws, and Structures. Berlin: Springer, 2012.

[50] SANKEY H. Induction and Natural Kinds Revisited [M] //HILL B, LAGERLUND H, PSILLOS S. Reconsidering Causal Powers: Historical and Conceptual Perspectives. Oxford: Oxford University Press, 2021.

[51] SALMON N. Reference and Essence [M]. 2nd Edition. New York: Prometheus Books, 2005.

[52] SCHWARTZ S P. Naming, Necessity and Natural Kinds [C]. Ithaca and

London: Cornell University Press, 1977.

[53] SEARL J. The Construction of Social Reality [M]. New York: The Free Press, 1995.

[54] SOAMES S. Beyond Rigidity: The Unfinished Semantic Agenda of Naming and Necessity [M]. Oxford: Oxford University Press, 2002.

[55] THELEN E, SMITH L B. Dynamic Systems Theories [M] //LERNER R M. Handbook of Child Psychology (6th Edition), Volume 1. New York: John Wiley & Sons Inc., 2007.

[56] UMPHREY S. The Aristotelian Tradition of Natural Kinds and Its Demise [M]. Washington, D C: The Catholic University of America Press, 2018.

[57] BERTALANFFY L V. General System Theory: Foundations, Development, Applications [M]. New York: George Braziller, 1968.

[58] BOYD R. Homeostasis, Species and Higher Taxa [M] //WILSON R A. Species: New Interdisciplinary Essays. Cambridge: The MIT Press, 1999.

[59] WADDINGTON C H. Tools for Thought [M]. New York: Basic Books, 1977.

[60] WILKERSON T E. Natural Kinds [M]. Aldershot: Avebury Press, 1995.

[61] WITTGENSTEIN L. Philosophical Investigations [M]. Translated by ANSCOMBE G E M. New York: The Macmillan Company, 1953.

（二）期刊、论文类

[1] AHN S. How Non-epistemic Values Can Be Epistemically Beneficial in Scientific Classification [J]. Studies in History and Philosophy of Science Part A, 2020, 84.

[2] ANDERSON E. Kant, Natural Kind Terms, and Scientific Essentialism [J]. History of Philosophy Quarterly, 1994, 11 (4).

[3] AYERS M R. Locke Versus Aristotle on Natural Kinds [J]. The Journal of Philosophy, 1981, 78 (5).

[4] BARBEROUSSE A, LONGY F, MERLIN F, et al. Natural Kinds: A New Synthesis [J]. Theoria, 2020, 35 (3).

[5] BARTOL J. Biochemical Kinds [J]. The British Journal for the Philosophy of Science, 2016, 67 (2).

[6] BARRETT L F. Are Emotions Natural Kinds? [J] Perspectives on Psychological Science, 2006 (1).

[7] BESSON C. Empty Natural Kind Terms and Dry-Earth [J]. Erkenntnis, 2012, 76 (3).

[8] BIANCHI A. Kind Terms and Semantic Uniformity [J]. Philosophia, 2022, 50 (1).

[9] BIELECKI A. KOKOSZKA A, HOLAS P. Dynamic Systems Theory Approach to Consciousness [J]. International Journal of Neuroscience, 2000, 104 (1).

[10] BIGELOW J, ELLIS B, LIERSE C. The World as One of a Kind: Natural Necessity and Laws of Nature [J]. The British Journal for the Philosophy of Science, 1992, 43 (3).

[11] BIRD A. Referring to Natural Kind Thingamajigs and What They Are: A Reply to Needham [J]. International Studies in the Philosophy of Science, 2012, 26 (1).

[12] BIRD A. The Metaphysics of Natural Kinds [J]. Synthese, 2018, 195 (4).

[13] BOYD R. Realism, Anti-Foundationalism and the Enthusiasm for Natural Kinds [J]. Philosophical Studies, 1991, 61 (1).

[14] BOYD R. Kinds, Complexity and Multiple Realization: Comments on Millikan's "Historical Kinds and the Special Sciences" [J]. Philosophical Studies, 1999, 95 (1-2).

[15] BOYD R. Rethinking Natural Kinds, Reference and Truth: Towards More Correspondence with Reality, not Less [J]. Synthese, 2021, 198 (Suppl 12): S2863-S2903.

[16] BRADDON-MITCHELL D. Conceptual Stability and the Meaning of Natural Kind Terms [J]. Biology and Philosophy 2005, 20 (4).

[17] BRAKEL J V. Units of Measurement and Natural Kinds: Some Kripkean Considerations [J]. Erkenntnis, 1990, 33 (3).

[18] BRODY B A. Natural Kinds and Real Essences [J]. The Journal of Philosophy, 1967, 64 (14).

[19] BRIGANDT I. Species Pluralism Does Not Imply Species Eliminativism [J]. Philosophy of Science, 2003, 70 (5).

[20] BROGAARD B. Do We Perceive Natural Kind Properties? [J]. Philosophical Studies, 2013, 162 (1).

[21] BROWN J. Natural Kind Terms and Recognitional Capacities [J]. Mind,

1998, 107 (426).

[22] BRZOVIC Z. Devitt's Promiscuous Essentialism [J]. Croatian Journal of Philosophy, 2018, 18 (53).

[23] BUNGE M. Kinds and Criteria of Scientific Laws [J]. Philosophy of Science, 1961, 28 (3).

[24] BURSTEN J R. Smaller than a Breadbox: Scale and Natural Kinds [J]. The British Journal for the Philosophy of Science, 2018, 69 (1).

[25] CAMPBELL J. Does Visual Reference Depend on Sortal Classification? Reply to Clark [J]. Philosophical Studies, 2006, 127 (2).

[26] CASETTA E, VECCHI D. Species are, at the Same Time, Kinds and Individuals: A Causal Argument Based on an Empirical Approach to Species Identity [J]. Synthese, 2021, 198 (2).

[27] CHILD W. Triangulation: Davidson, Realism and Natural Kinds [J]. Dialectica, 2001, 55 (1).

[28] CHRISTENSEN C B. Escape from Twin Earth: Putnam's 'Logic' of Natural Kind Terms [J]. International Journal of Philosophical Studies, 2001, 9 (2).

[29] CLENDINNEN F J. Note on Howard Sankey's "Induction and Natural Kinds" [J]. Principia, 1998, 2 (1).

[30] COCCHIARELLA N. On the Logic of Natural Kinds [J]. Philosophy of Science, 1976, 43 (2).

[31] COLLINS J M. Temporal Externalism, Natural Kind Terms, and Scientifically Ignorant Communities [J]. Philosophical Papers, 2006, 35 (1).

[32] CONIX S, CHI P S. Against Natural Kind Eliminativism [J]. Synthese, 2021, 198 (9).

[33] CONTESSA G. There are Kinds and Kinds of Kinds: Ben-Yami on the Semantics of Kind Terms [J]. Philosophical Studies, 2007, 136 (2).

[34] CRANE J K. On the Metaphysics of Species [J]. Philosophy of Science, 2004, 71 (2).

[35] CRANE J K. Two Approaches to Natural Kinds [J]. Synthese, 2021, 199 (5-6).

[36] CRAVER C F. Mechanisms and Natural Kinds [J]. Philosophical Psychology, 2009, 22 (5).

[37] DALY C. Defending Promiscuous Realism about Natural Kinds [J]. The

Philosophical Quarterly, 1996, 46 (185).

[38] DAVIDSON D. Causal Relations [J]. Journal of Philosophy, 1967, 64 (21).

[39] DEUTSCH H. Semantic Analysis of Natural Kind Terms [J]. Topoi, 1994, 13 (1).

[40] DEVITT M. Dummett's Anti-Realism [J]. The Journal of Philosophy, 1983, 80 (2).

[41] DEVITT M. Rigid Application [J]. Philosophical Studies, 2005, 125 (2).

[42] DEVITT M. Resurrecting Biological Essentialism [J]. Philosophy of Science, 2008, 75 (3).

[43] DEVITT M. Reflections on Naming and Necessity [J]. Theoria, 2021, 88 (2).

[44] DOEPKE F. Identity and Natural Kinds [J]. The Philosophical Quarterly, 1992, 42 (166).

[45] DOUVEN I, BRAKEL J V. Can the World Help Us in Fixing the Reference of Natural Kind Terms? [J]. Journal for General Philosophy of Science, 1998, 29 (1).

[46] DRAGULINESCU S. Diseases as Natural Kinds [J]. Theoretical Medicine and Bioethics, 2010, 31 (5).

[47] DUMSDAY T. Natural Kinds and the Problem of Complex Essences [J]. Australasian Journal of Philosophy, 2010, 88 (4).

[48] DUMSDAY T. Using Natural-Kind Essentialism to Defend Dispositionalism [J]. Erkenntnis, 2013, 78 (4).

[49] DUMSDAY T. The Internal Unity of Natural Kinds: Assessing Oderberg's Neo-Scholastic Account [J]. American Catholic Philosophical Quarterly, 2019, 93 (4).

[50] DUPRE J. Natural Kinds and Biological Taxa [J]. The Philosophical Review, 1981, 90 (1).

[51] DUPRE J. Wilkerson on Natural Kinds [J]. Philosophy, 1989, 64 (248).

[52] DUPRE J. Promiscuous Realism: Reply to Wilson [J]. The British Journal for the Philosophy of Science, 1996, 47 (3).

［53］ELDER C L. Natural Kinds by T. E. Wilkerson ［J］. Philosophy and Phenomenological Research, 1997, 57 (1).

［54］ELDER C L. A Different Kind of Natural Kind ［J］. Australasian Journal of Philosophy, 1995, 73 (4).

［55］ELDER C L. Biological Species are Natural Kinds ［J］. The Southern Journal of Philosophy, 2008, 46 (3).

［56］ERESHEFSKY M. Eliminative Pluralism ［J］. Philosophy of Science, 1992, 59 (4).

［57］ERESHEFSKY M. Species Pluralism and Anti－Realism ［J］. Philosophy of Science, 1998, 65 (1).

［58］ERESHEFSKY M. What's Wrong with the New Biological Essentialism ［J］. Philosophy of Science, 2010, 77 (5).

［59］ERESHEFSKY M, REYDON T A C. Scientific Kinds ［J］. Philosophical Studies, 2015, 172 (4).

［60］ERESHEFSKY M. Natural Kinds, Mind Independence, and Defeasibility, ［J］ Philosophy of Science, 2018, 85 (5).

［61］FALES E. Natural Kinds and Freaks of Nature ［J］. Philosophy of Science, 1982, 49 (1).

［62］FAVELA L H. Dynamical Systems Theory in Cognitive Science and Neuroscience ［J］. Philosophy Compass, 2020, 15 (8).

［63］FAVELA L H. Teaching and Learning Guide for: Dynamical Systems Theory in Cognitive Science and Neuroscience ［J］. Philosophy Compass, 2020, 15 (8).

［64］FIELD H. Theory Change and the Indeterminacy of Reference ［J］. Journal of Philosophy, 1973, 70 (14).

［65］FINE K. Some Remarks on the Role of Essence in Kripke's "Naming and Necessity" ［J］. Theoria, 2021, 88 (2).

［66］FRANKLIN F, FRANKLIN C L. Mill's Natural Kinds ［J］. Mind, 1888, 13 (49).

［67］FRANKLIN－HALL L. Natural Kinds as Categorical Bottlenecks ［J］. Philosophical Studies, 2015, 172 (4).

［68］GAMPEL E H. Ethics, Reference and Natural Kinds ［J］. Philosophical Papers, 1997, 26 (2).

［69］GHISELIN M. A Radical Solution to the Species Problem ［J］. Systematic

Zoology, 1974, 23 (4).

[70] GHISELIN M. Species Concepts, Individuality and Objectivity [J]. Biology and Philosophy, 1987, 2 (2).

[71] GHISELIN M. Ostensive Definitions of the Names of Species and Clades [J]. Biology and Philosophy, 1995, 10 (2).

[72] GODMAN M. Scientific Realism with Historical Essences: The Case of Species [J]. Synthese, 2021, 198 (Suppl 12).

[73] GRANGER H. Aristotle and the Finitude of Natural Kinds [J]. Philosophy, 1987, 62 (242).

[74] GRANGER H. Aristotle's Natural Kinds [J]. Philosophy, 1989, 64 (248).

[75] GRAY R. Cognitive Modules, Synaesthesia and the Constitution of Psychological Natural Kinds [J]. Philosophical Psychology, 2001, 14 (1).

[76] GRIFFITHS P E. Darwinism, Process Structuralism and Natural Kinds [J]. Philosophy of Science, 1996, 63 (3).

[77] GRIFFITHS P E. Emotions as Natural and Normative Kinds [J]. Philosophy of Science, 2004, 71 (5).

[78] HACKING I. A Tradition of Natural Kinds [J]. Philosophical Studies, 1991, 61 (1-2).

[79] HACKING I. Putnam's Theory of Natural Kinds and Their Names Is Not the Same as Kripke's [J]. Principia, 2007, 11 (1).

[80] HACKING I. Natural Kinds: Rosy Dawn, Scholastic Twilight [J]. Royal Institute of Philosophy Supplement, 2007, 61.

[81] HAGGQVIST S, WIKFORSS A. Externalism and A Posteriori Semantics [J]. Erkenntnis, 2007, 67 (3).

[82] HAGGQVIST S, WIKFORSS A. Natural Kinds and Natural Kind Terms: Myth and Reality [J]. The British Journal for the Philosophy of Science, 2018, 69 (4).

[83] HAMPTON J A. Metamorphosis: Essence, Appearance, and Behavior in the Categorization of Natural Kinds [J]. Memory & Cognition, 2007, 35 (7).

[84] HARALDSEN F. General-term Rigidity is Meaning Constancy [J]. Analysis, 2022, 82 (1).

[85] HASLAM N. Natural Kinds, Human Kinds and Essentialism [J]. Social

Research: An International Quarterly, 1998, 65 (2).

[86] HASLAM N. Psychiatric Categories as Natural Kinds: Essentialist Thinking about Mental Disorder [J]. Social Research: An International Quarterly, 2000, 67 (4).

[87] HAUKIOJA J, NYQUIST M, JYLKKA J. Reports from Twin Earth: Both Deep Structure and Appearance Determine the Reference of Natural Kind Terms [J]. Mind & Language, 2021, 36 (3).

[88] HAWLEY K, BIRD A. What Are Natural Kinds? [J]. Philosophical Perspectives, 2011, 25 (1).

[89] HAZELWOOD C C. The Species Category as A Scientific Kind [J]. Synthese, 2021, 198 (Suppl 12).

[90] HOEFER C, MARTI G. Water has a Microstructural Essence After All [J]. European Journal for Philosophy of Science, 2018, 9 (1).

[91] HOTTON S, YOSHIMI J. Extending Dynamical Systems Theory to Model Embodied Cognition [J]. Cognitive Science, 2011, 35 (3).

[92] HULL D L. A Matter of Individuality [J]. Philosophy of Science, 1978, 45 (3).

[93] HULL D L. Kitts and Kitts and Caplan on Species [J]. Philosophy of Science 1981, 48 (1).

[94] IZARD C E. Basic Emotions, Natural Kinds, Emotion Schemas and a New Paradigm [J]. Perspectives on Psychological Science, 2007, 2 (3).

[95] JAEGER J, MONK N. Bioattractors: Dynamical Systems Theory and the Evolution of Regulatory Process [J]. Journal of Physiology, 2014, 592 (11).

[96] JOHNSON K. Are There Semantic Natural Kinds of Words? [J]. Mind & Language, 2003, 18 (2).

[97] JOHNS R. Self-organisation in Dynamical Systems: A Limiting Result [J]. Synthese, 2011, 181 (2).

[98] JONES J E. Locke on Real Essences, Intelligibility, and Natural Kinds [J]. Journal of Philosophical Research, 2010, 35.

[99] JUBIEN M. Ontological Commitment to Kinds [J]. Synthese, 1975, 31 (1).

[100] JYLKKA J. Natural Concepts, Phenomenal Concepts, and the Conceivability Argument [J]. Erkenntnis, 2013, 78 (3).

[101] JYLKKA J. Theories of Natural Kind Term Reference and Empirical Psychology [J]. Philosophical Studies, 2008, 139 (2).

[102] KALISH C W. Essentialist to Some Degree: Beliefs about the Structure of Natural Kind Categories [J]. Memory & Cognition, 2002, 30 (3).

[103] KARBASIZADEH A E. Revising the Concept of Lawhood: Special Sciences and Natural Kinds [J]. Synthese, 2008, 162 (1).

[104] KEN A. Identity is Simple [J]. American Philosophical Quarterly, 2000, 37 (4).

[105] KENDIG C, GREY J. Can the Epistemic Value of Natural Kinds Be Explained Independently of Their Metaphysics? [J]. The British Journal for the Philosophy of Science, 2021, 72 (2).

[106] KHALIDI M A. Natural Kinds and Crosscutting Categories [J]. The Journal of Philosophy, 1998, 95 (1).

[107] KHALIDI M A. How Scientific is Scientific Essentialism? [J]. Journal for General Philosophy of Science, 2009, 40 (1).

[108] KHALIDI M A. Three Kinds of Social Kinds [J]. Philosophy and Phenomenological Research, 2015, 40 (1).

[109] KHALIDI M A. Natural Kinds as Nodes in Causal Networks [J]. Synthese, 2018, 195 (4).

[110] KIM J. Moral Kinds and Natural Kinds: What's the Difference: For a Naturalist? [J]. Philosophical Issues, 1997, 8.

[111] KIPPER J, SOYSAL Z. A Kripkean Argument for Descriptivism [J]. Nous, 2021, 56 (3).

[112] KITCHER P. Natural Kinds and Unnatural Persons [J]. Philosophy, 1979, 54 (210).

[113] KITCHER P. Species [J]. Philosophy of Science, 1984, 51 (2).

[114] KITTS D B, KITTS D J. Biological Species as Natural Kinds [J]. Philosophy of Science, 1979, 46 (4).

[115] KOSLICKI K. Natural Kinds and Natural Kind Terms [J]. Philosophy Compass, 2008, 3 (4).

[116] KRASNER D A. The Semantics of Names and Natural Kind Terms [J]. Philosophy, 2005, 33.

[117] KRONFELDNER M, ROUGHLEY N, TOEPFER G. Recent Work on

Human Nature: Beyond Traditional Essences [J]. Philosophy Compass, 2014, 9 (9).

[118] KUMAR V. "Knowledge" as A Natural Kind Term [J]. Synthese, 2014, 191 (3).

[119] LAIMANN J. Capricious Kinds [J]. The British Journal for the Philosophy of Science, 2020, 71 (3).

[120] LEMEIRE O. No Purely Epistemic Theory Can Account for the Naturalness of Kinds [J]. Synthese, 2021, 198 (Supp 12).

[121] LEMEIRE O. The Causal Structure of Natural Kinds [J]. Studies in History and Philosophy of Science Part A, 2021, 85.

[122] LI CHENYANG. Natural Kinds: Direct Reference, Realism and the Impossibility of Necessary a Posteriori Truth [J]. The Review of Metaphysics, 1993, 47 (2).

[123] LINSKY B. Putnam on the Meaning of Natural Kind Terms [J]. Canadian Journal of Philosophy, 1977, 7 (4).

[124] LIPSKI J. Natural Diversity: A Neo-Essentialist Misconstrual of Homeostatic Property Cluster Theory in Natural Kind Debates [J]. Studies in History and Philosophy of Science Part A, 2020, 82.

[125] LOGUE H. Visual Experience of Natural Kind Properties: Is There Any Fact of the Matter? [J]. Philosophical Studies, 2013, 162 (1).

[126] LOWE E J. Locke on Real Essence and Water as a Natural Kind: A Qualified Defence [J]. Proceedings of the Aristotelian Society Supplementary, 2011, 85 (1).

[127] LOWE E J. A Problem for a Posteriori Essentialism Concerning Natural Kinds [J]. Analysis, 2007, 67 (4).

[128] LOWE E J. Ontological Categories and Natural Kinds [J]. Philosophical Papers, 1997, 26 (1).

[129] LOWE E J. Sortal Terms and Natural Laws: An Essay on the Ontological Status of the Laws of Nature [J]. American Philosophical Quarterly, 1980, 17 (4).

[130] LOWE E J. Sortals and the Individuation of Objects [J]. Mind & Language, 2007, 22 (5).

[131] LUDWIG D. Letting Go of "Natural Kind": Towards a Multidimensional Framework of Non-Arbitrary Classification [J]. Philosophy of Science, 2018, 85

(1).

[132] LYNCH K. A Multiple Realization Thesis for Natural Kinds [J]. European Journal of Philosophy, 2010, 20 (3).

[133] MACBETH D. Names, Natural Kind Terms, and Rigid Designation [J]. Philosophical Studies, 1995, 79 (3).

[134] MACHERY E. Concepts Are Not a Natural Kind [J]. Philosophy of Science, 2005, 72 (3).

[135] MACLEOD M, REYDON T A C. Natural Kinds in Philosophy and in the Life Sciences: Scholastic Twilight or New Dawn? [J]. Biological Theory, 2013, 7 (2).

[136] MAGNUS P D. NK ≠ HPC [J]. The Philosophical Quarterly, 2014, 64 (256).

[137] MAGNUS P D. John Stuart Mill on Taxonomy and Natural Kinds [J]. HOPOS: The Journal of the International Society for the History of Philosophy of Science, 2015, 5 (2).

[138] MAGNUS P D. Taxonomy, Ontology, and Natural Kinds [J]. Synthese, 2018, 195 (4).

[139] MARTINEZ E J. Stable Property Clusters and Their Grounds [J]. Philosophy of Science, 2017, 84 (5).

[140] MARTINEZ M. Synergic Kinds [J]. Synthese, 2020, 197 (5).

[141] MASON R. The Metaphysics of Social Kinds [J]. Philosophy Compass, 2016, 11 (12).

[142] MASON R. Social Kinds are essentially Mind-dependent [J]. Philosophical Studies, 2021, 178 (12).

[143] MASSIMI M. Natural Kinds and Naturalised Kantianism [J]. Nous, 2014, 48 (3).

[144] MATTHEN M. Ostension, Names and Natural Kind Terms [J]. Dialogue, 1984, 23 (1).

[145] MAUNU A. Natural Kind Terms are similar to Proper Names in being World-independent [J]. Philosophical Writings, 2002, 19 (20).

[146] MCFARLAND A. Introduction for Synthese Special Issue Causation in the Metaphysics of Science: Natural Kinds [J]. Synthese, 2018, 195 (4).

[147] MCGINN C. A Note on the Essence of Natural Kinds [J]. Analysis,

1975, 35 (6).

[148] MCGINN C, HOPKINS J. Mental States, Natural Kinds and Psychophysical Laws [J]. Proceedings of the Aristotelian Society Supplementary, 1978, 52 (1).

[149] MELLOR D H. Natural Kinds [J]. The British Journal for the Philosophy of Science, 1977, 28 (4).

[150] MEYER L N. Science, Reduction and Natural Kinds [J]. Philosophy, 1989, 64 (250).

[151] MONCK W H S. Mill's Doctrine of Natural Kinds [J]. Mind, 1887, 12 (48).

[152] MORENO L F. Reflection on Natural Kinds: Introduction to the Special Issue on Natural Kinds: Language, Science, and Metaphysics [J]. Synthese, 2021, 198 (Suppl 12).

[153] MURRAY J D. How the Leopard Gets its Spots [J]. Scientific American, 1988, 258 (3).

[154] NATHAN M J, BORGHINI A. Development and Natural Kinds: Some Lessons from Biology [J]. Synthese, 2014, 191 (3).

[155] NEEDHAM P. Natural Kind Thingamajigs [J]. International Studies in the Philosophy of Science, 2012, 26 (1).

[156] NEWMAN G E, KNOBE J. The Essence of Essentialism [J]. Mind & Language, 2019, 34 (5).

[157] NICKEL B. Ceteris Paribus Laws: Generics & Natural Kinds [J]. Philosopher' Imprint, 2010, 10 (6).

[158] NIMTZ C. Two–Dimensional and Natural Kind Terms [J]. Synthese, 2004, 138 (1).

[159] NIMTZ C. How Science and Semantics Settle the Issue of Natural Kind Essentialism [J]. Erkenntnis, 2021, 86 (1).

[160] ODEGARD D. Locke's Unnatural Kinds [J]. Analysis, 1975, 35 (6).

[161] OKASHA S. Darwinian Metaphysics: Species and the Question of Essentialism [J]. Synthese, 2002, 131 (2).

[162] OLIVERO I, CARRARA M. On the Semantics of Artifactual Kind Terms [J]. Philosophy Compass, 2021, 16 (11).

[163] ONISHI Y, SERPICO D. Homeostatic Property Cluster Theory without

Homeostatic Mechanisms: Two Recent Attempts and Their Costs [J]. Journal for General Philosophy of Science, 2022, 53.

[164] PEDROSO M. Origin Essentialism in Biology [J]. The Philosophical Quarterly, 2014, 64 (254).

[165] PERNU T K. Is Knowledge a Natural Kind? [J]. Philosophical Studies, 2009, 142 (3).

[166] PINI G. Scotus on Knowing and Naming Natural Kinds [J]. History of Philosophy Quarterly, 2009, 26 (3).

[167] PIGLIUCCI M. Species as Family Resemblance Concepts: The (dis-) Solution of the Species Problem? [J]. Bioessays, 2003, 25 (6).

[168] PIGLIUCCI, M. Wittgenstein Solves (Posthumously) the Species Problem [J]. Philosophy Now, 2005 (50).

[169] PUTNAM D A. Natural Kinds and Human Artifacts [J]. Mind, 1982, 91 (363).

[170] RAATIKAINEN P. Natural Kind Terms Again [J]. European Journal for Philosophy of Science, 2021, 11 (1).

[171] READ R, SHARROCK W. Thomas Kuhn's Misunderstood Relation to Kripke-Putnam Essentialism [J]. Journal for General Philosophy of Science, 2002, 33 (1).

[172] REID J. Natural Kind Essentialism [J]. Australasian Journal of Philosophy, 2002, 80 (1).

[173] REIJULA S. Social Categories in the Making: Construction or Recruitment? [J]. Synthese, 2021, 199 (5-6).

[174] RESNICK L. Empiricism and Natural Kinds [J]. The Journal of Philosophy, 1960, 57 (17).

[175] REYDON T A C. Species Are Individuals, or Are They? [J]. Philosophy of Science, 2003, 70 (1).

[176] REYDON T A C. How to Fix Kind Membership: A Problem for HPC Theory and a Solution [J]. Philosophy of Science, 2009, 76 (5).

[177] REYDON T A C, ERESHEFSKY M. How to Incorporate Non-Epistemic Values into a Theory of Classification [J]. European Journal for Philosophy of Science, 2022, 12 (1).

[178] ROBINSON G. Natural and Natural Kinds [J]. Philosophy, 2007, 82 (322).

[179] RUBIN M. Are Chemical Kind Terms Rigid Appliers? [J]. Erkenntnis 2013, 78 (6).

[180] RUPERT R D. Memory, Natural Kinds and Cognitive Extension; or, Martians Don't Remember, and Cognitive Science Is Not about Cognition [J]. Review of Philosophical Psychology, 2013, 4 (1).

[181] RUSE M. Biological Species: Natural Kinds, Individuals, or What? [J]. The British Journal for the Philosophy of Science, 1987, 38 (2).

[182] SAATSI J. Dynamical Systems Theory and Explanatory Indispensability [J]. Philosophy of Science, 2017, 84 (5).

[183] SANKEY H. Induction and Natural Kinds [J]. Principia, 1997, 1 (2).

[184] SCERRI E R. On Chemical Natural Kinds [J]. Journal for General Philosophy of Science, 2020, 51 (3).

[185] SCHWARTZ S P. Formal Semantics and Natural Kind Terms [J]. Philosophical Studies, 1980, 38 (2).

[186] SCHWARTZ S P. Natural Kinds and Nominal Kinds [J]. Mind, 1980, 89 (354).

[187] SCHWARTZ S P. Kinds, General Terms, and Rigidity: A Reply to LaPorte [J]. Philosophical Studies, 2002, 109 (3).

[188] SCHWARTZ S P. Against Rigidity for Natural Kind Terms [J]. Synthese, 2021, 198 (Suppl 12).

[189] SHAIN R. Mill, Quine and Natural Kinds [J]. Metaphilosophy, 1993, 24 (3).

[190] SLATER M H. Cell Types as Natural Kinds [J]. Biological Theory, 2013, 7 (2).

[191] SLATER M H. Natural Kindness [J]. The British Journal for the Philosophy of Science, 2015, 66 (2).

[192] SMITH A D. Natural Kind Terms: A Neo-Lockean Theory [J]. European Journal of Philosophy, 2005, 13 (1).

[193] SOAMES S. Knowledge of Manifest Natural Kinds [J]. Facta Philosophica, 2004, 6 (2).

[194] SOAMES S. What are Natural Kinds? [J]. Philosophical Topics, 2007, 35 (1-2).

[195] SOBER E. Evolution, Population Thinking, and Essentialism [J]. Philosophy of Science, 1980, 47 (3).

[196] SOUSA R. The Natural Shiftiness of Natural Kinds [J]. Canadian Journal of Philosophy, 1984, 14 (4).

[197] SOUSA R. Kinds of kinds: Individuality and Biological Species [J]. International Studies in the Philosophy of Science, 2001, 3 (2).

[198] SPENCER J P, AUSTIN A, SCHUTTE A R. Contributions of Dynamic Systems Theory to Cognitive Development [J]. Cognitive Development, 2012, 27 (4).

[199] STANFORD K. For Pluralism and Against Realism about Species [J]. Philosophy of Science, 1995, 62 (1).

[200] STANFORD P K, KITCHER P. Refining the Causal Theory of Reference for Natural Kind Terms [J]. Philosophical Studies, 2000, 97 (1).

[201] STEPHENS A. A Pluralist Account of Knowledge as a Natural Kind [J]. Philosophia, 2016, 44 (3).

[202] STONEHAM T. Boghossian on Empty Natural Kind Concepts [J]. Proceedings of the Aristotelian Society, 1999, 99 (1).

[203] STUART M. Locke on Natural Kinds [J]. History of Philosophy Quarterly, 1999, 16 (3).

[204] SULMASY D P. Diseases and Natural Kinds [J]. Theoretical Medicine and Bioethics, 2005, 26 (6).

[205] TAHKO T E. Natural Kind Essentialism Revisited [J]. Mind, 2015, 124 (495).

[206] TAYLOR E. Social Categories in Context [J]. Journal of the American Philosophical Association, 2020, 6 (2).

[207] TAYLOR H. Emotions, Concepts and the Indeterminacy of Natural Kinds [J]. Synthese, 2020, 197 (5).

[208] TAYLOR H. Whales, Fish and Alaskan Bears: Interest-relative Taxonomy and Kind Pluralism in Biology [J]. Synthese, 2021, 198 (4).

[209] THOMASON R H. Species, Determinates and Natural Kinds [J]. Nous, 1969, 3 (1).

［210］TIENSON J. Can Things of Different Natural Kinds Be Exactly Alike? ［J］. Analysis, 1977, 37 (4).

［211］TOBIA K P, NEWMAN G E, KNOBE J. Water is and is not H_2O ［J］. Mind & Language, 2020, 35 (2).

［212］TOWRY M H. On the Doctrine of Natural Kinds ［J］. Mind, 1887, 12 (47).

［213］UZGALIS W L. The Anti-Essential Locke and Natural Kinds ［J］. The Philosophical Quarterly, 1988, 38 (152).

［214］LAAR T V D. Dynamical Systems Theory as an Approach to Mental Causation ［J］. Journal for General Philosophy of Science, 2006, 37 (2).

［215］WALKER S J. Supernatural Beliefs, Natural Kinds, and Conceptual Structure ［J］. Memory & Cognition, 1992, 20 (6).

［216］WARD Z B. William Whewell, Cluster Theorist of Kinds ［J］. HOPOS: The Journal of the International Society for the History of Philosophy of Science, 2023, 13 (2).

［217］WEISKOPF D A. The Plurality of Concepts ［J］. Synthese, 2009, 169 (1).

［218］WIGGINS D. Locke, Butler and the Stream of Consciousness: And Men as a Natural Kind ［J］. Philosophy, 1976, 51 (196).

［219］WIKFORSS A. Bachelors, Energy, Cats and Water: Putnam on Kinds and Kind Terms ［J］. Theoria, 2013, 79 (3).

［220］WIKFORSS A M. Naming Natural Kinds ［J］. Synthese, 2005, 145 (1).

［221］WILDER H T. Quine on Natural Kinds ［J］. Australasian Journal of Philosophy, 1972, 50 (3).

［222］WILKERSON T E. Natural Kinds and Identity, A Horticultural Inquiry ［J］. Philosophical Studies, 1986, 49 (1).

［223］WILKERSON T E. Natural Kinds ［J］. Philosophy, 1988, 63 (243).

［224］WILKERSON T E. Species, Essences and the Names of Natural Kinds ［J］. The Philosophical Quarterly, 1993, 43 (170).

［225］WILKERSON T E. Recent Work on Natural Kinds ［J］. Philosophical Books, 1998, 39 (4).

［226］WILKINS J S. What is a Species? Essence and Generation ［J］. Theory in Biosciences, 2010, 129 (2-3).

［227］WILSON R A. Promiscuous Realism ［J］. The British Journal for the Philosophy of Science, 1996, 47 (2).

［228］WILSON R A, BARKER M J, BRIGANDT I. When Traditional Essentialism Fails: Biological Natural Kinds ［J］. Philosophical Topics, 2007, 35 (1-2).

［229］WOLF M P. Kripke, Putnam and the Introduction of Natural Kind Terms ［J］. Acta Analytica, 2002, 17 (28).

［230］YOSHIMI J. Supervenience, Dynamical Systems Theory, and Non-Reductive Physicalism ［J］. The British Journal for the Philosophy of Science, 2012, 63 (2).

［231］ZEMACH E M. Putnam's Theory on the Reference of Substance Terms ［J］. The Journal of Philosophy, 1976, 73 (5).

（三）论文

［1］JYLKKA J. Concepts and Reference: Defending a Dual Theory of Natural Kind Concepts ［D］. Turku: University of Turku, 2008.

［2］CHAN K Y, CHEN Q E. A Critique of Kripke's Theories of Proper Names and Names of Natural Kinds: An Application of The Later Wittgenstein's Methodology ［D］. Hong Kong: The University of Hong Kong, 1997.

（四）网络资源类

［1］BIRD A, TOBIN E. Natural Kinds ［EB/OL］. Stanford Encyclopedia of Philosophy, 2008-09-17.

［2］ERESHEFKSY M. Species ［EB/OL］. Stanford Encyclopedia of Philosophy, 2010-01-27.

后　记

　　本书是在我的国家社科基金青年项目"当代科学哲学中的自然类问题研究"的结项报告（结项编号 20222102，结项等级为良好）基础上修改完成的。2013年，我在完成博士学位论文答辩之后，我的博士生导师万小龙教授推荐我前往中山大学哲学系跟随朱菁教授从事博士后研究。由于我的博士论文主要研究含混性（vagueness）问题，朱老师遂建议我研究自然类问题，以发掘自然类与含混性之间的联系，推进这两个问题的研究。在博士后研究期间，我以生物物种是不是自然类的问题作为突破口，陆续发表了一些关于自然类的论文，并以《自然类与含混性问题》为题完成了博士后出站报告。博士后出站之后，我入职武汉理工大学，继续开展自然类问题的研究，并在 2018 年获得国家社科基金青年项目的立项资助。2021 年年底，我在国家留学基金委全额资助下前往英国牛津大学哲学系开展为期一年的访问研究，在此期间与合作导师蒂姆西·威廉姆森（Timothy Williamson）教授进行了交流讨论，同时完成了我的国家社科基金项目结项。本书的出版首先要感谢在我过去的学习和研究过程中提供指导和帮助的老师和朋友，其次要感谢武汉理工大学马克思主义学院的大力支持以及所提供的良好学术环境，同时还要感谢光明日报出版社将本书纳入"光明社科文库"予以部分资助，最后感谢我的家人的辛勤付出，使我能够潜心从事学术研究。本书的完成并不意味着我对自然类问题的研究的完结，关于自然类这个有趣而重要的哲学问题仍然需要更深入的探究。由于哲学问题的复杂以及我的研究能力的局限，本书难免存在许多问题和不足甚至错误，希望读者批评指正。

陈明益

2023 年 12 月 31 日